中国质量认证中心培训系列教材
检测能力建设系列丛书

U0173695

电子电器产品安全通用要求

中国质量认证中心◎编

中国市场出版社
China Market Press

·北 京·

图书在版编目（CIP）数据

电子电器产品安全通用要求／中国质量认证中心编.
—北京：中国市场出版社有限公司，2020.10
　　（检测能力建设系列丛书）
　　ISBN 978－7－5092－1921－8

　　Ⅰ．①电… Ⅱ．①中… Ⅲ．①电子产品–产品安全性能
–技术要求②日用电气器具–产品安全性能–技术要求
Ⅳ．①TM506②TM925.07

　　中国版本图书馆 CIP 数据核字（2020）第 041191 号

电子电器产品安全通用要求

DIANZI DIANQI CHANPIN ANQUAN TONGYONG YAOQIU

编　　　者：中国质量认证中心
责任编辑：宋　涛

出版发行：中国市场出版社
社　　　址：北京市西城区月坛北小街 2 号院 3 号楼（100837）
电　　　话：(010) 68034118/68021338
网　　　址：http：//www.scpress.cn

印　　　刷：河北鑫兆源印刷有限公司
规　　　格：170mm×240mm　　1/16
印　　　张：26.5　　　　　　　　　　字　　数：420 千字
版　　　次：2020 年 10 月第 1 版　　印　　次：2020 年 10 月第 1 次印刷
书　　　号：ISBN 978－7－5092－1921－8
定　　　价：78.00 元

编审委员会

主　编：陆　梅

副主编：曾广峰　陈之莹

编写组：（按姓氏笔画排序）

王　攀　方培潘　毕崇强　刘　杰　孙云龙　苏　涛

李　璋　余　阳　宋西玉　张新光　陆　伟　陈　鹏

陈传禄　胡绪虎　顾勤芬　翁世杰　葛　岩　蒋应龙

审定组：（按姓氏笔画排序）

朱埔达　刘　江　李伯宁　杨　辉　吴　蔚　宋　航

林棠华　徐　军

顾　问：胥　凌　曲宗峰　陈　颖

　　"检测能力建设系列丛书"是中国质量认证中心针对当前检测行业发展的新机遇，根据培养检测从业人员、提升检测机构技术能力、推动检测行业发展的需要，组织行业内专业人士编写的一部系列丛书。

　　《电子电器产品安全通用要求》是系列丛书之一，本书介绍了音视频设备、信息技术设备、电信终端设备、家用和类似用途设备、照明设备等电子电器类产品涉及的常规安全检测项目要求及检测方法。

　　本册共九章。第一章"总则"介绍电子电器类产品安全防护的目的和意义、安全防护的要求、安全防护的原理、安全防护的方法。第二章"电子电器产品及安全标准概况"介绍产品分类、工作原理和结构，产品的安全标准概况，安全防护检测项目方面的基础知识。第三章"电击危险的安全防护"介绍对触及带电部件的防护要求、对泄漏电流的防护要求、对电气强度的防护要求、对绝缘电阻的防护要求、对接地电阻的防护要求、对电气间隙和爬电距离的防护要求以及检测案例分析。第四章"过热危险及非正常工作危险的安全防护"介绍对正常工作状态发热的防护要求、对非正常工作状态危险的防护要求以及检测案例分析。第五章"机械危险的安全防护要求"介绍对稳定性的防护要求、对危险运动部件的防护要求、对机械强度的防护要求以及检测案例分析。第六章"材料耐热和耐燃的安全防护要求"介绍对球压测试的防护要求、对维卡软化点的防护要求、对灼热丝试验的防护要求、对针焰试验的防护要求、对水平垂直燃烧的防护要求、对软体和发泡材料耐燃试验的防护要求以及检测案例分析。第七章"对辐射危险的安全防护要求"介绍对光的防护要求、对电磁波的防护要求以及检测案例分析。第八章"化学危险的安全防护要求"介绍对有害气体的防护要求、对有害物质的防护要求以及检测案例分析。第九章"对软件功能安全危险的防护要求"介绍软件功能安全的评估适用范围、软件功能安全的评估标准要求、软件功能安全的评估流程以及检测案例分析。

本书来自编者多年来的电子电器产品安全检测实践、分析和培训的经验与教训的积累和总结。通过系统地梳理并结合多年来大量一线检测经验和实例编写完成，内容力求通俗易懂，图文案例丰富。

本书可作为检测专业在校学生、检测从业人员的培训教材和自学教材。

本书在编写过程中得到了有关部门、领导和人员的大力支持，在此一并表示感谢。

编审委员会

2020 年 1 月

| 目 录 |

第一章 | 总 则

第一节 安全防护的目的和意义 /003

第二节 安全防护的要求 /003

第三节 安全防护的原理 /005

第四节 安全防护的方法 /009

第二章 | 电子电器产品及安全标准概况

第一节 产品分类、工作原理和结构 /017

　　一、产品分类 /017

　　二、工作原理和结构 /020

第二节 产品的安全标准概况 /061

　　一、电子产品标准概况 /061

　　二、家用电器产品的标准概况 /061

　　三、照明产品的标准概况 /062

第三节 安全防护检测项目 /063

　　一、电击危险主要检测项目 /063

　　二、过热危险及非正常工作危险主要检测项目 /064

三、机械危险主要检测项目 /064

四、材料耐热和耐燃危险主要检测项目 /064

五、辐射危险主要检测项目 /065

六、化学危险主要检测项目 /065

七、软件功能安全危险主要检测项目 /065

第三章 │ 电击危险的安全防护

第一节 对触及带电部件的防护要求 /069

一、检测要求 /069

二、检测仪器 /076

第二节 对泄漏电流的防护要求 /088

一、检测要求 /088

二、检测仪器 /096

第三节 对电气强度的防护要求 /101

一、检测要求 /101

二、检测仪器 /108

第四节 对绝缘电阻的防护要求 /112

一、检测要求 /112

二、检测仪器 /115

第五节 对接地电阻的防护要求 /118

一、检测要求 /119

二、检测仪器 /124

第六节 对电气间隙和爬电距离的防护要求 /126

一、检测要求 /126

二、检测仪器 /137

第七节 检测案例分析 /150

一、对触及带电部件的防护　/150

二、对泄漏电流的要求　/154

三、对电气强度和绝缘电阻的要求　/155

四、对接地电阻的要求　/155

五、对电气间隙和爬电距离的要求　/156

第四章 ｜ 过热危险及非正常工作危险的安全防护

第一节　对正常工作状态发热的防护要求　/161

一、检测要求　/161

二、检测仪器　/175

第二节　对非正常工作状态危险的防护要求　/181

一、检测要求　/181

二、检测仪器　/200

第三节　检测案例分析　/201

第五章 ｜ 机械危险的安全防护要求

第一节　对稳定性的防护要求　/205

一、检测要求　/205

二、检测仪器　/209

第二节　对危险运动部件的防护要求　/210

一、检测要求　/210

二、检测仪器　/217

第三节　对机械强度的防护要求　/220

一、检测要求　/220

二、检测仪器　/237

第四节　检测案例分析　/242

第六章 | 材料耐热和耐燃的安全防护要求

第一节　对球压测试的防护要求　/251
　　一、检测要求　/251
　　二、检测仪器　/252
第二节　对维卡软化点的防护要求　/257
　　一、检测要求　/257
　　二、检测仪器　/258
第三节　对灼热丝试验的防护要求　/262
　　一、检测要求　/262
　　二、检测仪器　/265
第四节　对针焰试验的防护要求　/269
　　一、检测要求　/269
　　二、检测仪器　/270
第五节　对水平垂直燃烧的防护要求　/274
　　一、检测要求　/274
　　二、检测仪器　/275
第六节　对软体和发泡材料耐燃试验的防护要求　/291
　　一、检测要求　/291
　　二、检测仪器　/292
　　三、试验步骤　/295
第七节　检测案例分析　/298

第七章 | 对辐射危险的安全防护要求

第一节 对光的防护要求 /303

一、检测要求 /303

二、检测仪器 /311

第二节 对电磁波的防护要求 /314

一、检测要求 /314

二、检测仪器 /314

第三节 检测案例分析 /315

第八章 | 化学危险的安全防护要求

第一节 对有害气体的防护要求 /323

一、检测要求 /323

二、检测仪器 /323

第二节 对有害物质的防护要求 /324

一、检测要求 /324

二、检测仪器 /328

第三节 检测案例分析 /340

第九章 | 对软件功能安全危险的防护要求

第一节 软件功能安全的评估适用范围 /347

一、软件评估对象 /347

二、软件评估适用性分析 /350

第二节 软件功能安全的评估标准要求 /355

一、标准体系 /355

二、术语与定义 /356

三、标准要求 /366

第三节 软件功能安全的评估流程 /391

一、电子电路功能分析 /391

二、资料预审 /394

三、评估与整改 /399

四、结论 /406

五、软件评估设备和人员要求 /406

第四节 检测案例分析 /407

第一章

总 则

第一节　安全防护的目的和意义

随着社会、经济和科技的发展，越来越多的电子电器产品进入我们的日常生活。电子电器产品主要是为了满足人们的两类需求而设计、生产的，一类是为了满足人们的娱乐、社交的需求，例如音视频产品和信息技术产品；另外一类是为了代替人们进行劳动或者实现某个生活或者工作上的功能，例如家用电器产品、灯具产品、电子产品等。

电子电器产品在给我们的生活带来极大便利和享受的同时，也给人们带来了各种各样的安全问题。电子电器产品如果设计或者制造工艺不当，将导致各种各样的安全事故，例如将危险电流传递给人体从而造成人身伤害，或者是将危险热量传递给人所处的环境例如产品起火引起住宅火灾导致财产损失等。

我国由于人口基数庞大，拥有的电子电器产品的绝对数量巨大，如果对电子电器产品的安全问题不加以重视，将会给人们的日常生活带来巨大安全风险，造成人身和财产重大损失。解决其安全问题，对于提高产品的质量，保护人们的人身和财产安全，具有重要意义。对于多种电子电器产品，我国颁布了各类强制性产品安全标准作为产品的技术法规并施行了诸如强制性产品认证制度、生产许可证制度等合格评定和市场准入制度，其目的就是以各类产品安全标准或者相关技术法规为基础，强制要求各类电子电器产品参照实施、提高产品使用安全水平。

第二节　安全防护的要求

做好产品的安全防护比较复杂和困难，电子电器产品的安全实际上是一门交叉学科，既涉及自然科学和工程科技知识，还涉及社会科学知识。

因此，做好安全防护，不仅要牢牢把握安全设计的理念，还要熟悉安全防护技术和安全事故的发生机理，从而做到最大限度地减少产品的安全问题，并在产品生产、安装、使用及维护的全过程中进行安全防护的设计，使产品在整个寿命周期内的事故风险降到最低。

安全防护不仅要考虑设备的正常工作条件，还要考虑可能的故障条件以及随之引起的危险，可预见的误用以及诸如温度、海拔、污染、湿度、电网电源的过电压和通信网络或电缆分配系统的过电压等外界影响。此外还应当考虑由于制造误差或在制造、运输和正常使用中由于搬运、冲击引起的变形而可能发生的绝缘间距的减小。

安全防护需要考虑两类人员的安全，一类是使用人员（或操作人员），另一类是维修人员。

使用人员是指除维修人员以外的所有人员。安全防护要求是假定使用人员未经过如何识别危险的培训，但不会故意制造危险状况而提出的。因而，这些要求除了为指定的使用人员提供保护外，也为卫生清洁人员和临时来访人员提供保护。通常，应当限制使用人员接触危险零部件，为此，此类零部件应当仅位于维修人员接触区域内或位于受限制接触区内的设备内。如果允许使用人员进入受限制接触区，则应当予以适当指导。

维修人员是指当设备中的维修接触区域或处在受限制接触区内的设备存在明显危险时，可以运用他们所受的训练和技能避免可能的、对自己或他人造成伤害的专业人员。但是，应当对维修人员就意外危险进行防护，例如，把维修时需要接触的零部件的安置远离电气和机械危险，设置屏蔽以避免意外接触危险零部件，用标牌或警告说明提醒维修人员有潜在的危险。

潜在危险的信息可以根据其造成伤害的可能性和严重程度在设备上标示或随设备一起提供，或者使维修人员能得到。通常，使用人员不应处于可能造成伤害的危险中，因此提供给用户的信息主要在于避免误用和可能造成危险的状况，例如错误连接电源和用型号不正确的熔断器进行替换。

第三节　安全防护的原理

从安全科学原理中的事故致因理论来看，遗传及社会环境、人的缺点、人的不安全行为和物的不安全状态这些方面共同导致了事故的发生，事故又是造成伤害的直接原因。这里我们提及的安全防护是建立在各类电子电器产品安全的 IEC 标准和国家标准基础上的，因此我们着重阐述"物的不安全状态"，即电子电器产品本身应具备的安全防护水平。电子电器产品的安全防护水平并非无限制地提高，而是在限定了供电方式、使用场合、使用对象和使用条件（一般按照制造商使用说明的条件）的情况下，相关利益方可接受的对产品存在的普通危险的安全防护水平。

根据安全科学原理，要进行有效的安全防护，必须先识别危险源。

按照目前电子电器产品的结构、部件、材料和功能的通用特性来看，危险源可来自以下几个方面：

——电击危险；

——过热危险及非正常工作危险；

——机械危险；

——材料耐热和耐燃危险；

——辐射危险；

——化学危险；

——软件功能安全危险。

1. 电击危险

电流通过人体会引起病理生理效应，通常毫安级的电流就会对人体产生危害，更大的电流甚至会造成人的死亡。因此，在各类电子电器产品的安全设计中，防触电保护是一个很重要的内容。

电流的人体效应的严重程度与通过人体的电流大小正相关。把人体通过电流时产生的生理反应按照不同影响程度分为几种典型状态，这几种状态的临界点称为"阈"，与之对应的电流值称为阈值电流，或简称为阈。

（1）感知阈

通过人体能引起任何感觉的接触电流的最小电流值称为感知阈。感知阈具有个体差异，按 50% 概率计，成年男性的感知阈为 1.1mA，女性为0.7mA。感知阈与电流持续时间长短无关，但与频率有关，频率越高，感知阈越大，即人体对低频电流更敏感。感知电流一般不会对人体造成伤害，但感觉会随着电流增大而增强，反应也会变大，可能导致摔伤、高空坠落等二次事故。

（2）反应阈

通过人体能引起肌肉不自觉收缩的最小接触电流值称为反应阈。反应阈电流本身通常不会产生有害的生理效应，但它所导致的人体肌肉的不自觉收缩可能使人摔倒或者从高处跌落造成二次事故。反应阈的值很小，通用值为 0.5mA。因此，对于手提式或移动式电气设备，不仅要考虑电击本身的伤害问题，还要考虑因反应电流阈造成二次伤害问题。

（3）活动抑制

人体受电流影响不能自主地活动。对肌肉的效应有可能是由于电流通过受损伤的肌肉或通过关联的神经或相关联的脑髓部分流通所导致的结果。

（4）摆脱阈

在手提电极通过电流的情况下，人体受刺激的肌肉尚能自主摆脱带电体时，人所能承受的最大电流值称为摆脱阈。通过人体的电流大于摆脱阈时，受电击者自救的可能性便不复存在。摆脱阈也具有个体差异，针对男性的假设的摆脱阈为 16mA，通用值取为 5mA，摆脱阈与电流持续时间长短无关，在 150 Hz 频率范围内基本上与频率无关。

（5）颤动阈

通过人体能引起心室纤维性颤动的最小电流值为心室纤维性颤动阈。在医学上，室颤很可能导致死亡，故心室纤维性颤动阈被认为是致命的电流值，不能进行活人体实验。通过对猪、羊、犬等动物进行的试验，发现心室纤维性颤动阈不仅与通过受试对象的电流大小有关，还与通过电流持续时间长短有关，从而测出相应的电流-时间曲线。另外，通过回归分析发现，心室纤维性颤动阈还与受试对象的体重有关，从而为将动物试验数据推导到人体提供了重要依据。

心室纤维性颤动的电流-时间曲线与心脏搏动周期密切相关。

对于正弦交流电（50Hz 或 60Hz），如果电流的持续时间被延长到超过一个心搏周期，则纤维性颤动阈显著下降。这种效应是由于诱发期外收缩的电流，使心脏不协调的兴奋状态加剧所导致的结果。

当电击持续时间小于 0.1s、电流大于 500mA 时，纤维性颤动就有可能发生，只要电击发生在易损期内，数安培的电流很可能引起纤维性颤动。以这样的强度而持续的时间又超过一个心搏周期的电击，有可能导致可逆性的心跳停止。

图 1-3-1 是人体心脏搏动的周期示意图。

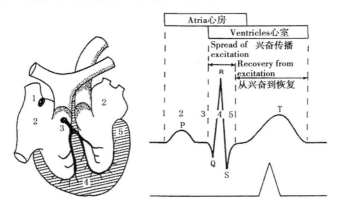

图 1-3-1　人体心脏搏动周期示意图

2. 过热危险及非正常工作危险

电子电气产品工作时，内部元器件消耗电能实现其功能，同时因为电流的热效应将电能转换成热能散发，而且某些产品的加热元件本身就是将电能转换成热能实现其设计功能，因此产品内部温度逐步升高，特别是故障状态下，内部可能产生异常高温。

电子电气产品的过热危险及非正常工作危险可表现为：

——接触烫热的可触及零部件引起灼伤；

——绝缘等级下降和安全元器件性能降低；

——电子元件短路引起固定布线中保护装置动作、变压器过载导致过高温度；

——引燃可燃材料。

3. 机械危险

电子电气产品为实现其设计功能，其外壳通常是金属或塑料材料制成，其内部很可能带有运动部件，例如旋转部件甚至是高速旋转部件，例如小家电中的食物加工机。

为此，必须考虑产品给使用者可能带来的机械损害。

可能导致机械危险的原因有：

——尖锐的棱缘和拐角；

——潜在地引起危害的运动零部件；

——设备的不稳定性；

——内爆的射线管，爆裂的高压灯，或者爆裂的玻璃产生的碎片。

4. 材料耐热和耐燃危险

正常工作条件下，过载、元器件失效、绝缘击穿或连接松动都可能产生导致着火危险的过高温度。

应当保证设备内着火点产生的火焰不会蔓延到火源近区以外，也不会对设备的周围造成损害。

5. 辐射危险

设备产生的某种形式的辐射会对使用人员和维修人员造成伤害，辐射的示例可以是声波（音频）辐射，射频辐射，红外线、紫外线和电离辐射，视网膜蓝光危害，以及高强度可见光和相干光（激光）辐射。

6. 化学危险

设备或产品产生或因破损泄漏化学物质或者释放有害气体等对人员造

成危害（包括污染环境）。

7. 软件功能安全

电子电器产品中的保护电子电路用软件，用于整机非正常条件下的保护功能，例如控制温度过高、电机启停、压力控制以及点火装置等，这些软件的可靠性直接关乎所控制器具对使用者和环境的安全，一旦失效，将导致火灾、机械危险甚至爆炸等严重后果。并且，这些软件相比传统的机电式控制器更易受环境的影响，其失效的方式多种多样，无法通过设置简单的故障条件来判断其符合性，难以预见，必须对其进行软件评估。

第四节　安全防护的方法

针对以上安全防护的相关要求和原理分析，提出相关安全防护的方法如下：

1. 电击危险

（1）通过使用双重绝缘或加强绝缘，将带危险电压的零部件与可触及件隔离。防护措施：

1）外壳防护。

利用机壳可把尽可能多的带电部件防护起来，防止操作者触及。机壳的安全设计要求达到：

①足够的机械强度。为保证对带电件提供足够的安全隔离保护，要求机壳能承受一定的外力作用，标准规定设备外壳的不同部位应能承受用试验指施加 50N±5N 的推力，持续 10s；用弹簧冲击锤施加 0.5J 的动能，并重复 3 次。

②合适的孔径或缝隙的尺寸。为了散热通风和安装各类开关、输入输出装置，在机壳上开孔是不可避免的，为保证使用者不会通过这些孔接触到机壳内的带电件，在安全设计中应注意以下几点：尽量少开孔，并保证

开孔后机壳的机械强度仍应满足标准规定的要求；孔的位置应尽量避免在带电件集中的部位。

③机壳的安装固定应注意：不通过工具不能打开，除非采用了连锁装置，使得机壳被打开的同时自动切断电源。连接的螺钉要有一定的啮合牢度，但也不能太长而导致不符规定的绝缘。

2）防护罩和防护挡板。

当仅需要将某一带电部位隔离时，可用防护罩或防护盖，其所起的功能和设计要点与机壳相同。例如，对于因功能需要必须使连接端子带电时，可设置保护盖，使带电端子不可触及。防护挡板用于防止与带电件直接接触，或增加爬电距离和电气间隙。

3）安全接地措施。

I 类设备的机壳采用基本绝缘，需要用安全接地防护作为附加安全措施，一旦基本绝缘失效时，通过安全接地保护，使易触及部件不会变成带电件。

4）保护隔离方法。

利用满足加强绝缘或双重绝缘的元件对带危险电压电路与安全特低电压电路进行隔离。此类元件有隔离变压器、光电耦合器、隔离电阻、隔离电容器等。这些元件的选择必须符合安全标准的要求，采用合适的爬电距离和电气间隙，满足有关绝缘的要求。

5）降低输出端子的电压达到符合标准要求的数值。

6）使用安全联锁装置，在出现可能触及带电端子的危险时切断电源。

（2）防止危险带电件与可触及部件的绝缘击穿。

产品内所有绝缘都必须能够承受产品在正常工作条件下和单一故障条件下产品内部产生的相关电压，还必须承受来自电网电源和从通信网络传入的瞬态冲击电压，而不出现飞弧、击穿。根据产品的工作条件和环境条件（例如：承受的工作电压及其频率、机械应力、正常工作条件下的温升、环境温湿度、气压、环境污染等）选择合适的绝缘材料，有足够的绝缘穿通距离，以防止透过绝缘材料造成内部击穿；有足够的空气间隙，防止沿两电极之间最短的空间间隙发生放电；有足够的爬电距离，防止在相应污染条件下沿两电极之间的绝缘体表面发生爬电。

（3）防止泄漏电流过大。

减少危险带电件与可触及件之间的等效隔离电容的容量。危险带电件与可触及件之间的等效隔离电容的容量太大，会导致泄漏电流过大。

（4）大容量电容器放电。

当跨接在初级电源电路的电容器容量达到一定值时，设备通电后，在电容充有较多的电能未能及时释放的情况下，当拔出电源插头触及插头上的金属零部件时，就有可能产生电击危险。

防护措施：

①降低电容器的容量。

②设置时间常数足够小的放电回路。由于电容量常受其他要求的约束，不易任意减少，故实际常在电容器两端并联适当阻值的电阻器，形成放电回路。

家电安全标准要求：拔出电源插头后1s，插头上的插脚不应产生高于34V的危险电压。电源两极之间的电容量不大于0.1uF时，可免做试验。

照明产品标准要求：装有电容量大于0.5uF电容器的灯具，应装有放电装置，使灯具与额定电压的电源断开后1min，电容器两端的电压应不超过50V；

用插头与电源连接的可移式灯具、导轨接合器连接的灯具或带有电源连接器的灯具，具有用标准试验指可触及的触点的，并含有一个电容量超过0.1uF（或0.25uF，对于额定电压小于150V的灯具）电容器，应装有放电装置，使断开电源后1s，插头两插销间或接合器/连接器触点间的电压应不超过34V。

用插头与电源连接的，并且含有一个电容量超过0.1uF（或0.25uF，对于额定电压小于150V的灯具）电容器的其他灯具和导轨接合器安装式灯具，应装有放电装置，使断开电源后5s，插头两插销间的电压应不超过60V。

2. 过热危险

减小这种危险的方法:

——采取措施避免可触及零部件产生高温;

——避免使温度高于液体的引燃点;

——如果不可避免接触烫热的零部件,提供警告标识以告诫使用人员。

3. 机械危险

减小这种危险的方法包括:

——倒圆尖锐的棱缘和拐角;

——配备防护装置;

——使用安全联锁装置;

——使落地式设备有足够的稳定性;

——选择能抗内爆的阴极射线管和耐爆裂的高压灯;

——在不可避免接触时,提供警告标识以告诫使用人员。

4. 着火危险

减小这种危险的方法包括:

——提供过流保护装置;

——使用符合要求的适当燃烧特性的结构材料;

——选择的零部件、元器件和消耗材料能避免产生可能引起着火的高温;

——限制易燃材料的用量;

——把易燃材料与可能的点燃源屏蔽或隔离;

——使用防护外壳或挡板,以限制火焰只在设备内部蔓延;

——使用合适的材料制作外壳,以减小火焰向设备外蔓延的可能性。

5. 辐射危险

减小这种危险的方法包括:

——限制潜在辐射源的能量等级;

——屏蔽辐射源；

——使用安全联锁装置；

——如果不可避免暴露于辐射危险中，要提供警告标识以告诫使用人员。

6. 化学危险

减小这种危险的方法包括：

——避免使用在预定的和正常条件下使用设备时由于接触或吸入可能造成伤害的堆积的和消耗性的材料；

——避免可能产生泄漏或气化的条件；

——提供警告标识以告诫使用人员危险。

7. 软件功能安全危险

减小这种危险的方法包括：针对软件功能安全危险，可对产品的软件进行评估，使得产品中通过软件实现的安全防护那一部分具备足够的可靠性和防护水平。

第二章

电子电器产品及
安全标准概况

第一节 产品分类、工作原理和结构

一、产品分类

电子电器产品主要包括电子产品、家用电器产品、照明产品。

1. 电子产品

电子产品以电能为工作基础，将电能转化为音频、视频或者通信信号等信息。主要功能是作为信息传播的媒介，提高信息的传播效率，方便人民群众获取信息、娱乐消费以及提高办公效率等。电子产品主要用于室内使用，部分用于室外使用。依据其产品功能的特点。大致分为 3 类：

（1）音视频产品。包括有源音箱、功率放大器、收音机、电视机、硬盘录像机、电子琴等。

（2）信息技术产品。包括台式计算机、平板电脑、服务器、打印机、显示器、扫描仪、电源类产品等。

（3）通信技术产品。包括固定电话、手机、集线器、路由器、交换机、数据终端等。

常见电子产品如图 2-1-1 所示。

图 2-1-1 常见电子产品

2. 家用电器产品

家用电器产品一般是在家庭及类似场所中使用的各种电器，主要是消耗电能，将电能转变成其他形式的能量来使用的，使人们从繁重、琐碎、费时的家务劳动中解放出来，为人类创造了更为舒适优美、更有利于身心健康的生活和工作环境。家用电器产品按产品的功能、用途大致分为 8 类：

（1）制冷电器。包括家用冰箱、冰激凌机等。

（2）环境电器。包括空调、电风扇、空气净化器、加湿器、除湿器等。

（3）清洁电器。包括洗衣机、电熨斗、吸尘器等。

（4）厨房电器。包括微波炉、电磁灶、电烤箱、电饭锅、洗碗机、搅拌机等。

（5）取暖器具。包括室内加热器、电热毯、水床加热器等。

（6）个人护理电器。包括电动剃须刀、电吹风、直发器、超声波洗面器、电动按摩器等。

（7）洗浴加热电器。包括储水电热水器、快热式电热水器、坐便器等。

（8）其他电器。如灭虫器、挥发器等。

常见家用电器产品如图 2-1-2 所示。

图 2-1-2　常见家用电器产品

3. 照明产品

照明是利用各种光源照亮工作和生活场所或个别物体的措施。照明产品通过将电能转化成光能来实现照明功能，照明产品及附件主要包括灯具、灯的控制装置、电光源以及灯具附件。按照功能可分为普通照明产品和特殊功能照明产品，普通照明产品一般给人提供照明，特殊功能照明产品可以是给人也可以给植物提供功能性照明，如植物生长灯。按照不同光源原理类型大致分为以下 5 类：

（1）白炽灯灯具；

（2）荧光灯灯具；

（3）卤钨灯灯具；

（4）高强度气体放电灯灯具；

（5）LED 灯具。

灯具按照不同设计用途大致分为以下 5 类：

（1）通用灯具，包括固定式通用灯具、嵌入式灯具、可移式通用灯具、投光灯具、电源插座安装的夜灯、灯串等；

（2）设计在特定场所使用的专用灯具，包括地面嵌入式灯具、道路与街路照明灯具、庭院用可移式灯具、照相和电影用灯具、水族箱灯具、舞台灯光、电视、电影及摄影场所（室内外）用灯具、游泳池和类似场所灯具、通风式灯具、应急照明灯具、医院和康复大楼诊所用灯具；

（3）设计给特定人群使用的专用灯具，包括儿童用可移式灯具；

（4）设计配套特定控制装置或光源使用的专用灯具，包括带内装式钨丝灯变压器或转换器的灯具、使用冷阴极管形放电灯（霓虹灯）和类似设备的灯具、钨丝灯用特低电压照明系统；

（5）设计满足特定要求的专用灯具，包括限值表面温度灯具。

常见照明产品如图 2-1-3 所示。

图2-1-3 常见照明产品

二、工作原理和结构

1. 电子电器产品的工作原理和结构

（1）音视频产品的工作原理和结构

音视频产品主要用来接收、产生、录制或者重放音频、视频和有关信号的电子产品，包括有源音箱、各类载体形式的音视频录制播放及处理设备、电视机等产品，适用标准 GB 8898—2011《音频、视频及类似电子设备安全要求》。

1）有源音箱工作原理和结构

①有源音箱的工作原理。有源音箱首先将音频信号进行功率放大然后推动发声器件，最终扬声器将功放输出的电信号经电磁作用转换成声音信号。在此过程中电源部分为有源音箱提供稳定可靠的电流和电压。现代的音箱大多采用开关电源，而功率放大器大多采用线性电源。

②有源音箱的典型结构。有源音箱主要由主板、喇叭、锂电池、塑料外壳等组成，如图2-1-4所示。

图2-1-4　有源音箱结构

2）记录仪工作原理和结构

①记录仪工作原理。各类载体形式的音视频录制播放及处理设备通过摄像头或话筒等途径录制音视频信息存储至内部载体，并将这类信息进行处理后传输至其他终端设备。这类产品在当下信息社会中被广泛使用，比如各种形式的记录仪、播放器等。

②记录仪的典型结构。记录仪主要由摄像头、主板、显示屏、锂电池、塑料外壳等组成，如图2-1-5所示。

图2-1-5　记录仪结构

3）电视机工作原理和结构

①电视机的工作原理。电视机通过天线或有线电视网，接收电视台发射出来的高频电视信号，经过高频头选频以及内部信号处理，最终播放音视频信息即各类电视节目。目前液晶电视是市场上的主流，除部分大尺寸电视外，液晶电视大多采用"三合一板"即将传统的电源板、信号板、功能板集成到一块板材上，极大节省了产品的材料和空间。

② 电视机的典型结构。电视机主要由"三合一板"（含电源板、信号板、功能板）、显示屏、底座、塑料外壳等组成，部分液晶电视机有壁挂装置实现壁挂功能，如图2-1-6所示。在一些大尺寸的液晶电视中使用分开的电源板、信号板、功能板。

图2-1-6　电视机结构

（2）信息技术产品的工作原理和结构

信息技术产品包括电气事务设备和与之相关的产品，主要基于计算机技术，包括计算机、显示器、打印机等产品。适用标准 GB 4943.1—2011《信息技术设备安全 第1部分：通用要求》。

1）计算机的工作原理和结构

①计算机的工作原理。计算机是现代电子技术的集大成者，极大地推动了人类社会的进步，也是信息技术的基础支撑。现代计算机主要由硬件基础设备和软件操作系统结合而成，具有极强的功能拓展性。尤其是进入21世纪以来，"现代计算机+互联网"技术有了长足的进步，极大地改变了人们生活、工作、学习和交流的方式，也是人们不可缺少的应用工具。计算机和液晶显示器的结合使其种类也逐步由台式计算机拓展到便携式计算机、平板电脑、一体机电脑等类型。计算机的外观形式也越来越酷炫。

② 计算机的典型结构。台式计算机主要由 CPU、显卡、主板、风扇、外壳、开关电源等组成。台式计算机主要由内置开关电源供电，如图2-1-7所示。现在计算机除了不断改进传统的基础硬件，外观形式也越来越酷炫，如有些计算机加入了透明机箱和 LED 灯等元素。

图 2-1-7 台式计算机结构

2）显示器的工作原理和结构

①计算机的工作原理。显示器是属于电脑的 I/O 设备，即输入输出设备，将电子文件通过特定的传输设备显示到屏幕上的显示工具。目前液晶显示器是市场上的主流。液晶材料是介于固态和液态间的有机化合物，将其加热会变成透明液态，冷却后会变成结晶的混浊固态。在电场作用下，液晶分子会发生排列上的变化，从而影响通过其的光线变化，这种光线的变化通过偏光片的作用可以表现为明暗的变化。人们通过对电场的控制最终控制了光线的明暗变化，从而实现图像的显示。随着显示技术的飞速发展，显示设备越发多样化，可折叠材料的显示设备也逐渐走入人们的日常生活中。

②显示器的典型结构。显示器主要由主板、显示屏、底座、塑料外壳等组成，如图 2-1-8 所示。部分产品具有壁挂功能。

图 2-1-8 显示器结构

3）打印机工作原理和结构

①打印机的工作原理。打印机是计算机的输出设备，用于将计算机处

理结果利用打印材料打印在相关介质上。根据打印耗材不同，常见的打印机有激光打印机，喷墨打印机，针式打印机等。打印机是内部结构比较复杂、零部件比较多、生产工序比较烦琐的电子产品。

②打印机的典型结构。打印机主要由电源板、主板、风扇、塑料外壳、墨盒、纸盒、激光单元、电机等组成，如图2-1-9所示。

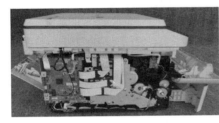

图2-1-9　打印机结构

（3）通信技术产品的工作原理和结构

通信技术产品包括通信终端产品和通信网络基础设备，主要基于有线或无线通信技术，包括固定电话、手机、以太网集线器等产品。同样适用GB 4943.1—2011《信息技术设备安全 第1部分：通用要求》以及相关通信标准。

1）固定电话（座机）的工作原理和结构

①固定电话（座机）的工作原理。固定电话（座机）通过声音的振动利用话机内的话筒调制电话线路上的电流电压，也就是将声音转换为电压信号通过电话线传送到另外一端电话，再利用送话器将电压信号转换为声音信号。即通过声信号与电信号间相互转换，并利用电信号进行传输语言的一种通信技术，是现代重要的通信手段之一。

②固定电话（座机）的典型结构。固定电话主要由主板、塑料外壳、

话柄等组成，如图2-1-10所示。

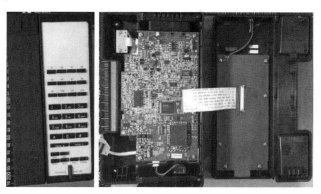

图2-1-10　固定电话结构

2）移动电话（手机）的工作原理和结构

①移动电话（手机）的工作原理。传统手机的主要功能为语音通话和收发短信。现代智能手机是硬件手持设备和软件操作系统的结合，通过SIM卡与电信运营商的基站进行数据链接，实现强大的移动互联网功能，并且产品在高速更新迭代中，逐步取代了部分计算机的功能。手机与现代人们的生活、工作、学习和娱乐息息相关，尤其是智能手机甚至让很多人对其产生很强的依赖性。随着移动互联网技术的高速发展，智能手机的应用发展也是日新月异，一日千里。

②移动电话（手机）的典型结构。手机主要由SIM卡、控制芯片、锂电池、屏幕、塑料外壳等组成，如图2-1-11所示。

图2-1-11　手机结构

3）路由器的工作原理和结构

①路由器的工作原理。计算机之间的通信只能在具有相同网络地址的 IP 地址之间进行，不同网络地址的 IP 地址是不能直接通信的，如果想要与其他网段的计算机进行通信，则必须经过路由器转发出去。路由器是一种连接多个网络或网段的网络设备，它能将不同网络、网段或 VLAN 之间的数据信息进行处理，使它们能够相互处理对方的数据，从而构成一个更大的网络。

② 路由器的典型结构。路由器主要由通信端口、主板和金属外壳等组成，如图 2-1-12 所示。

图 2-1-12　路由器结构

（4）电子产品的电源工作原理和结构

电子产品的电气安全主要集中在电源部分，电源部分主要基于电力电子技术，常见分为开关电源、线性电源和电池供电。

1）开关电源的工作原理和结构

开关电源是电子产品的重要部件，常见有外置独立工作的电源适配器和内置嵌装开关电源。开关电源主要由熔断器、电感器、压敏电阻、变压器、光电耦合器、电容器、印制板等组成。对开关电源上安全关键元器件的管控是电子产品认证检测的重要环节。

①外置电源适配器供电：主要利用将交流电转化为直流电的电源适配器供电。电源适配器标准化的设计和生产已经非常成熟，电子产品制造商大多采用外购电源适配器来给自己的产品供电，路由器和显示器由电源适配器供电，如图2-1-13所示。

 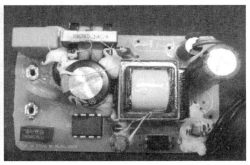

图2-1-13　电源适配器内部结构

②内置电源供电：交流电直接接入设备通过内部电源将交流电转化为直流电工作。电视机和打印机由内置开关电源板供电，如图2-1-14所示。计算机由内置封装完整的开关电源供电，如图2-1-15所示。

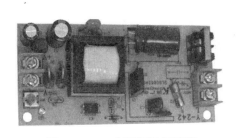 

图2-1-14　内置开关电源板　　　　图2-1-15　内置开关电源

2）线性电源的工作原理和结构

线性电源主要由变压器或外壳等组成。电子产品首先将电网电源交流电通过外置电源或内置电源转化为直流电输出，或者由电池直流电输出，然后驱动次级电路功能部分将电信号转化为音频、视频或者通信信号等信息，从而实现产品功能。线性电源供电的产品主要是功率放大器，关键元器件是环形变压器，如图 2-1-16 所示。

图 2-1-16　内置线性电源供电的功率放大器

3）电池供电工作原理和结构

电子产品大量使用可充电锂电池，部分使用铅酸电池或其他。电源适配器接入设备可以一边为设备供电一边为电池充电，在没有电源适配器充电的情况下，设备利用内置电池直接供电。有源音箱和手机使用内置锂电池供电，如图 2-1-17 所示。

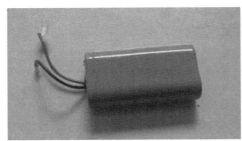

图 2-1-17　常见锂电池

2. 家用电器产品的工作原理和结构

（1）空调器工作原理和结构

空调器产品的安全适用国家标准 GB 4706.32—2012《家用和类似用途电器的安全 热泵、空调器和除湿机的特殊要求》。

1）工作原理

空调器的基本功能是调节房间空气的温度、湿度和洁净度等，空调的基本工况为制冷、制热和除湿，如图 2-1-18 所示。

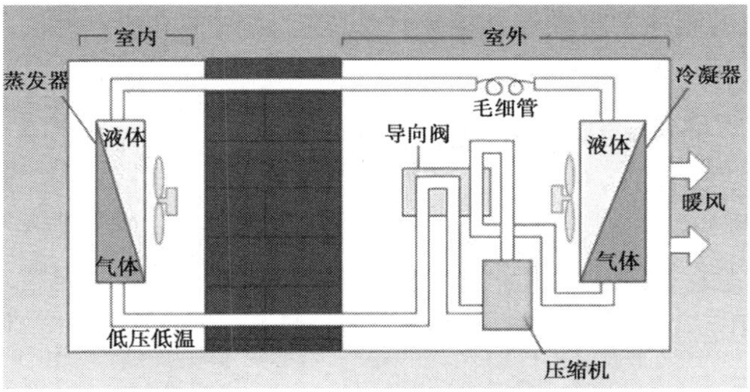

图 2-1-18 空调器工作原理

①制冷工况工作原理。

空调器要不断把房间内的多余热量转移到室外，使室内温度保持在一个较低的范围内。它包括两个循环——制冷循环和空气循环。制冷循环采用逆卡诺循环原理，包括压缩、冷凝、节流和蒸发等 4 个热力过程。空气循环是利用机内电风扇强迫室内、室外空气按一定路线对流，以提高换热器的热交换效率。

a）制冷循环。

在进行制冷工作时，制冷剂在压缩机中被压缩，将原本低温低压的制冷剂气体压缩成高温高压的过热蒸汽后，由压缩机排气口排出。冷暖空调器通过一个电磁四通换向阀控制制冷剂的流向。高温高压的过热蒸汽从四通阀的进口进入。由于在制冷工作状态下压缩机排气管通过四通阀与室外机的冷凝器相连，因此高温高压的过热蒸汽经四通阀导入冷凝器中。

高温高压的过热蒸气在冷凝器中进行冷却，通过风扇的冷却散热作用，过热的制冷剂由气态转变为液态。冷暖空调器在室内蒸发器与室外冷凝器之间安装有单向阀，它是用来控制制冷剂流向的，具有单向导通，反向截止的作用。当有冷却后的低温高压制冷剂流过时，制冷系统中的单向阀导通、制热单向阀截止。

因此制冷剂液体经单向阀后，再经过干燥过滤器、毛细管节流降压，将低温低压的制冷剂液体由液体管（细管）流入室内机。

制冷剂液体在室内机的蒸发器中吸热汽化，周围环境的温度下降，冷风即被贯流风扇吹入室内。

气化后的制冷剂再经过气体管（粗管）送回室外机，此时四通阀连接室内蒸发器管与压缩机吸气管相通，从而使制冷剂气体由压缩机吸气口吸回压缩机中，再次被压缩成高温高压的过热蒸汽，维持制冷循环。工作原理如图 2-1-19 所示。

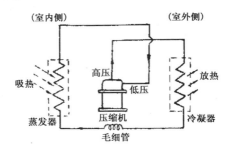

图 2-1-19　空调器的制冷循环

b）空气循环。

空气循环是利用机内电风扇强迫室内、室外空气按一定路线对流，以提高换热器的热交换效率。空调器的空气循环包括室内空气循环、室外空气循环和新风系统。下面以窗式空调器为例，说明这三种循环。室内空气循环如图 2-1-20 所示。室内空气从回风口进入空调器，通过滤尘网后，进入室内侧蒸发器进行热交换，冷却后再吸入离心风扇，冷风最后由送风口吹回到室内。

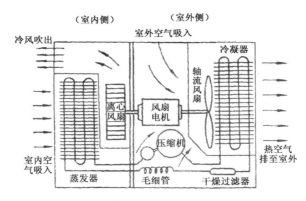

图 2-1-20　室内空气循环

室外空气循环和室内空气循环是彼此独立的两个循环系统，这两个循环系统用隔板隔开。室外空气从空调器左右两侧的进风口进入，经风扇吹向室外侧的冷凝器，热交换后的热空气从空调器背后的出风口排到室外。

②制热工况工作原理。

冷暖空调器在制热时，经压缩机压缩的高温高压过热蒸汽由压缩机的排气口排出，再经过四通阀直接将过热蒸汽由连接室内蒸发器管直接送入室内机蒸发器中，此时室内机的蒸发器就相当于冷凝器作用，过热的蒸汽通过室内机的热交换器散热，散出的热量由贯流风扇从风口吹出。

过热蒸汽经冷却形成低温高压的液体后，再由液体管（细管）从室内机送回到室外机中。此时，在制热循环中，根据制冷剂的流向，制热单向阀导通，制冷单向阀截止。制冷剂液体由制热单向阀、干燥过滤器和毛细管等节流组件后，被送入室外机的冷凝器中。

与室内机蒸发器的功能正好相反，这时冷凝器的作用就相当于制冷时室内机蒸发器的作用。低温低压的制冷剂在这里完成汽化的过程，制冷剂液体向外界吸收大量的热，重新变成干饱和蒸汽，并由轴流风扇将冷气由室外机吹出。干饱和蒸汽最后由连接室外冷凝器管口进入，由连接压缩机吸气管返回压缩机吸气口，继续第二次制热循环。工作原理如图2-1-21所示。

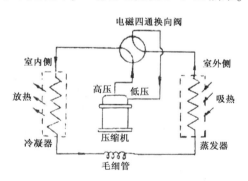

图2-1-21　制热工况工作原理

制热循环和制冷循环的过程正好相反。在制冷过程中，室内机的热交换器起蒸发器的作用，室外机的热交换器起冷凝器的作用，因此制冷时室外机吹出的是热风，室内机吹出的是冷风。制热循环时，室内机的热交换器起冷凝器的作用，而室外机的热交换器起蒸发器的作用，因此制热时室内吹出的是热风，而室外机吹出的是冷风。

③除湿工况工作原理。

空调器在制冷工况时，蒸发器盘管表面的温度往往低于空气的露点温度，因而室内循环空气流经蒸发器时，空气中的水蒸气就会冷凝成水，落在积水盘上，排出室外，从而使室内空气的含湿量降低。所以，空调器制冷运行时兼有除湿作用。

2）空调器的典型结构

家用空调一般为分体挂壁式，包括室内机和室外机两部分。室内机安装在房间内，室外机安装在室外，在安装室内机的墙上，只需开一个能使连接管道及凝结水泄水管通过的孔。分体挂壁式空调器室内机、室外机结构如图2-1-22和图2-1-23所示。

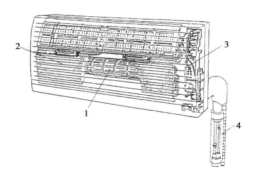

1—轴流风机；2—热交换器；3—控制盒；4—连管

图2-1-22　分体式空调器室内机结构

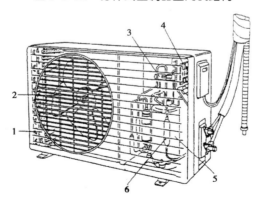

1—热交换器；2—风扇；3—四通换向阀；4—电器盒；5—压缩机；6—毛细管

图2-1-23　分体式空调器室外机结构

家用空调各种零部件按功能大致分为制冷系统、通风系统、电器控制系统。

①制冷系统：空调器中的压缩机、冷凝器、热力膨胀阀，蒸发器、节流管、干燥过滤器等都属于制冷系统。制冷剂运行于上述零部件之间的密封管道内，携带、吸收和释放热量，从而保证室内空气的温度可以调节。

②通风系统：风扇及风扇电机和通风管道构成空调器通风系统的主要部分。它们的作用使得冷凝器和蒸发器周围的空气得以流通，室内空气得以循环，室内外空气交换得以实现。

③电器控制系统：各种电路，如压缩机电路、温控电路、保护电路等，这些电路上的各种元器件以及他们特定的组成方式形成了空调器的电器控制系统。

（2）液体加热器工作原理和结构

液体加热器产品的安全适用国家标准 GB 4706.19—2008《家用和类似用途电器的安全 液体加热器的特殊要求》。常见的液体加热器类产品主要包括电水壶、电饭锅、电茶壶、电热杯、电热水瓶等产生沸水的电开水器，咖啡壶，煮蛋器，电热奶器，喂食瓶加热器，电压力锅，电烹调平锅，电炖锅，电热锅，电蒸锅，电药壶（煲），电酸奶器，煮沸清洁器，带有水壶的多功能早餐机，电火锅，电消毒器，家畜饲料蒸煮器，带有水套的煮胶锅等。

1）液体加热器的工作原理

液体加热器通过电热元件加热水或其他液体负载的电热器具，通常带有温度控制器以限制负载的温度，同时带有热断路器以实现非正常状态下的超温保护功能。有些带有定时功能和通过电子控制实现的其他功能。

2）液体加热器的典型结构

①无绳电水壶。

无绳电水壶其底座和壶体是分离的两部分，底座通过电源软线和插头供电，壶体通过底座上的连接器供电。限温器一般安装在手柄的上侧或下侧，用于感知水沸腾后的蒸汽温度以终止加热。大多无绳电水壶壶体底部装有两个自复位热断路器，以提供限温器出现异常时的过热保护。电水壶结构如图2-1-24所示。

无绳电水壶的关键元器件主要包括由电热元件、限温器、热断路器、连接器、电源线和插头、内部导线、非金属材料等。

图2-1-24　电水壶典型结构

②电饭锅。

机械电饭锅其基本结构主要由外壳、内锅（内胆）、加热盘、控温装置和开关等组成，电饭锅外壳通常用1.8mm厚的薄钢板经拉伸成型，外面喷涂装饰漆层。

内锅多用铝板拉伸成型并经过电化和喷砂处理。内锅的内壁上标有刻度，用来指示放米量和放水量。电热盘是电饭锅的关键部件之一，是电饭锅的热能源。目前电热盘都是管状电热元件铸铝而成。电饭锅的控温装置一般是由磁钢限温器和温控器组成。机械电饭锅结构如图2-1-25所示。

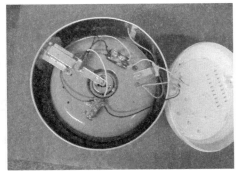

图2-1-25　机械式电饭锅典型结构

电子式电饭锅主要由锅外盖、内盖、内锅、加热板、锅体加热器、锅盖加热器、限温器、保温电子控制元件以及开关等器件组成。电子电饭锅除在底部设有主加热板外，在锅盖、锅体周围都设有加热器，构成一个立体加热环境，通过电子控温电路的控制，使米饭受热均匀。电子电饭锅结构如图2-1-26所示。

图2-1-26　电子式电饭锅典型结构

③电压力锅。

电压力锅是一种通过增加锅体内的压力以获得更高烹饪温度的液体加热器。一般是通过压力控制器和温度控制器实现锅内压力和温度的控制，同时带有超温保护的热断路器和超压保护的压力释放装置，有的带有电子线路以获得更丰富的功能，供电方式一般为器具输入插座，配有电线组件。电压力锅结构如图2-1-27所示。

电压力锅的关键元器件主要包括电热元件、温控器、热断路器、压力开关、器具输入插座、电线组件、内部导线、非金属材料等。

图2-1-27　电压力锅典型结构

④多功能电热锅。

多功能电热锅是一种集煮、炖、蒸、炒等功能于一体的液体加热器。典型结构为采用三组开关分别控制三个加热管以实现功率可调，带有温控器以限制正常工作时的温度，同时装有超温保护用的热断路器（一般是热熔断体），供电方式一般为器具输入插座，配有电线组件等。电热锅结构如图2-1-28所示。

主要关键件包括电热元件、温控器、热熔断体、跷板开关、器具输入插座、电线组件、非金属材料。

图2-1-28 多功能电热锅典型结构

⑤酸奶器。

酸奶器是利用电热元件低温加热并保温，使乳酸菌发酵的电器。电酸奶器大多采用PTC发热元件，功率比较小，一般在几十瓦。由于功率较小，发热小，有些甚至没有温控器和保护装置，有些带有二极管整流实现功率调节。酸奶器结构如图2-1-29所示。

主要关键件包括电热元件、温控器、热熔断体、开关、电源软线、插头、内部导线、非金属材料。

图2-1-29 酸奶器典型结构

（3）电风扇工作原理和结构

电风扇产品的安全适用国家标准 GB 4706.27—2008《家用和类似用途电器的安全 第2部分：风扇的特殊要求》。常见的电风扇类产品主要包括台扇、落地扇、台地扇、夹子扇、吊扇、转叶扇、吸顶扇、冷风扇、换气扇等。

1）电风扇的工作原理

电风扇利用电动机将电能转化为机械能，驱动扇叶按不同转速旋转，强制空气流动，起到通风纳凉、消暑降温的作用。多数电风扇使用电容运转式电动机，也有少量使用罩极式电动机；扇叶多数为轴流式扇叶，也有部分使用离心式扇叶。电风扇调速方式主要有绕组抽头调速、电抗抽头调速、电容调速等。

2）电风扇的典型结构

①台扇。

一般台扇均由电动机、扇叶、摇头机构、底座、网罩及开关、定时器或电子线路控制板等组成，如图2-1-30所示。

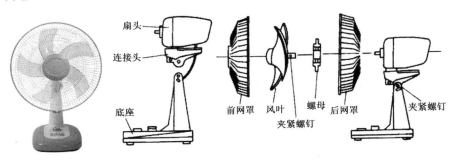

图 2-1-30　台扇的典型结构

②吊扇的典型结构。

一般吊扇的结构主要是由悬挂装置、电动机和扇叶几大部分组成，如图 2-1-31 所示。

a）悬挂装置。主要包括减振件、上下罩盖、吊杆、吊环等，减振件主要是胶轮；上下罩盖起防触电保护及装饰作用；吊杆是连接上下拉力的主要零件，吊环上连屋顶挂钩，下连吊扇吊杆。

b）电动机。由定子、转子、上端盖、下端盖、轴承等组成，属于内转子结构。

c）扇叶。包括叶架、叶片两部分。

图 2-1-31　吊扇的典型结构

③转叶扇的典型结构。

转叶扇的结构主要由箱体、扇叶、导风轮、控制部分组成，如图 2-1-32 所示。

a）外壳。包括前盖、后罩、脚座等。

b）扇叶。重量轻、扇叶片数多、使风压降低、风势缓和。

c）导风轮。可根据需要设计成多种形式，如格栅状、放射状等。

d）控制部分。包括调速开关、定时器、翻倒开关、转叶开关等。

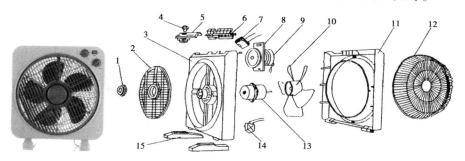

1—紧固环；2—导风轮；3—前壳；4—旋钮；5—定时器；6—琴键开关；7—电容器；
8—摩擦传动总成；9—同步电动机；10—风叶；11—后壳；12—尾罩；13—风扇电动机；
14—安全开关；15—底座

图 2-1-32　转叶扇的典型结构

（4）快热式热水器工作原理和结构

快热式热水器产品的安全适用国家标准 GB 4706.11—2008《家用和类似用途电器的安全 第 2 部分：快热式热水器的特殊要求》。常见的快热式热水器类产品主要包括密闭式热水器、出口敞开式热水器、裸露元件式热水器、电磁加热式热水器等。

1）快热式热水器的工作原理

快热式热水器是一类利用电热元件或电磁元件将电能转换成热能，将水快速加热到低于沸点的器具。

2）快热式热水器的典型结构

为实现热水功能，大部分快热式热水器由以下基本部分构成：电源系统、管路、加热装置、外壳等。

①电源系统：实现热水器加热装置和控制系统的供电，根据结构复杂程度的不同，一般情况下由以下零部件的组合构成：带插头的电源线、接线端子、开关、内部导线等。

②加热装置：按加热机理的不同，分为电热元件加热和电磁元件加热两种。电热元件加热装置是利用电热元件，将电能转换为热能，实现加热水功能；电磁元件加热装置是利用中频电磁波产生涡流将电能转换为热能，实现加热水功能。加热装置还包括电控制器、温控器、热保护器、熔断体等控制和保护器件。

③管路：根据不同类型的热水器，分别由进水管路、出水管路、加热管路等部分构成，同时还包括压力释放装置、T-P阀等压力保护装置。

④外壳：由非金属材料和/或金属材料构成，作为器具完整结构的一部分，实现防触电、防异物进入和隔热保温作用。

图 2-1-33、2-1-34、2-1-35、2-1-36 为不同类型快热式热水器的结构图。

图 2-1-33　密闭裸露电热元件热水器典型结构（1）

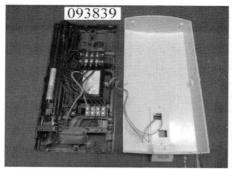

图 2-1-34 密闭裸露电热元件热水器典型结构（2）

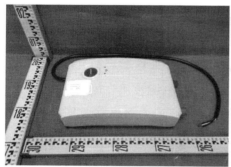

图 2-1-35 密闭管状电热元件热水器典型结构

图 2-1-36 电磁式快热热水器典型结构

（5）储水式电热水器工作原理和结构

储水式电热水器产品的安全适用国家标准 GB 4706.12—1998《家用和类似用途电器的安全 第 2 部分：储水式电热水器的特殊要求》。常见的储水式电热水器类产品按结构分为密闭式热水器、出口敞开式热水器、水槽供水式热水器、水箱式热水器、低压式热水器等；按热源的不同产生机理，分为电热元件储水式热水器、热泵式热水器、带电辅助加热功能的太阳能热水器等。

1）储水式电热水器的工作原理

储水式热水器是一类利用电热元件或热泵将电能转换成热能，将水加热到低于沸点并具有储存热水功能的器具。

2）储水式电热水器的典型结构

为实现热水功能，大部分储水式热水器由以下基本部分构成：电源系统、管路和储水器、加热装置、外壳等。

①电源系统：实现热水器加热装置和控制系统的供电，根据结构复杂程度的不同，一般情况下由以下零部件的组合构成：带插头的电源线、电线组件、器具输入插口、接线端子、开关、定时器或定时开关、内部导线等。

②加热装置：按加热机理的不同，分为电热元件加热和热泵加热两种。电热元件加热装置是利用电热元件，将电能转换为热能，实现加热水功能；热泵加热装置是利用电动机压缩机和冷媒将电能转换为热能，实现加热水功能。加热装置包括电控制器、温控器、热保护器、熔断体等控制和保护器件。

③管路和储水器：根据不同类型的热水器，分别由进水管路、出水管路、储水桶、水箱等部分构成，同时还包括压力释放装置、T-P阀等压力保护装置。

④外壳：由非金属材料和/或金属材料构成，作为器具完整结构的一部分，实现防触电、防异物进入和隔热保温作用。

图2-1-37、2-1-38、2-1-39、2-1-40、2-1-41、2-1-42给出了不同类型储水式热水器的结构示意图和照片。

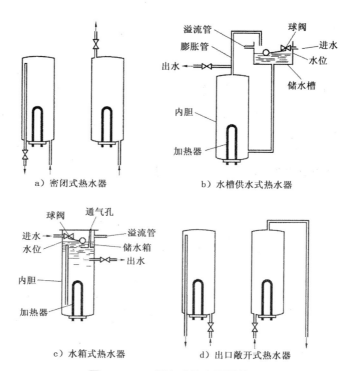

图 2-1-37　储水式热水器结构图

图 2-1-38　电子式密闭电热水器

图 2-1-39　立式密闭电热水器

图 2-1-40　水箱式电热水器（带太阳能）

图 2-1-41　电热水器内部结构

图 2-1-42　储水式热水器发热元件结构示意图

（6）厨房机械的工作原理和结构

厨房机械产品的安全适用国家标准 GB 4706.30—2008《家用和类似用途电器的安全 厨房机械的特殊要求》。常见的厨房机械产品主要包括食物混合器、奶油搅打器、打蛋机、搅拌器、筛分器、搅乳器、冰激凌机（包括在冰箱冷冻室和冰柜中使用的）、柑橘果汁压榨器、离心果汁器、绞肉机、面条机、果浆汁压榨器、切片机、豆类切片机、土豆剥皮机、磨碎器与切碎器、磨刀器、开罐头器、刀具、食品加工器、谷类磨碎器（漏斗容量≤3L）、咖啡磨碎器（漏斗容量≤500 克）等。

1）厨房机械的工作原理

厨房机械是一种通过电动机驱动容器内的刀片高速旋转，把容器中的食品原料通过搅拌或搅碎的方式，将其加工成食品（或半成品）的一种常见的厨房小家电产品。

由于我国饮食烹饪习惯的原因，厨房机械产品在其发展初期普及率还是比较低的。但是，随着中国经济的快速发展，文化交流的不断加深，越来越多的消费者开始接受厨房机械产品，厨房机械产品也得到了快速发展。越来越多的厨房机械产品出现在生活中，给消费者带来了更多的便利。在现代厨房中，厨房机械产品扮演着越来越重要的角色。

厨房机械一般是通过电动机带动刀具或运动部件旋转，对食品进行切割、研磨、搅碎等处理。厨房机械的电动机一般选择单相串激电动机作为驱动电机，通过选择开关、调速开关、按钮（电动）开关等控制元件控制电动机工作。为了使用者的安全，厨房机械产品一般装有安全联锁开关，同时，一般还装有热熔断体或热保护器等保护装置以保护产品电气安全。厨房机械常见结构的电器原理如图2-1-43所示。

图2-1-43　厨房机械电气原理示例

2）厨房机械的典型结构

由于厨房机械的加工方式有所不同，样式变化多，所以厨房机械产品的结构也比较丰富。以图2-1-44、2-1-45、2-1-46所示的食物料理机为例，厨房机械产品一般包括：供电部分、控制部分、驱动电机、刀具或运动部件、连锁开关和其他保护装置、外壳、容器等。

图2-1-44　多功能食物料理机外观

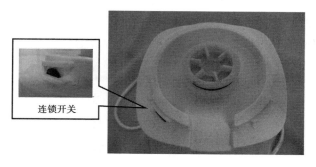

图2-1-45　连锁开关位置

图 2-1-46　内部结构：电机安装位置

①供电部分：厨房机械与供电电源的连接部分，一般较为常见的是电源插头和电源软线，也有一些器具通过电线组件和连接器搭配使用实现器具供电。

②控制部分：通过开关等控制元件，来控制器具工作的开关和/或调速、调档等工作方式。对于电子式器具，一般通过电子线路板的程序控制，通过继电器或其他控制元件，来实现对器具工作方式的控制。

③驱动电机：器具的主要驱动部件，用于带动刀具和运动部件工作，厨房机械通常采用串激电动机。

④刀具或运动部件：器具工作对食物负载进行处理的执行机构，通过选择不同的刀具或运动部件，可以对食物进行不同操作。

⑤连锁开关和其他保护装置：连锁开关一般用于可拆卸容器与基座的结合处。当取下可拆卸容器时，连锁开关能够切断电源，使驱动电机停止工作，防止运动部件伤害器具的使用者。为保证驱动电机的安全，一般电动机都会加装热保护器，防止当电机意外堵转时过热导致意外发生。

⑥防护外壳：一般采用非金属外壳，主要用于带电部件的防护，防止器具的使用者触及带电部件，发生危险。

⑦容器：主要用来盛放食物负载和/或料理后的成品。

3）厨房机械的常见产品：

①豆浆机。

豆浆机通过电机的高速旋转，带动刀片对黄豆、大米、五谷等食材进行强力的打击、搅拌、切割，并辅以微电脑控制搅拌、加热的节奏，实现全自动化制取豆浆、米糊等饮品。豆浆机主要由杯体、机头、加热器、温度传感器、防干烧电极、刀片、网罩、防溢电极组成。图 2-1-47 为豆浆机的结构图。

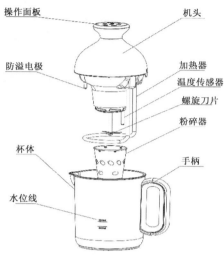

图 2-1-47　豆浆机典型结构

②离心式榨汁机。

离心式榨汁机可以将水果残渣和果汁分离，使用方便且易于清洁。榨汁机主要由主机、刀片、滤刀网、出汁口、推果棒、果汁杯、果渣桶、顶盖组成。图 2-1-48 为离心式榨汁机的结构图。

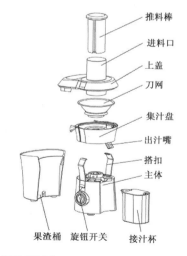

图 2-1-48　离心式榨汁机典型结构

③多功能食物料理机。

多功能食物料理机是集搅拌、磨干粉、榨果汁、切碎等功能于一身，用于制作果汁、干粉、肉碎等多种食品的家用电器，是榨汁机变得多元化后的产物。如图2-1-49所示，一台多功能食物料理机具有多个食物处理杯，可以根据需要对不同的负载食物进行处理，该图列出了榨汁料理杯的结构。

量杯

搅拌杯盖

滤网

搅拌杯

搅拌刀座

主体

图2-1-49 多功能食物料理机典型结构

（7）皮肤及毛发护理器具的工作原理和结构

皮肤及毛发护理器具产品的安全适用国家标准《家用和类似用途电器的安全 皮肤及毛发护理器具的特殊要求》（GB 4706.15—2008）。常见的皮肤及毛发护理器具产品主要包括卷发梳、卷发棒、带独立加热器的卷发辊、面部桑拿器、干发器、干手器、带可拆卸卷发夹的加热器、毛发定型器等。

1）皮肤及毛发护理器具的工作原理

皮肤及毛发护理器具按功能大致可分为干发类、干手类、定发类器具。

①干发类器具，如电吹风，主要用于头发的干燥和整形，也可供家

用、理疗室及工业生产、美工等方面作局部干燥、加热和理疗之用。吹风机直接靠电动机驱动转子带动风叶旋转，当风叶旋转时，空气从进风口吸入，由此形成的离心气流再由风筒前嘴吹出。空气通过时，若装在风嘴中的发热支架上的发热丝已通电变热，则吹出的是热风；若选择开关不使发热丝通电发热，则吹出的是冷风。吹风机就是以此来实现烘干和整形的目的。电吹风电路原理如图 2-1-50 所示。

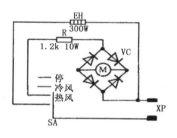

图 2-1-50　电吹风电路原理

②干手类器具，如干手器，干手器的原理就是加快液体表面气流，使之加快蒸发。当手伸到干手器的出风口时，内部的红外感应系统或电磁感应系统会自动打开通电，电动机启动旋转驱动风叶吹出由电热丝或 PTC 发热的暖风，迅速使双手变干，来达到干手的效果。干手器电路工作原理如图 2-1-51 所示。

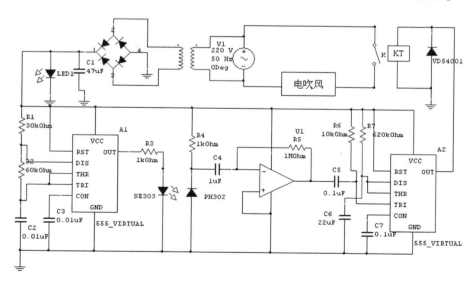

图 2-1-51　干手器电路原理

干手器电路结构及电路工作原理如下：

自动干手器电路由电源电路、红外发射电路、红外信号处理电路、电热器控制电路和风扇控制电路组成。

电源电路由熔断器、电源开关、电源变压器、整流二极管、滤波电容器、稳压集成电路等电子元器件组成。

红外发射、信号处理电路由红外发光二极管、电阻器、电容器、红外信号处理集成电路和时基集成电路组成。

电热器控制电路由电阻器、晶体管、晶闸管和电热器组成。

风扇控制电路由光控延时电路和风扇电动机控制电路两部分组成。

接通电源开关，交流 220V 电压经降压、供给红外信号处理电路，红外发射电路通电工作，风扇电动机不转动处于待机状态。当将手伸至干手器的出风口附近时，控制导通，通电开始加热；从干手器的出风口吹出热风。

③定发类器具，如直发器，直发器是通过电流加热直发器的发热体（MCH、PTC 或发热丝）传导到铝板或陶瓷板发热，利用高温使头发成型。电路主要由电源电路、发热元件、开关等组成。

2）皮肤及毛发护理器具的典型结构

①电吹风。

电吹风基本结构主要由外壳、手持手柄、加热元件、风机、控温装置和开关等组成，其外壳结构基本为塑料绝缘，属 II 类结构，如图 2-1-52 所示。

电吹风外壳通常为了达到 II 类结构要求，均采用绝缘塑料注塑而成，其出风口内部为支撑发热元件部位，所以对外壳塑料材质的要求为耐温、耐燃。

电热元件是电吹风的关键部件之一，是电吹风的热能源。目前电热元件都是采用镍铬或镍铁卷绕而成。其发热元件是根据发热效果均匀地绕在绝缘云母绝缘材料上。

电吹风的控温器置一般由双金属温控器和一次性热保护器组成。

串激电动机一般为通过整流电路供电的直流电动机，是电吹风关键元器件之一，主要通过高速旋转风速将热风吹出，达到干发的作用。

电吹风的开关一般用来控制发热元件的功率，有高、中、低挡位，在使用时可根据需要选择功率；还有些电吹风带有持续握持的开关，切断发热元件为冷风开关。

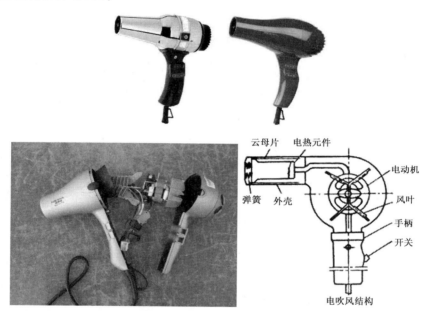

图 2-1-52　电吹风典型结构

②干手器。

干手器主要由外壳、感应装置、加热元件、风机、控温装置和开关、电源线等组成，如图 2-1-53 所示。

干手器外壳由塑料、金属制成。根据外壳材料而定，其结构有 Ⅰ、Ⅱ 类。

电热元件是热风型干手器的关键部件之一，是干手器的热能源。目前电热元件都是采用镍铬或镍铁卷绕而成。其发热元件是根据发热效果均匀地绕在绝缘云母绝缘支架上。

风量型干手器无发热元件，主要通过高速气流来达到干燥目的。

干手器的控温装置一般是由双金属温控器和一次性热保护器组成。

感应装置是干手器的一个电子开关，通过在规定距离内感应到被测物，启动风机或加热达到干燥功能。有些感应装置带有定时功能。

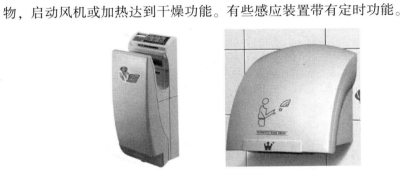

风量型   热风型

图2-1-53   干手器典型结构

③直发器。

直发器主要由外壳、电源线、PTC发热元件、开关等部件组成。外壳既是结构保护层，又是外表装饰件，一般用工程塑料压制而成，其结构一般为Ⅱ类。直发器采用PTC元件作电热元件，其本身即有过热保护功能。直发器结构如图2-1-54所示。

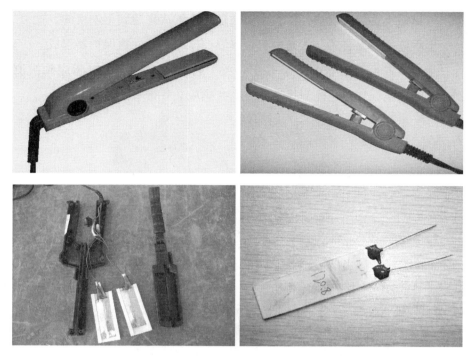

图 2-1-54　直发器典型结构

3. 照明产品的工作原理和结构

（1）白炽灯（钨丝灯）灯具工作原理和结构

白炽灯是将灯丝通电加热到白炽状态，利用热辐射发出可见光的电光源。

白炽灯是一种热辐射光源，能量的转换效率很低，只有 2% ~ 4% 的电能转换为眼睛能够感受到的光，但白炽灯具有显色性好、光谱连续等优点，因而仍被广泛应用。

白炽灯用耐热玻璃制成泡壳，内装钨丝。泡壳内抽去空气，以免灯丝氧化，或再充入惰性气体（如氩），减少钨丝受热升华。

白炽灯灯具工作原理，实际上就是白炽灯通过灯具上的灯座、导线、接线端子等部件连接到电源通电后，灯丝温度升高到白炽状态从而发出可见光。白炽灯结构见图 2-1-55。

图 2-1-55　白炽灯灯具典型结构

（2）荧光灯灯具工作原理和结构

传统型荧光灯，是利用低气压的汞蒸气在通电后释放紫外线，从而使荧光粉发出可见光的原理发光，因此它属于低气压弧光放电光源。

荧光灯正常发光时灯管两端只允许通过较低的电流，所以加在灯管上的电压略低于电源电压，但是荧光灯开始工作时需要一个较高电压击穿，所以在电路中加入了镇流器，不仅可以在启动时产生较高电压，同时可以在荧光灯工作时稳定电流。

镇流器是荧光灯上起限流作用和产生瞬间高压的设备，它是在硅钢制作的铁芯上缠漆包线制作而成，这样的带铁芯的线圈，在瞬间开/关上电时，就会自感产生高压，加在荧光灯管的两端的电极（灯丝）上。这个动作是交替进行的，当启辉器（跳泡）闭合时，灯管的灯丝通过镇流器限流导通发热；当启辉器开路时，镇流器就会自感产生高压加在灯管的两端灯丝上，灯丝发射电子轰击管壁的荧光粉发光，启辉器反复几次通断，从而打通灯管。当灯管正常发光时，内阻变小，启辉器就始终保持开路状态，这样电流就能稳定地通过灯管、镇流器工作，使灯管正常发光。由于镇流器在荧光灯工作时始终有电流通过，容易产生振动，并且会发热，所以有镇流器的荧光灯，特别是镇流器质量不好时，会产生很大的声音，用的时间长了，还容易烧毁。荧光灯结构如图 2-1-56 所示。

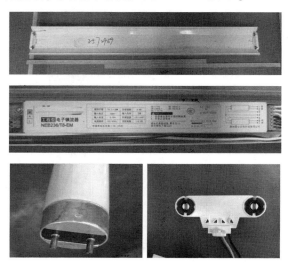

图 2-1-56　荧光灯具典型结构

1）使用电感镇流器的典型荧光灯具工作原理

当开关闭合电路中施加 220V 50Hz 的交流电源时，电流流过镇流器，灯管灯丝启辉器给灯丝加热（启辉器开始时是断开的，由于施加了一个大于 190V 以上的交流电压，使得启辉器跳泡内的气体弧光放电，双金属片加热变形，两个电极靠在一起，形成通路给灯丝加热），当启动器的两个电极靠在一起，由于没有弧光放电，双金属片冷却，两极分开；由于电感镇流器呈感性，当电路突然中断时，在灯两端会产生持续时间约 1ms 的 600V ~ 1500V 的脉冲电压，其确切的电压值取决于灯的类型，在放电的情况下，灯的两端电压立即下降，此时镇流器一方面对灯电流进行限制作用，另一方面使电源电压和灯的工作电流之间产生 55° ~ 65° 的相位差，从而维持灯的二次启动电压，使灯能更稳定地工作。电感镇流器及使用电感镇流器的荧光灯接线图如图 2-1-57、2-1-58 所示。

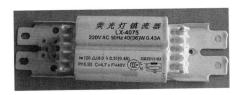

图 2-1-57　荧光灯用电感镇流器

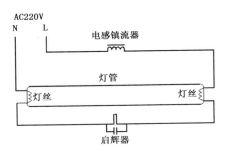

图 2-1-58　使用电感镇流器的
荧光灯接线图

2）使用电子镇流器的典型荧光灯具工作原理

电子镇流器是一个将工频交流电源转换成高频交流电源的变换器，其基本工作原理是：工频电源经过射频干扰（RFI）滤波器，全波整流和无源（或有源）功率因素校正器（PPFC 或 APFC）后，变为直流电源。通过 DC/AC 变换器，输出 20K~100KHZ 的高频交流电源，加到与灯连接的 LC 串联谐振电路加热灯丝，使灯管从放电变成导通状态，再进入发光状态，此时高频电感起限制电流增大的作用，保证灯管获得正常工作所需的灯电压和灯电流。为了提高可靠性，电子镇流器常增设各种保护电路，如异常保护，浪涌电压和电流保护，温度保护，等等。电子镇流器工作原理如图 2-1-59 所示。

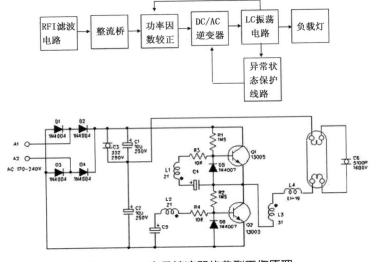

图 2-1-59　电子镇流器的典型工作原理

（3）卤钨灯灯具

卤钨灯是填充气体内含有部分卤族元素或卤化物的充气白炽灯。在普通白炽灯中，灯丝的高温造成钨的蒸发，蒸发的钨沉淀在玻壳上，产生灯泡玻壳发黑的现象。卤钨灯利用卤钨循环的原理消除了这一发黑的现象。

为了使灯壁处生成的卤化物处于气态，卤钨灯的管壁温度要比普通白炽灯高得多。相应地，卤钨灯的泡壳尺寸就要小得多，必须使用耐高温的石英玻璃或硬玻璃。由于玻壳尺寸小、强度高，灯内允许的气压就高，加之工作温度高，故灯内的工作气压要比普通充气灯泡高得多。既然在卤钨灯中钨的蒸发受到更有力的抑制，同时卤钨循环消除了泡壳的发黑，灯丝工作温度和光效就可大大提高，灯的寿命也相应得到延长。卤钨灯如图 2-1-60 所示。

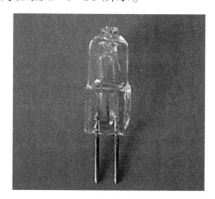

图 2-1-60　卤钨灯

高压卤钨灯灯具的工作原理和白炽灯灯具相同，也是通过灯具上的灯座、导线、接线端子等部件连接到电源，通电后，灯丝温度升高从而发出可见光。低压卤钨灯灯具则是通过电源先通过变压器整流降压，转换为直流低电压高电流输出，通电后，灯丝温度升高从而发出可见光，如图 2-1-61 所示。

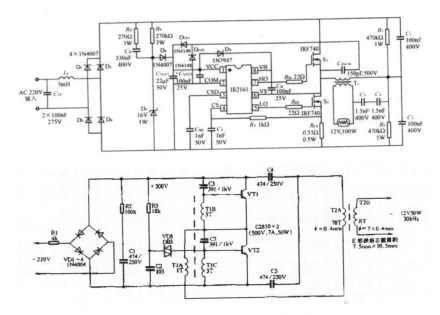

图 2-1-61   常见的变压器线路图

（4）金属卤化物灯灯具

金属卤化物灯（简称金卤灯）有两种，一种是石英金卤灯，其电弧管泡壳是用石英做的；另一种是陶瓷金卤灯，其电弧管泡壳是用半透明氧化铝陶瓷做的。金卤灯是目前世界上最优秀的电光源之一，它具有高光效（65～140lm/w）、长寿命（5000～20000h）、显色性好（Ra65～95）、结构紧凑、性能稳定等特点。

电弧管内充有汞、惰性气体和一种以上的金属卤化物。工作时，汞蒸发，电弧管内汞蒸气压强达几个大气压（零点几个兆帕）；卤化物也从管壁上蒸发，扩散进入高温电弧柱内分解，金属原子被电离激发，辐射出特征谱线。当金属离子扩散返回管壁时，在靠近管壁的较冷区域中与卤原子相遇，并重新结合生成卤化物分子。这种循环过程不断地向电弧提供金属蒸气。电弧轴心处的金属蒸气分压与管壁处卤化物蒸气的分压相近，一般为 1330～13300Pa，通常采用的金属平均激发电位为 4eV 左右，而汞的激发电位为 7.8eV。金属光谱的总辐射功率可以大幅度超过汞的辐射功率，因此，典型的金属卤化物灯输出的谱线主要是金属光谱。充填不同种金属卤化物可改善灯的显色性（平均显色指数 Ra 为 70～95）。汞电弧总辐射中仅有 23% 在可见光区域内，而金属卤化物电弧的总辐射有 50% 以上在可见光区域内，灯的发光效率可高达 120lm/W 以上。

金属卤化物与电极、石英玻璃之间以及卤化物相互之间在高温下都会引起化学反应。金属卤化物容易潮解，极少量水的吸入可造成放电不正常，使灯管发黑。电极电子发射物质一般采用氧化镝、氧化钇、氧化钪等，以防止发射物质与卤素发生反应。电弧管内有些金属（如钠）会迁移，结果会使卤素过量，导致卤素负电性极强，引起电弧收缩并启动电压、工作电压升高。金属卤化物灯仅靠触发电极的作用是不能可靠启动的，一般采用双金属片启动器，或者采用有足够高启动电压的漏磁变压器，也有采用电子触发器的。金属卤化物灯的点燃还需要限流器（即镇流器），其工作电流比同功率高压汞灯的要大一些。金卤灯结构及接线图如图 2-1-62、2-1-63 所示。

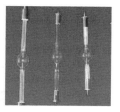

图 2-1-62（1）　金属卤化物灯光源

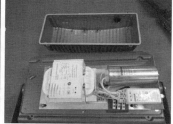

图 2-1-62（2）　金属卤化物灯灯具

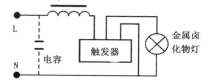

图 2-1-63　金属卤化物灯接线图

（5）LED 灯具

LED 灯是一块电致发光的半导体材料芯片，用银胶或白胶固化到支架上，然后用银线或金线连接芯片和电路板，四周用环氧树脂密封，起到保护内部芯线的作用，最后安装外壳。

LED 发光二极管是一种能够将电能转化为可见光的固态的半导体器件，它可以直接把电转化为光。LED 的心脏是一个半导体的晶片，晶片的一端附在一个支架上，一端是负极，另一端连接电源的正极，使整个晶片被环氧树脂封装起来。

半导体晶片由两部分组成，一部分是 P 型半导体，在它里面空穴占主导地位，另一端是 N 型半导体，里面主要是电子。这两种半导体连接起来的时候，它们之间就形成一个 P-N 结。当电流通过导线作用于这个晶片的时候，电子就会被推向 P 区，在 P 区里电子跟空穴复合，就会以光子的形式发出能量，这就是 LED 灯发光的原理。而光的波长也就是光的颜色，是由形成 P-N 结的材料决定的，LED 可以直接发出红、黄、蓝、绿、青、橙、紫、白色的光。LED 灯结构如图 2-1-64 所示。

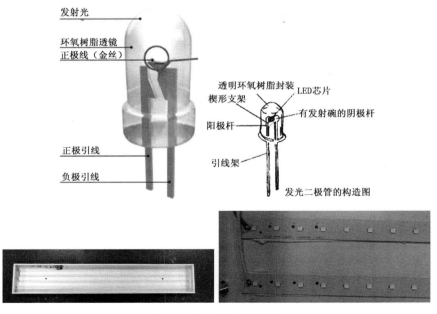

图 2-1-64　LED 灯结构图

常见的几款 LED 控制装置原理如图 2-1-65、2-1-66、2-1-67、2-1-68 所示。

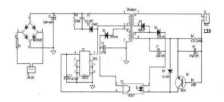

图 2-1-65　隔离式恒流型控制装置原理图

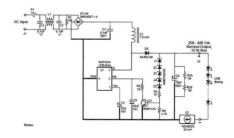

图 2-1-66　非隔离式恒流型控制装置原理图

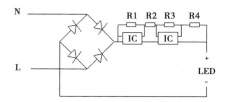

图 2-1-67　线性 IC 控制装置原理图

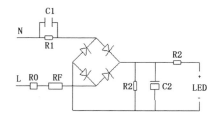

图 2-1-68　阻容降压型控制装置原理图

（6）多功能组合型灯具

多功能组合型灯具主要指将灯具及其他家电产品组合成一个整体以实现照明及其他家电功能的产品，最典型的组合型灯具产品是风扇灯（图 2-1-69）。

图2-1-69　典型多功能组合型灯具——风扇灯

第二节　产品的安全标准概况

一、电子产品标准概况

音视频产品采用的安全标准为 GB 8898—2011《音频、视频及类似电子设备安全要求》，它采用了国际电工委员会 IEC 标准 IEC 60065：2005 第 7.1 版《音频、视频及类似电子设备安全要求》并加以修改。

信息技术产品和通信技术产品采用的安全标准为 GB 4943.1—2011《信息技术设备安全 第1部分：通用要求》，它是修改采用国际电工委员会 IEC 标准 IEC 60950：2005《信息技术设备安全 第1部分：通用要求》第二版。

二、家用电器产品的标准概况

目前，家电安全标准的通用要求是 GB 4706.1—2005《家用和类似用途电器的安全 第1部分：通用要求》，它是等效采用国际电工委员会 IEC 标准 IEC 60335-1（2001）第4版及其第一修正件（2004），简称"通用要求 2005 版"。

一般情况下，家用电器的安全通用要求的标准要与各种家用电器的特殊要求标准结合一起使用，所以，各种家用电器特殊要求标准的编写中都可以发现它们的章节与通用要求标准一致，并且都声明：特殊要求的标准与 GB 4706.1—2005《家用和类似用途电器的安全 第 1 部分：通用要求》配合使用。特殊要求的标准中写明"适用"的部分，表示 GB 4706.1 中相应条文适用于本标准；特殊要求的标准中写明"代替"的部分，则应以本标准的条文为准；特殊要求的标准中写明"增加"的部分，表明除要求符合 GB 4706.1 中相应条文外，还必须符合本标准中增加的条文。因此与通用要求标准同时结合使用的各种家用电器的特殊要求需要一段时间才能全部制定完成，在未完成前，2005 版通用要求标准仅适用于那些打算与 2005 版通用要求标准结合使用的新修订的家用电器的特殊要求（例如已修订的 GB 4706.27—2008《家用和类似用途电器的安全 风扇的特殊要求》等），因此在 CCC 认证时是采用通用要求 2005 版还是通用要求 1998 版，要视乎检测的电器所对应的特殊要求标准中的版本年号，相互不能取代（不需要提及认证）。

家用和类似用途器具通用要求，主要涉及单相器具额定电压不超过 250V，其他器具额定电压不超过 480V 的家用和类似用途电器的安全。这些器具可以带有电动机、电热元件或它们的组合。不打算作一般家用但对公众仍可构成危险源的器具，例如打算在商店中、在轻工行业以及在农场中由非电专业人员使用的器具，也在家用器具通用要求的标准考核范围内。但是如果是专为工业用而设计的器具或者是手持或可移式电动工具、电视、收音、录放机等器具另外有适用标准，家用和类似用途器具通用要求不适用于这些器具。

三、照明产品的标准概况

目前，灯具安全标准的通用要求是 GB 7000.1—2015《灯具 第 1 部分：一般要求与试验》，它等效采用国际电工委员会 IEC 标准 IEC 60598-1：2014。

一般情况下，灯具的安全通用要求的标准要与各种灯具的特殊要求标准结合一起使用，所以，各种灯具特殊要求标准的编写中都可以发现它们的章节与通用要求标准一致，并且都声明：特殊要求的标准与 GB 7000.1—2015《灯具 第 1 部分：一般要求与试验》配合使用。特殊要求的标准中写明"适用"的部分，表示 GB 7000.1 中相应条文适用于本标准；特殊要求的标准中写明"代替"的部分，则应以本标准的条文为准；特殊要求的标准中写明"增加"的部分，表明除要求符合 GB 7000.1 中相应条文外，还必须符合本标准中增加的条文。

GB 7000.1 标准规定了使用电光源、电源电压不超过 1000V 的灯具的一般要求。

第三节　安全防护检测项目

电子电器产品的安全隐患，包括有下列危险情况：电击危险、过热危险及非正常工作危险、机械危险、材料耐热和耐燃的危险、辐射危险、化学危险、软件功能安全危险等。

一、电击危险主要检测项目

安全标准对电击危险主要考核产品对触及带电部件的防护、泄漏电流、电气强度、绝缘电阻、接地电阻、电气间隙和爬电距离等。

风险来源如：在正常情况下带危险电压的零部件；正常情况下带危险电压零部件和可触及的导电零部件（或带非危险电压的电路）之间的隔离用绝缘被击穿；带电部件与安全特低电压电路之间绝缘被击穿，使带危险电压零部件可触及；器具带电零部件到机身漏电，泄漏电流过大；大容量电容器放电；接地措施不可靠，导致接地电阻过大；带电部件到易触及表面之间的电气间隙和爬电距离在绝缘失效或灰尘、水气集聚情况下，安全距离不够，绝缘失效而造成触电。

二、过热危险及非正常工作危险主要检测项目

安全标准对过热危险及非正常工作危险主要检测项目为温升、电子电路失效、变压器短路和过载导致的温高过高、达到危险量的有毒气体或可点燃的气体等，基本要求是设备在正常工作和故障条件下的温升值应符合标准的规定，以保证可触及件不会因过高温度而使人烫伤，电击防护用的绝缘材料不因过热导致绝缘性能下降，可燃材料和元件不会自燃；不会因过热导致材料变形引起电气间隙和爬电距离减小。

三、机械危险主要检测项目

安全标准对机械危险主要考核产品对稳定性的要求、对运动部件的防护要求、对机械强度的要求等。具体包括保证电器产品在机械上是稳定的，在结构上是坚固的；避免出现锐利的棱缘和尖角；有足够的机械强度，使其结构能承受在使用时可能产生的振动、碰撞和冲击；为运动的危险零部件配备适当的保护装置或联锁装置。

四、材料耐热和耐燃危险主要检测项目

安全标准对材料耐热性能的评价方法主要为球压、维卡试验；对材料耐燃性能的评价方法主要为灼热丝、针焰、水平垂直燃烧试验和泡沫塑料的水平燃烧试验。电器产品结构所用的材料应适当和合理配置，以便使这些材料能按照预定的设计，安全可靠地运行，不会造成严重的着火危险及加剧火势的蔓延。

五、辐射危险主要检测项目

辐射危险包括声频、射频、红外线、高强度可见光和相干光、紫外线、电离辐射和视网膜蓝光危害等。操作人员和维修人员受到的辐射量必须保持在允许的限度内。

安全标准对辐射危险主要考核产品对光的防护要求和对电磁波的防护要求。

六、化学危险主要检测项目

安全标准对化学危险主要考核产品对有害气体的防护要求和对有害物质的防护要求，包括设置警告标志，在正常和异常条件下尽可能地限制有害气体释放，避免对人员造成危害（包括污染环境）；限制同有害化学物质的接触，如汞、多氯联苯等。

七、软件功能安全危险主要检测项目

家电安全软件评估，不仅仅是对可编程电子元件的评估，而是对整个系统的评估；任何软件功能的实现都基于相应的硬件环境，因而家电安全软件评估不仅仅是对"软件"的评估，而是综合评估电子保护电路的硬件、软件、接口的结构和特性。

家电产品在使用可编程保护电子电路来确保器具满足上述危险防护要求时，软件中应含有用于 GB 4706.1—2005 附录 R 中控制表 R.1 所述的故障/错误条件的措施。如果需要，对于特殊的结构或为处理特定的危险，可在家电产品特殊标准中规定软件应含有用于控制表 R.2 所述的故障/错误条件的措施。

第三章

电击危险的
安全防护

第一节　对触及带电部件的防护要求

一、检测要求

器具的结构和外壳应使其对意外触及带电部件有足够的防护，防止使用者在使用或维护器具时，由于触及带电部件或基本绝缘失效而导致危险的发生。

1. 标准要求

标准 GB 4706.1—2005《家用和类似用途电器的安全 第 1 部分：通用要求》第 8 章规定如下：

8.1 器具的结构和外壳应使其对意外触及带电部件有足够的防护。

8.1.1 本要求适用于器具按正常使用进行工作时所有的位置，和取下可拆卸部件后的情况。

只要器具能通过插头或全极开关与电源隔开，位于可拆卸盖罩后面的灯则不必取下，但是，在装取位于可拆卸盖罩后面的灯的操作中，应确保对触及灯头的带电部件的防护。

用不明显的力施加给 IEC 61032 的 B 型试验探棒，除了通常在地上使用且质量超过 40kg 的器具不斜置外，器具处于每种可能的位置，探棒通过开口伸到允许的任何深度，并且在插入到任一位置之前、之中和之后，转动或弯曲探棒。如果探棒无法插入开口，则在垂直的方向给探棒加力到 20N；如果该探棒此时能够插入开口，该试验要在试验探棒成一定角度下重复。

试验探棒应不能碰触到带电部件，或仅用清漆、釉漆、普通纸、棉花、氧化膜、绝缘珠或密封剂来防护的带电部件，但使用自硬化树脂除外。

8.1.2 用不明显的力施加给 IEC 61032 的 13 号试验探棒来穿过 0 类器具、II 类器具或 II 类结构上的各开口。但通向灯头和插座中的带电部件的开口除外。

注：器具输出插口不认为是插座。

试验探棒还需穿过在表面覆盖一层非导电涂层如瓷釉或清漆的接地金属外壳的开口。该试验探棒应不能触及带电部件。

8.1.3 对 II 类器具以外的其他器具用 IEC 61032 的 41 号试验探棒，而不用 B 型试验探棒和 13 号试验探棒，用不明显的力施加于一次开关动作而全断开的可见灼热电热元件的带电部件上。只要与这类元件接触的支撑件在不取下罩盖或类似部件情况下，从器具外面明显可见，则该试验探棒也施加于这类支撑件上。

试验探棒应不能触及这些带电部件。

注：对带有电源软线，而在其电源的电路中无开关装置的器具，其插头从插座中的拔出认为是一次开关动作。

8.1.4 如果易触及部件为下述情况，则不认为其是带电的：

——该部件由安全特低电压供电，且

·对交流，其电压峰值不超过 42.4V

·对直流，其电压不超过 42.4V

或

——该部件通过保护阻抗与带电部件隔开。

在有保护阻抗的情况下，该部件与电源之间的电流：对直流应不超过 2mA；对交流，其峰值应不超过 0.7mA；而且：

对峰值电压大于 42.4V 小于或等于 450V 的，其电容量不应超过 0.1μF；

对峰值电压大于 450V 小于或等于 15kV 的，其放电量不应超过 45μC；

通过对由额定电压供电的器具的测量确定其是否合格。

应在各相关部件与电源的每一极之间分别测量电压值和电流值。在电源中断后立即测量放电量和能量。

使用标称阻值为 2000 Ω 的无感电阻来测量放电量和能量。

注 1：测量电流的电路见 GB/T12113（idt IEC 60990）的图 4。

注 2：电量是通过记录在电压/时间曲线中的总面积计算得出，面积求和时不考虑电压极性。

8.1.5 嵌装式器具、固定式器具和以分离组件形式交付的器具在安装或组装之前，其带电部件至少应由基本绝缘来防护。

通过视检和 8.1.1 的测试确定其是否合格。

8.2 II 类器具和 II 类结构，其结构和外壳对与基本绝缘以及仅用基本绝缘与带电部件隔开的金属部件意外接触应有足够的防护。

只允许触及那些由双重绝缘或加强绝缘与带电部件隔开的部件。

通过视检和按 8.1.1 中所述，施加 IEC 61032 的 B 型试验探棒确定其是否合格。

注 1：此要求适用于器具按正常使用工作时所有位置，和取下可拆卸部件之后的状况。

注：嵌装式器具和固定式器具，要在安装就位后进行试验。

标准 GB 4706.1—2005《家用和类似用途电器的安全 第 1 部分：通用要求》第 22.5 条款对插头放电规定如下：

打算通过一个插头来与电源连接的器具，其结构应能使其在正常使用中当触碰该插头的插脚时，不会因有充过电的额定容量超过 0.1μF 的电容器而引起电击危险。

通过下述试验确定其是否合格。

器具以额定电压供电，然后将其任何一个开关置于"断开"位置，器具从电源断开。在断开后的1s时，用一个不会对测量值产生明显影响的仪器，测量插头各插脚间的电压。

此电压不应超过34V。

标准GB 7000.1—2015《灯具 第1部分：一般要求与试验》第8章规定如下：

8.2.1 灯具应制造成当灯具按正常使用安装和接线后以及为更换可替换光源或（可替换）启动器而必须打开灯具时，即使不是徒手操作，其带电部件是不可触及的。基本绝缘部件不应用在没有防意外接触措施的灯具的外表面上。

注1：基本绝缘部件的例子有打算内部接线的电缆、内装饰控制装置等。

当保护罩用于一个4.30规定的非用户更换的光源上时，根据本章规定进行试验和检查时应将罩子保留在位。

当灯具为正常使用安装和（或）装配后，标准试验指不允许触及带电部件，且在相同条件下：

—— 对于可移式灯具、可设置灯具和可调节灯具，标准试验指不允许触及基本绝缘部件；

—— 对于其他类型的灯具，在灯具外面用符合GB/T 16842—2008中图1的直径50mm试具应不能触及基本绝缘部件。

8.2.3 在下述条件下，SELV电路可以有无绝缘的载流部件：

——普通灯具

· 带载电压不超过25V有效值或无纹波直流60V，而且

· 空载电压不超过峰值35V或无纹波直流60V。

当电压超过25V有效值或无纹波直流60V时，接触电流不超过：

· 交流：0.7mA（峰值）；

·直流：2.0mA。

8.2.5 用符合 GB/T 16842—2008 要求的 A 型试验探棒和 B 型试验探棒的试验指去接触每一个可能触及的位置，如必要时施加 10N 的力，用一个电指示器显示与带电部件的接触情况。可移动部件，包括灯罩，应徒手置于最不利的位置；如果可移动部件是金属的，它们不应接触灯具或光源的带电部件。

8.2.7 装有电容量大于 0.5uF 电容器的灯具，应装有放电装置，使灯具与额定电压的电源断开后 1min，电容器两端的电压应不超过 50V。

用插头与电源连接的可移式灯具、导轨接合器连接的灯具或带有电源连接器的灯具，具有用标准试验指可触及的触电的，并含有一个电容量超过 0.1uF（或 0.25uF，对于额定电压小于 150V 的灯具）电容器，应装有放电装置，使断开电源后 1s，插头两插销间或接合器/连接器触点间的电压应不超过 34V。

用插头与电源连接的，并且含有一个电容量超过 0.1uF（或 0.25uF，对于额定电压小于 150V 的灯具）电容器的其他灯具和导轨接合器安装式灯具，应装有放电装置，使断开电源后 5s，插头两插销间的电压应不超过 60V 有效值。

标准 GB 4943.1—2011《信息技术设备安全 第 1 部分：通用要求》第 2.2 章 SELV 电路规定如下：

2.2.1 基本要求

在正常工作条件下和出现单一故障（见 1.4.14）后，SELV 电路所呈现的电压应当仍然是可以接触的安全电压。如果没有对 SELV 电路施加外部负载（开路），那么不得超过 2.2.2 和 2.2.3 的电压限值。

通过检查和有关的试验来检验是否符合 2.2.1 至 2.2.4 的要求。

2.2.2 正常工作条件下的电压

在一个 SELV 电路内或几个互连的 SELV 电路中，在正常工作条件下，其任何两个导体之间和任何一个这样的导体和地（见1.4.9）之间的电压不得超过42.4V交流峰值或60V直流值。

注1：满足以上要求但承受来自通信网络或电缆分配系统过电压的电路是TNV-1电路。

注2：正常条件下，SELV电路的电压限值与ELV电路相同。SELV电路可以认为是故障条件下有附加保护的ELV电路。

2.2.3 故障条件下的电压要求，详见标准具体内容。

标准GB 8898—2011《音频、视频及类似电子设备安全要求》第9.1.1.1章危险带电零部件的确定要求如下：

为了确定端子的零部件或接触件是否危险带电，应当在任意两个零部件或接触件之间，以及任意一个零部件或接触件与试验时所用的电源的任意一极之间进行下列测量。对供设备与电网电源连接用的端子，应当在断开电源后立即测量放电量。

注1：对电源插头极间的放电，见9.1.6。

如果符合下列a）项和b）项规定的限值，则端子的零部件或接触件是危险带电的：

a）开路电压超过

——交流35V（峰值）或直流60V，

——对专业设备的音频信号，120V有效值，

——对非专业设备的音频信号，71V有效值；

如果超过a）项的电压限值，则b）到d）的规定适用。

b）用相应的电压U_1和U_2表示的，使用本标准附录D规定的测量网络按GB/T 12113规定测得的接触电流超过下列数值：

——对交流：$U_1=35$V（峰值）以及$U_2=0.35$V（峰值）；

——对直流：$U_1=1.0$V；

注2：对交流$U_2=0.35$V（峰值）和对直流$U_1=1.0$V的电压限值相当

于交流 0.7mA（峰值）和直流 2.0mA 的电流限值。

对交流 $U_1 = 35V$（峰值）的电压限值相当于频率大于 100kHz 时的交流 70mA（峰值）的电流限值。

此外，

c）在直流 60V 到 15kV 之间的电压下所贮存的电荷的电量超过 45μC；或

d）在超过直流 15kV 的电压下所贮存的电荷的放电能量超过 350mJ。

对要在热带气候条件下使用的设备，上述 a）项和 b）项给出的数值减半。

注 3：当几个设备互连时，为了避免不必要的大接触电流，建议单台设备的接触电流值不大于因功能原因所需要的电流值。

对 I 类结构的设备，对地接触电流的有效值不得大于 3.5mA。应当使用本标准附录 D 规定的测量网络以及在断开保护接地连接时进行测量。

下面是电子产品插头放电标准要求：

GB 4943.1—2011《信息技术设备安全 第 1 部分：通用要求》第 2.1.1.7 章设备内电容器的放电如下：

设备在设计上应当保证在电网电源外部断接处，尽量减小因接在设备内的电容器贮存有电荷而产生的电击危险。除非电网电源的标称电压超过 42.4V 交流峰值或 60V 直流，否则不需要进行电击危险的试验。

通过检查设备和有关的电路图来检验其是否合格。检查时要考虑到断开电源时通/断开关可能处于的任一位置。

如果设备中有任何电容器，其标明的或标称的容量超过 0.1μF，而且在与电网电源连接的电路上，但该电容器的放电时间常数不超过下列规定值，则应当认为设备是合格的：

—— 对 A 型可插式设备，1s；和

—— 对 B 型可插式设备，10s。

有关的时间常数是指等效电容量（μF）和等效放电电阻值（MΩ）的乘积。如果测定等效电容量和电阻值有困难，则可以在外部断接点测量电压衰减。当测量电压衰减时，使用输入阻抗由一个 100MΩ±5MΩ 电阻器和一个输入电容量为 20pF±5pF 的电容器并联组成的仪器得到结果。

注：在经过一段等于一个时间常数的时间，电压将衰减到初始值的 37%。

GB 8898—2011《音频、视频及类似电子设备安全要求》第 9.1.6 章拔出电源插头要求如下：

对预定要用电源插头与电网电源连接的设备，其设计应当确保在插头从电源插座拔出后，当接触插头的插脚或插销时，不得因电容器贮存的电荷而产生电击危险。

注：就本条而言，阳互连耦合器和阳器具耦合器被认为是电源插头。

通过 9.1.1.1 a）项或 c）项规定的测量，或通过计算来检验是否合格。

电源开关，如果有，置于"断"位，除非置于"通"位更为不利。

在拔出插头后 2s，插头的插脚不得危险带电。

为了能找到最不利的情况，试验可以重复 10 次。

如果电源两极之间的标称电容量不超过 0.1μF，则不进行试验。

二、检测仪器

1. 使用 B 型试验探棒进行检测

（1）B 型试验探棒

IEC 61032 的 B 型试验探棒同时符合 GB 4706.1—2005、GB 7000.1—2015 及 IEC 60335 等标准要求，适用于对器具的外壳进行防触电试验。B 型试验探棒外观如图 3-1-1 所示。

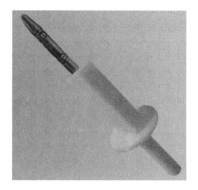

图3-1-1　B型试验探棒的外观

B型试验探棒弯指使用状态如图3-1-2所示。

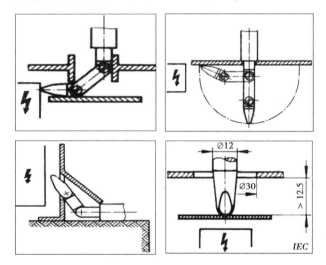

图3-1-2　弯指的使用状态

B型试验探棒技术规格如表3-1-1、图3-1-3所示。

表3-1　B型试验探棒的技术规格　　　　　　　　（单位：mm）

弯指直径	12
弯指长度	80（三节总长度）
挡板直径	75
限位面绝缘材料长度	100
限位面绝缘材料宽度	50
限位面绝缘材料厚度	20

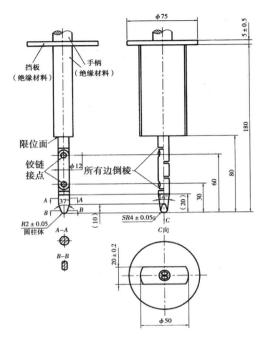

图 3-1-3　B 型试验探棒的尺寸要求（单位：mm）

（2）B 型试验探棒的使用

检测使用 IEC 61032 的 B 型试验探棒，取下可拆卸部件后，在器具正常使用进行工作时所有的位置上，进行防触电的判别。检测的顺序为：

①确定施加的对象。取下可拆卸部件后，判定哪些开口应该使用试验指进行防触电。家电产品中规定，除了通常在地上使用且质量超过 40kg 的器具不斜置外，器具处于每种可能的位置，探棒通过开口伸到允许的任何深度，并且在插入到任一位置之前、之中和之后，转动或弯曲探棒；对于灯具产品而言，可拆卸部件还包括更换光源或启辉器拆下的部件等特殊的规定，如电风扇产品机头开口处、电磁灶产品散热孔、电饭锅底盖开口处等。

②确定施加的力。当试验指无法插入开口时，则在垂直的方向给探棒施加规定的力，使试验指能进入。所施加力的大小，不同的产品标准会有所不同，比如家电和电动工具为 20N 的力，灯具为 10N。

③试验指触及部件是否带电的判别。试验指应不能触及带电部件，或

仅用清漆、釉漆、普通纸、棉花、氧化膜、绝缘珠或密封剂来防护的带电部件，但使用自硬化树脂来防护的除外。

④部分施加对象的特殊规定。如在家电产品中，只要器具能通过插头或全极开关与电源隔开，位于可拆卸盖罩后面的灯则不必取下，但是，在装取位于可拆卸盖罩后面的灯的操作中，应确保对触及灯头的带电部件的防护。

⑤Ⅱ类电气产品和Ⅱ类结构，其结构和外壳对与基本绝缘以及仅用基本绝缘与带电部件隔开的金属部件意外接触应有足够的防护，试验指不应触及这些部件。当然，具体家电和灯具产品还有特殊的规定。例如家电安全标准中规定嵌装式器具和固定式器具，要在安装就位后进行试验。在Ⅱ类灯具中，当为更换光源或启动器而打开灯具时，除了启动器的金属部件和灯头的非载流部件以外，基本绝缘的金属部件是不允许被触及的，但可以触及基本绝缘。

2. 使用 13 号试验探棒进行检测

（1）13 号试验探棒

GB 4706.1—2005、GB 7000.1—2015 及 IEC 60335 等标准规定用 13 号试具进行双重绝缘和加强绝缘开口防触电试验。13 号试验探棒外观如图3-1-4 所示。

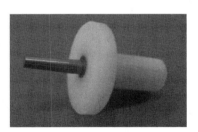

图 3-1-4　13 号试验探棒的外观

13 号试验探棒技术规格如表 3-1-2、图 3-1-5 所示。

表 3-1-2　13 号试验探棒的技术规格　　　　　　（单位：mm）

探棒直径	头部 3，尾部 4
探棒长度	15
挡板直径	25
挡板厚度	4

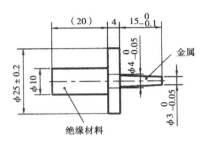

图 3-1-5　13 号试验探棒的尺寸要求（单位：mm）

（2）13 号试验探棒的使用

检测使用 IEC 61032 的 13 号试验探棒，取下可拆卸部件后，在器具正常使用进行工作时所有的位置上，进行防触电的判别。检测的顺序为：

1）确定施加的对象。取下可拆卸部件后，判定哪些开口应该使用 13 号试验探棒进行防触电的判定。对家电产品，要求 0 类器具、II 类器具或 II 类结构上的各开口，穿过在表面覆盖一层非导电涂层如瓷釉或清漆的接地金属外壳的开口。对灯具产品，仅对双重绝缘或加强绝缘的开口进行施加，如电热水壶底座耦合器、电火锅连接器开口处等。

2）确定施加的力。"用不明显的力"被认为是力不超过 1N。

3）部分施加对象的特殊规定。如在家电产品中，通向灯头和插座中的带电部件的开口除外。

3. 使用 41 号试验探棒进行检测

（1）41 号试验探棒

IEC 61032 的 41 号试验探棒同时符合 GB 4706.1—2005、IEC 60335 等标准要求，适用于对可见灼热电热元件的带电部件上进行防触电试验。41

号试验探棒外观如图 3-1-6 所示。

图 3-1-6 41 号试验探棒的外观

41 号试验探棒技术规格如表 3-1-3、图 3-1-7 所示。

表 3-1-3   41 号试验探棒的技术规格   （单位：mm）

探棒直径	30
探棒长度	80
手柄直径	50
手柄长度	80

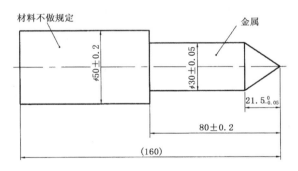

图 3-1-7   41 号试验探棒的尺寸要求（单位：mm）

（2）41 号试验探棒的使用

检测使用 IEC 61032 的 41 号试验探棒，取下可拆卸部件后，在器具正常使用进行工作时所有的位置上，进行防触电的判别。检测的顺序为：

1）确定施加的对象。取下可拆卸部件后，判定哪些开口应该使用试验指进行防触电的判定。对家电产品，对 II 类器具以外的其他器具施加一次开关动作而全断开的可见灼热电热元件的带电部件上。只要与这类元件接触的支撑件在不取下罩盖或类似部件情况下，从器具外面明显可见，则该试验探棒也施加于这类支撑件上，如取暖器外壳开口处、面包机开口处等。

2）确定施加的力。"用不明显的力"被认为是力不超过1N。

3）部分施加对象的特殊规定。对带有电源软线的家电产品，如电源的电路中无开关装置的器具，其插头从插座中的拨出认为是一次开关动作。

4. 使用A型试验探棒进行检测

（1）A型试验探棒

本试具用以检测防止人体触及危险部件，也可用于防止手背触及的防护试验，见图3-1-8。

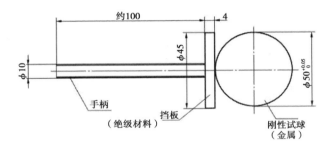

图3-1-8　A型试验探棒的尺寸要求（单位：mm）

（2）A型试具的使用

检测使用GB/T 16842—2008中图1的试具。对于可移式灯具、可设置灯具和可调节灯具以外的其他类型灯具，在灯具外面用A型试验探棒应不能触及基本绝缘部件。

5. 使用万用表进行检测

（1）万用表

万用表由表头、测量电路及转换开关等三个主要部分组成。它是电子测试领域最基本的工具，也是一种使用广泛的测试仪器。最早期的指针式万用表，基本只能测量电压、电流、电阻三个参数，随着数字式芯片技术发展，数字式万用表已经取代传统指针式万用表成为主流。数字式万用表的功能强大，除能测量电压、电流、电阻三个基参数外，还集成电容量、电感量、频率及半导体（二极管、三极管）、温度等一些参数的测量功能。与指针式万用表相比，数字式仪表灵敏度、精确度更高，读数更直观，使用也更方便简单。实验室常见的万用表如图 3-1-9 所示。

图 3-1-9　万用表

（2）万用表的使用

万用表用于家电安全标准第 8.1.4 条款。当易触及部件通过安全隔离变压器来提供对电击的防护，隔离变压器绝缘应符合双重绝缘或加强绝缘的要求（特低电压供电），且对输出为交流电，其电压峰值不超过 42.4V，如图 3-1-10 所示；对直流，其电压不超过 42.4V，如图 3-1-11 所示；该易触及部件可认为不带电。

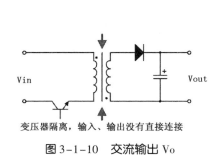

图 3-1-10　交流输出 Vo　　　　　图 3-1-11　直流输出 Vo

可通过判断产品是否有安全隔离变压器并使用万用表测量输出电压 Vo 来确认该易触及部件是否为带电部件。测量交流电压时，万用表选择交流电压档，测量结果的读数应考虑有效值与峰值的关系；测量直流电压时，万用表选择直流电压档，直接读取测量值进行判定。

6. 使用泄漏电流测试网络、示波器、LCR 测试仪进行检测

当易触及部件通过保护阻抗供电时，见图 3-1-12 所示，连接在带电部件和 II 类结构的易触及导电部件之间的阻抗，应采用双重绝缘或加强绝缘将由保护阻抗连接的各个部件隔开，且保护阻抗应至少由两个单独的元件构成，阻抗符合 GB 8898 的 14.1a 的电阻和符合 IEC 60384-14 的 Y 级电容器，在正常使用中及器具出现可能的故障状态时，可将电流限制在一个安全值。

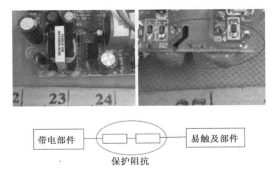

图 3-1-12　易触及部件通过保护阻抗供电

当易触及部件通过保护阻抗供电时，判断一个通过保护阻抗与带电部件隔开的部件是否为带电部件，试验步骤较为复杂。根据标准要求，总结 8.1.4 的试验步骤，通过以下方法进行测量：

（1）泄漏电流测量

用满足 GB/T 12113 中图 4 的网络测量各相关部件与电源的每一极之间的泄漏电流，并与标准限值比较。对直流应不超过 2mA；对交流，其峰值应不超过 0.7mA。测量网络图如图 3-1-13 所示，测量网络连接如图 3-1-14 所示。

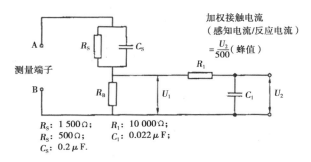

图 3-1-13　GB/T 12113 中图 4 测量网络图

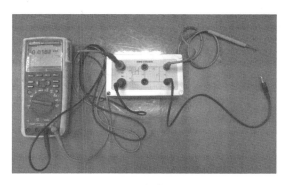

图 3-1-14   泄漏电流测量网络连接

（2）峰值电压测量

用示波器或其他合适的仪器测量峰值电压。当测得的峰值电压不大于
450V 时，测量电容量；当测得的峰值电压大于 450V 不大于 15kV 时，再
测量其放电量来考核 8.1.4 条的符合性。

（3）电容量测量

用 LCR 测试仪（见图 3-1-15）或其他合适的仪器测量电容量，并与
标准限值比较。对峰值电压大于 42.4V、小于或等于 450V 的，其电容量不
应超过 0.1μF。

图 3-1-14   LCR 测试仪

LCR 测量仪又常称数字电桥，利用自动平衡式电桥原理测量阻抗，如
图 3-1-16 所示。测量原理是由信号源发生一个一定频率和幅度的正弦交
流信号，这个信号加到被测件 DUT 上产生电流流到虚地，由于运放输入电
流为零，所以流过 DUT 的电流完全流过 Rr，最后根据欧姆定律计算 DUT
的阻抗：$Z = V1 \times Rr/Vr$。

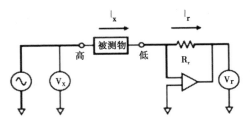

图 3-1-16　LCR 电桥原理图

为保证测试结果更准确，根据不同的测量值范围，设置 LCR 测量仪的测试频率和电平。对于电容量的测量，小于 1uF 时，建议设置测量频率为 1kHz 进行测量。

（4）放电量和插头放电测量

用示波器或其他合适的仪器测量放电量，并与标准限值比较，对峰值电压大于 450V、小于或等于 15kV 的，其放电量不应超过 45μC。

示波器（见图 3-1-17）是一种用途广泛的电子测量工具，它能把电信号变换成看得见的图像，便于研究各种电现象的变化过程。在被测信号的作用下，电子束就好像一支笔的笔尖，可以在屏面上描绘出被测信号瞬时值的变化曲线。利用示波器能观察各种不同信号幅度随时间变化的波形曲线，因此，可以用它测试各种不同的电量，如电压、电流、频率、相位差、调幅度等。

示波器探头内阻须尽量大，电容须尽量小，从而降低测试时探头阻抗对样品本身的影响。为了减少探头阻抗对测试结果的影响，IECEE 的 CTL 决议（DSH-0716）对插头放电测试使用的探头做了明确规定，即探头电阻大于 100 MΩ，电容小于 25 pF。示波器探头如图 3-1-18 所示。

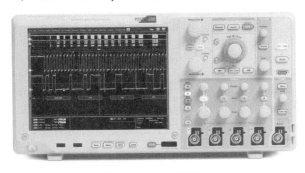

图 3-1-17　示波器

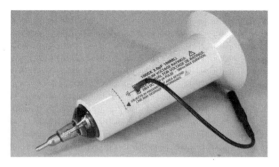

图 3-1-18　探头

1）放电量测量

①试验步骤

首先将标称阻值为 2000Ω 的无感电阻与示波器探头的两端并联，并将示波器连接 2000Ω 无感电阻的低压端事先连接到测量部位的低压端，示波器的高压探头仅连接 2000Ω 无感电阻，不连接到待测点；给样品通电；拔下插头，立即将示波器高压探头测试端连接至电源的其中一极，如图 3-1-19 所示。

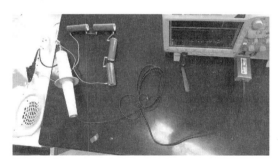

图 3-1-19　放电量测量布置图

②放电量测量的注意事项

8.1.4 条规定"在电源中断后立即测量放电量"。为了能实现断电后立即测量，在断电前一定要搭好必要的测试电路，断电后尽可能快地将标称阻值为 2000Ω 的无感电阻接到测量电路中。在样品断电前示波器的高压探头不连接到电源的一极上，否则电量被提前释放掉了；大约经过几毫秒放电结束，注意观察示波器上的放电波形，及时采集放电曲线。

一个电容器通过电阻 R 放电过程中的电流随时间变化的 I-t 关系曲线与坐

标轴所包围的面积的物理意义在数值上等于电容器放电量的大小；因测量时使用的电阻值是不变量，所以根据电阻 R 放电过程中的电流随时间变化的 I–t 关系曲线与坐标轴所包围的面积的物理意义，以及电压与电流的计算公式 I = U/R，可以采用下述方法测量并计算放电量，即用示波器测量断电后测量极与电源一极之间的电压曲线与时间坐标轴所包围的面积，再除以测量放电量时所用的电阻阻值，在数值上等于电容器放电量的大小。

2）插头放电测量试验步骤

打开示波器，将标波器调节到所需参数，两个光标相距 1s；将样品和示波器探头接到一个直通式转换插上；器具通以额定电压，将电容充电完成后断开直通式转换插，使器具断开，观察波形断开位置处于波峰或波谷且波形运行到合适读数的位置时按下示波器停止键，否则重新按通电–充电–断电循环至读取到合适的波形；放大示波器波形，将光标分别移至断开电源的时刻和需要读数的时刻，读取断开所需电压值。

第二节　对泄漏电流的防护要求

一、检测要求

泄漏电流是衡量电器绝缘性好坏的重要标志之一，是产品安全性能的主要指标。将泄漏电流限制在一个较低值，这对提高产品安全性能具有重要作用。泄漏电流检测一般分为工作状态下和潮态后的两种不同的测试条件。

1. 标准要求

标准 GB 4706.1—2005《家用和类似用途电器的安全 第 1 部分：通用要求》第 13 章工作状态下的泄漏电流和电气强度规定如下：

13.1 在工作温度下，器具的泄漏电流不应过大，应满足规定要求。器具在正常工作状态下工作一直延续到 11.7 中规定的时间。电热器具以 1.15 倍的额定输入功率工作。电动器具和组合型器具以 1.06 倍的额定电压供电。安装说明规定也可使用单相电源的三相器具，将三个电路并联后作为单相器具进行试验。在进行该试验前断开保护阻抗和无线电干扰滤波器。

13.2 泄漏电流通过用 IEC 60990 中图 4 所描述的电路装置进行测量，测量在电源的任一极与连接金属箔的易触及金属部件之间进行。被连接的金属箔面积不得超过 20cm×10cm，并与绝缘材料的易触及表面相接触。

对单相器具，其测量电路在下述图中给出：

——如果是 II 类器具，见图 3-2-1；

——如果是非 II 类器具，见图 3-2-2。

将选择开关分别拨到 a、b 的每个位置测量泄漏电流。

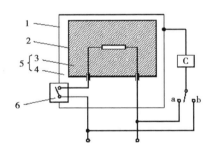

关键词　C：IEC 60990 图 4 电路

1—易触及部件；2—不易触及金属部件；3—基本绝缘；4—附加绝缘；5—双重绝缘；6—加强绝缘

图 3-2-1　单相连接的 II 类器具在工作温度下泄漏电流的测量电路图

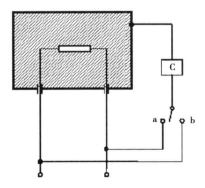

关键词　C：IEC 60990 图 4 电路

图 3-2-2　单相连接的非 II 类器具在工作温度下泄漏电流的测量电路图

对三相器具，其测量电路在下述图中给出：

——如果是Ⅱ类器具，见图3-2-3；

——如果是非Ⅱ类器具，见图3-2-4。

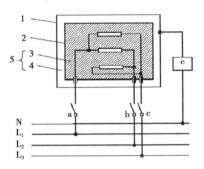

连接和供电　L_1，L_2，L_3，N 带中性线供电

IEC 60990 图 4 电路

1—易触及部件；2—不易触及金属部件；3—基本绝缘；4—附加绝缘；5—双重绝缘

图3-2-3　三相连接Ⅱ类器具在工作温度下泄漏电流的测量电路图

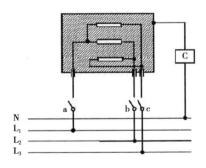

连接和供电　L_1，L_2，L_3，N 带中性线供电

IEC 60990 图 4 电路

图3-2-4　三相连接的非Ⅱ类器具在工作温度下泄漏电流的测量电路图

对三相器具，将开关 a、b 和 c 拨到闭合位置来测量泄漏电流。然后，将开关 a、b 和 c 依次打开，而其他两个开关仍处于闭合位置再进行重复测量。对只打算进行星形连接的器具，不连接中性线。

器具持续工作至 11.7 规定的时间长度之后，泄漏电流应不超过下述值：

——对Ⅱ类器具：0.25mA；

——对 0 类、0I 类和Ⅲ类器具：0.5mA；

——对 I 类便携式器具：0.75mA；

——对 I 类驻立式电动器具：3.5mA；

——对 I 类驻立式电热器具：0.75mA 或 0.75mA/kW（器具额定输入功率），两者中选较大值但是最大为 5mA。

对组合型器具，其总泄漏电流可在对电热器具或电动器具规定的限值内，两者中取较大的，但不能将两个限值相加。

如果器具装有电容器，并带有一个单极开关，则应在此开关处于断开位置的情况下重复测量。

如果器具装有一个在第 11 章试验期间动作的热控制器，则要在控制器断开电路之前的瞬间测量泄漏电流。

标准 GB 4706.1—2005《家用和类似用途电器的安全 第 1 部分：通用要求》第 16 章潮态后的泄漏电流和电气强度规定如下：

16.1 器具的泄漏电流不应过大，应符合规定的要求。在进行试验前，保护阻抗要从带电部件上断开。使器具处于室温，且不连接电源的情况下进行该试验。

16.2 交流试验电压施加在带电部件和连接金属箔的易触及金属部件之间。被连接的金属箔面积不超过 20cm×10cm，它与绝缘材料的易触及表面相接触。

试验电压：

——对单相器具，为 1.06 倍的额定电压；

——对三相器具，为 1.06 倍的额定电压除以 $\sqrt{3}$。

在施加试验电压后的 5s 内，测量泄漏电流。

泄漏电流不应超过下述值：

——对 II 类器具：0.25mA；

——对 0 类，0I 类和 III 类器具：0.5mA；

——对 I 类便携式器具：0.75mA；

——对 I 类驻立式电动器具：3.5mA；

——对 I 类驻立式电热器具：0.75mA 或 0.75mA/kW（器具的额定输

入功率），两者中取较大者，但最大为 5mA。

如果所有的控制器在所有各极中有一个断开位置，则上面规定泄漏电流限定的值增加一倍。如果为下述情况，上面规定的泄漏电流限定值也应增加一倍：

——器具上只有一个热断路器，没有任何其他控制器，或

——所有温控器、限温器和能量调节器都没有一个断开位置，或

——器具带有无线电干扰滤波器。在这种情况下，断开滤波器时的泄漏电流应不超过规定的限值。

对组合型器具，总泄漏电流可在对电热器具或对电动器具的限值之内，两者中取较大限值，但不能将二个限值相加。

标准 GB 7000.1—2015《灯具 第 1 部分：一般要求与试验》第 10 章接触电流和保护导体电流试验要求如下：

灯具正常工作时可能产生的接触电流或保护导体电流，不应超过表 3–2–1 给出的值。

表 3–2–1　接触电流或保护导体电流和电灼伤的限值

接触电流		最大限值（峰值）
所有 II 类灯具		0.7 mA
装有可连接到未接地插座的插头、额定值不超过 16A 的 I 类灯具*		0.7 mA
用双重或加强绝缘隔离的 I 类灯具中的金属部件		0.7 mA
保护导体电流	电源电流	最大限值（有效值）
装有一个单相或多相插头、额定电流不超过 32 A 的 I 类灯具	≤4 A	2 mA
	>4 A 但 ≤ 10 A	0.5 mA/A
	> 10 A	5 mA
要永久连接的 I 类灯具	≤ 7 A	3.5 mA
	> 7 A 但 ≤ 20 A	0.5 mA/A
	> 20 A	10 mA
电灼烧		考虑中

＊注：当随灯具提供的制造商说明书建议灯具必须接地时，不要求试验。

灯具在25℃±5℃环境温度以及额定电源电压和额定频率下进行试验，试验线路如图3-2-5所示，该试验电路应使用一个隔离变压器。

对于接触电流的测量，使用图3-2-5、图3-2-6和图3-2-7、图3-2-8规定的电路。试验顺序应按照表3-2-2详细规定。用符合GB 4208的标准试验指作为试验探极且施加到可触及的金属部件，或裹着10cm×20cm金属箔的灯具壳体的可触及绝缘部件。

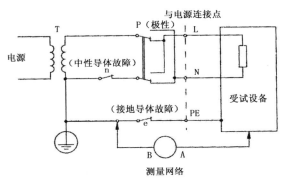

图3-2-5　在星形TN或TT系统上的单相设备的试验配置

对于带有一个可连接到非接地插座插头的 I 类可移式灯具，使用图3-2-7的测量网络，而其他所有情况下使用图3-2-6的测试网络，要求保护导体电流的除外。图3-2-6和图3-2-7测量网络的电压 U2 和电压 U3 是峰值电压。

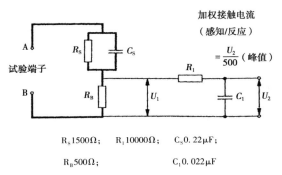

图3-2-6　感知或反应加权接触电流的测量网络（适用于所有 II 类和固定式 I 类灯具）

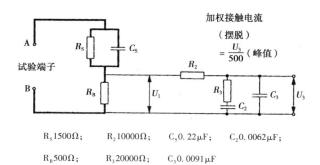

$R_S 1500\Omega$；　　　$R_2 10000\Omega$；　　$C_S 0.22\mu F$；　　$C_2 0.0062\mu F$；

$R_B 500\Omega$；　　　$R_3 20000\Omega$；　　$C_3 0.0091\mu F$

图 3-2-7　摆脱加权接触电流的测量网络（适用于可移式Ⅰ类灯具）

$$I_{保护} = U_4 / R$$

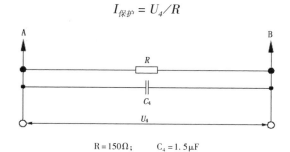

R＝150Ω；　　　$C_4 = 1.5\mu F$

图 3-2-8　高频保护导体电流加权的测量网络

接触电流按表 3-2-2 所示试验顺序测量。

表 3-2-2　不同类别灯具测量时开关 e、n 和 p 的位置

灯具型式	开关位置（见图 3-2-5）		
	e	n	p
a）Ⅱ类	–	闭合	1
	–	闭合	2
	–	断开	1
	–	断开	2
b）永久连接的Ⅰ类[1]	闭合	闭合	1
	闭合	闭合	2
	闭合	断开	1
	闭合	断开	2

续　表

灯具型式	开关位置（见图 3-2-5）		
	e	n	p
c）Ⅰ类，装有可连接到非接地插座的插头	闭合	闭合	1
	闭合	闭合	2
	断开	闭合	1
	断开	闭合	2
	闭合	断开	1
	闭合	断开	2
	断开	断开	1
	断开	断开	2

1）这些测量适合于仅有Ⅱ类绝缘部件的Ⅰ类灯具。

GB 4943.1—2011《信息技术设备安全 第 1 部分：通用要求》第 5.1 章表 5A 接触电流限值如下：

按照 5.1.6 测量的值不得超过表 5A 所规定的相关限值，2.4（也见 1.5.6 和 1.5.7）和 5.1.7 所允许的除外。

表 3-2-3　最大电流

设备的类型	测量仪器的 A 端连接到	最大接触电流 mA（r.m.s）[a]	最大保护导体电流
所有设备	未连接到保护接地的可触及的零部件和电路[b]	0.25	—
手持式设备	设备电源保护接地端子（如果有）	0.75	—
移动式设备（手持式设备除外，但包括可携带式的设备）		3.5	—
驻立式 A 型可插式设备		3.5	—
所有其他的驻立式设备 ——不符合 5.1.7 的条件 ——符合 5.1.7 的条件		3.5 —	 输入电流的 5

a. 如果测量的是接触电流的峰值，可将表中有效值乘以 1.414 得到最大值。

b. 有些未接地的可触及零部件在 1.5.6 和 1.5.7 范围内，那么 2.4 的要求适用，这可能与 5.1.6 的要求不同。

2. 标准差异及注意事项

若在工作温度下测量，应根据电气产品规定的测试条件进行供电，使产品运行到稳定状态再进行测试。在被测表面上，金属箔要有尽可能大的面积，但不超过规定的尺寸。如果金属箔面积小于被测表面，则应移动该金属箔以便测量该表面的所有部分。此金属箔不应影响器具的散热。

完成耐潮湿试验后，实验员一般会通过视检来判定水迹是否会减少爬电距离和电气间隙。但有的部位或零部件无法通过肉眼来进行判定，因此GB 4706.1 标准在防潮湿试验后设置了泄漏电流度试验，以此来应对无法通过视检来发现是否存在安全问题的情况。工作状态下和潮态后的泄漏电流差异如表 3-2-4 所示。

表 3-2-4　工作状态下和潮态后的泄漏电流差异

序号	异同	13.2	16.2
1	测试条件	连接电源，调到 1.15 倍功率或 1.06 倍电压	不连接电源，两端试验电压为 1.06 倍电压
2	试验前提	发热试验后	潮态试验后
3	是否接地	器具不应接地	器具不应接地
4	是否断开保护阻抗和无线电干扰滤波器下进行	器具在断开保护阻抗和无线电干扰滤波器下进行	器具只在断开保护阻抗下进行
5	金属箔面积	不得超过 20cm×10cm	不得超过 20cm×10cm
6	测量时间	器具持续工作至 11.7 规定的时间长度之后测量	在施加试验电压后的 5s 内测量

二、检测仪器

1. 使用泄漏电流网络图进行检测

（1）泄漏电流网络图

使用外搭电路图的方式进行测试，泄漏电流通过用 GB/T 12113—2003 中图 4 所描述的电路装置进行测量。读取万用表上的电压数据，计算得到泄漏电流。

（2）泄漏电流网络测量网络图的使用

试验的具体过程如下：

1）样品通电

①电热器具：1.15 倍额定输入功率工作，如电饭煲、室内取暖器、电热水器等器具。

②电动器具和组合型器具：1.06 倍额定电压供电，如电风扇、电冰箱、电视机等器具。

2）连接测量网络

标准中规定：通过用 GB/T 12113 中图 4 所描述的电路装置进行测量，测量在电源的任一极与连接金属箔的易触及金属部件之间进行。测量网络图如图 3-2-9 所示，测量网络连接如图 3-2-10 所示。

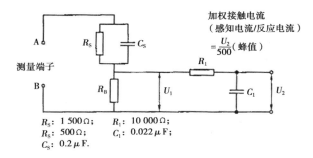

R_S: 1 500 Ω;　　R_1: 10 000 Ω;
R_S: 500 Ω;　　C_1: 0.022 μF;
C_S: 0.2 μF.

图 3-2-9　GB/T 12113 中图 4 测量网络图

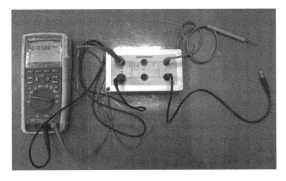

图 3-2-10　泄漏电流测量网络

3）测试位置

将测试棒与样品的基本绝缘隔离的金属部件接触，如果样品有附加绝缘或加强绝缘，则用测试棒与样品的附加绝缘隔离的金属件或加强绝缘隔离的金属件接触。如果附加绝缘或加强绝缘没有金属件，则用面积不超过 20cm×10cm 的金属箔紧紧贴在附加绝缘或加强绝缘外壳的表面进行测量。

测试端 AB 表笔（一般红色表笔为 A，黑色表笔为 B），A 端连接带电部件，即 L 和 N；B 端连接接地螺钉（基本绝缘）、金属壳体（基本绝缘）、包裹金属箔的易触及部件（加强绝缘）等。测试端如图 3-2-11 所示。

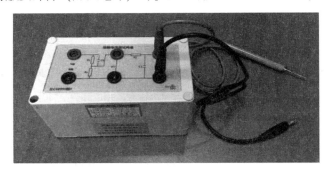

图 3-2-11　测试端

4）测试方法

样品带有单极开关，且开关后接有电容器时，要分别测量开关在"接通"和"断开"这两种情况下的泄漏电流。泄漏电流测量与被测体连接如图 3-2-12 所示。

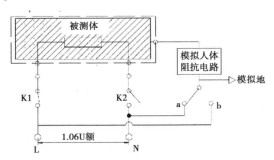

图 3-2-12　泄漏电流测量与被测体连接

2. 使用泄漏电流测试仪进行检测

（1）泄漏电流测试仪

泄漏电流测试仪是考核器具在没有故障施加电压的情况下，器具的易触及绝缘部件，或带电零件与接地之间，通过其周围介质或绝缘表面所形成的与器具工作无关的泄漏电流。

泄漏电流测试仪的结构一般具有过流保护、声光报警电路和试验电压调节等装置组成，可设置测试时间、频率和测试模式，实验室常见的泄漏电流测试仪如图3-2-13所示。它配置有7种人体阻抗模拟网络，包括IEC 60990—1999（GB/T 12113—2003）表L.1～L.6测试人体阻抗模拟网络，适用于家用电器GB 4706.1、通信技术产品GB 4943、音视频产品GB 8898、灯具类GB 7000.1、医疗器械9706.1、测量控制和试验室用电气设备GB 4793.1等类似电子设备的安全要求。它的内部电路结构如图3-2-14所示。

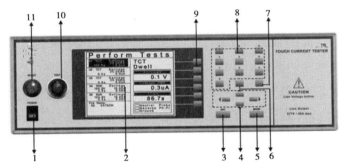

1—开关键；2—显示屏；3—退出键；4—方向键：上下左右；5—确认键；6—小数点；7—删除键；
8—数字键；9—功能模式，测试参数选择；10—测试键；11—复位键

图3-2-13　泄漏电流仪

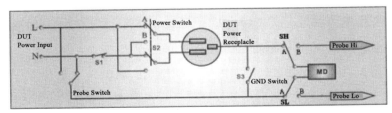

DUT Power Input：被测设备电源输入；Probe Switch：探棒开关；
Power Switch：电源开关；DUT Power Receplacle：被测设备电源插座；
GND Switch：接地开关；Probe Hi：探棒（高压端）；Probe Lo：探棒（低压端）。

图3-2-14　泄漏电流内部电路结构

（2）使用泄漏电流测试仪进行检测

在进行产品的泄漏电流测试时，对于不同的产品，在测时按标准要求

选择不同的模拟人体阻抗网络图。图3-2-14中，MD为人体模拟阻抗网络，Probe HI与Probe LI为测试探针。在对家电产品测试时，被测试样品按标准要求的电压供电，一直运行至正常使用时最不利的条件产生，再进行泄漏电流的测试。泄漏电流测试仪通过测试操作界面，设置选择GB/T 12113中图4测量网络图，按产品标准的限值要求，设定泄漏电流报警值，测试探针的HI或LI端与金属箔连接，分别测量电源L/N与其他易触及部件间的泄漏电流。仪器根据测量结果判定测试结果是否在设定的限值内，超出限值即不合格，会以声光报警。

试验程序：

①试验前，认真地检查试品，确认试品是否带有保护阻抗和无线电干扰滤波器，如有，则首先应将保护阻抗和无线电干扰滤波器断开。

②确认试品的器具分类：是电热型器具、电动型器具还是联合型器具；是单相器具还是三相器具。对于三相器具，除了在闭合位置，还须依次打开每相开关，其他两相开关仍处于闭合状态下重复测量。对于只打算进行星形连接的器具，不连接中线。

③确定器具所属的防触电分类，例如0类、Ⅰ类、Ⅱ类等，确定器具上需进行泄漏电流测量的部位，通常是连接金属箔的易触及金属部件。被连接的金属箔面积不得超过20cm×10cm，并与绝缘材料的易触及表面相接触。

④对于电热器具，以1.15倍的额定输入功率工作；对于电动器具和联合型器具，以1.06倍的额定电压供电。

⑤将器具连接到测试仪的供电输出插座上，测试夹子夹在器具的易触及部件（金属箔）上，然后启动仪器接通样品电源，工作时间按标准要求执行（通常要求按11章发热规定的时间）。

⑥待样品达到工作温度时，对标准所要求的样品部位逐个进行测试，接通N极，断开接地极，设定泄漏电流的上限报警值，选择测量网络为IEC 60990图4的网络，并选择测试夹子与L极的测量模式，表示测量测试夹子与L极之间流过的泄漏电流，测量泄漏电流值。转换极性，再一次

测量测试夹子与 L 极之间流过的泄漏电流。

⑦分别测量 L/N 与其他易触及部件间的泄漏电流，读取测量值，记录数据。若器具的泄漏电流超过限值，则仪器报警，表明不合格的结果。

第三节　对电气强度的防护要求

一、检测要求

电气强度测试又称耐压测试，是围绕绝缘材料被击穿后呈现出导体特性的特点，考察相关电参数的变化特征，以此判定绝缘材料是否被击穿。简单点说，任何电气设备都有一个绝缘强度，不同额定电压的绝缘强度不一样。当超过一定电压等级后，设备的绝缘就会被击穿。电气强度检测一般分为工作状态下和潮态后的两种不同的测试条件。

1. 标准要求

标准 GB 4706.1—2005《家用和类似用途电器的安全 第 1 部分：通用要求》第 13 章工作状态下的泄漏电流和电气强度规定如下：

若在工作温度下测量，应根据电气产品规定的测试条件进行供电，使产品运行到稳定状态再进行测试。

按照 IEC 61180-1 的规定，断开器具电源后，器具绝缘立即经受频率为 50Hz 或 60Hz 的电压，历时 1min。

试验电压施加在带电部件和易触及部件之间，非金属部件用金属箔覆盖。对在带电部件和易触及部件之间有中间金属件的 II 类结构，要分别跨越基本绝缘和附加绝缘来施加电压。在试验期间，不应出现击穿。

试验电压值按表 3-3-1 的规定。

表 3-3-1　电气强度试验电压

绝　缘	试验电压/V			
	额定电压[a]			工作电压（U）
	安全特低电压 SELV	≤150	>150 和≤250[b]	>250
基本绝缘	500	1000	1000	1.2 U +700
附加绝缘		1250	1750	1.2 U +1450
加强绝缘		2500	3000	2.4 U +2400

a. 对多相器具，额定电压是指相线与中性或地线之间的电压。对 480V 的多相器具，试验电压按照额定电压>150V 和≤250V 的范围进行规定。

b. 对额定电压≤150V 的器具，测试电压施加到工作电压在>150V 和≤250V 范围内的部件上。

标准 GB 4706.1—2005《家用和类似用途电器的安全 第 1 部分：通用要求》第 16 章潮态后的泄漏电流和电气强度规定如下：

在 16.2 试验之后，按 IEC 61180-1，绝缘要立即经受 1min 频率为 50Hz 或 60Hz 的电压。对于不同的绝缘，施加的电压值在表 3-3-2 中给出。

表 3-3-2　试验电压

绝缘方式	试验电压/V			
	额定电压[a]			工作电压（U）
	安全特低电压 SELV	≤150	>150 和≤250[b]	>250
基本绝缘	500	1250	1250	1.2 U +950
附加绝缘	—	1250	1750	1.2 U +1450
加强绝缘	—	2500	3000	2.4 U +2400

a. 对多相器具，额定电压是指相线与中性或地线之间的电压。以在>150V 和≤250V 的范围内的额定电压值作为 480V 多相器具的试验电压。

b. 对额定电压≤150V 的器具，测试电压施加到工作电压在>150V 和≤250V 范围内的部件上。

对入口衬套处、软线保护装置处或软线固定装置处的电源软线用金属箔包裹后，在金属箔与易触及金属部件之间施加试验电压，将所有夹紧螺钉用表 14 中规定力矩的三分之二值夹紧。对 0 类和 I 类器具，试验电压为 1250V，对 II 类器具，试验电压为 1750V。在试验期间不应出现击穿。

标准 GB 7000.1—2015《灯具 第 1 部分：一般要求与试验》第 10 章电气强度试验要求如下：

应将基本为正弦波、频率为 50Hz 或 60Hz、表 3-3-3 中规定的电压施加于表中所列举的绝缘两端，时间为 1min。

开始施加的电压不应超过规定值的一半，然后逐渐增至规定值。

表 3-3-3　电气强度

绝缘部件	试验电压 V		
	I 类灯具	II 类灯具	III 灯具
SELV:			
不同极性载流部件之间	a	a	a
∗ 载流部件与安装表面之间	a	a	a
载流部件与灯具的金属部件之间	a	a	a
夹在软线固定架内的软缆或软线的外表面与可触及金属部件之间	a	a	a
第 5 章规定的绝缘衬套	a	a	a
非 SELV:			
不同极性载流部件之间	b	b	–
∗ 载流部件与安装表面之间	b	b 和 c，或 d	–
载流部件与灯具的金属部件之间	b	b 和 c，或 d	–
通过开关动作可以成为不同极性的带电部件之间	b ∗∗∗	b ∗∗∗	–

绝缘部件	试验电压 V		
	I 类灯具	II 类灯具	III 灯具
夹在软线固定架内的软缆或软线的外表面与可触及金属部件之间	b	c	–
第 5 章规定的绝缘衬套	b	c	–
a SELV 电压的基本绝缘	500		
b 非 SELV 电压的基本绝缘	2U＊＊ + 1000		
c 附加绝缘	2U＊＊ + 1000		
d 双重或加强绝缘	4U＊＊ + 2000		

＊进行本试验时，安装表面用金属箔覆盖。

＊＊这里的 U 是中线接地电源系统中标称的相线–中线之间的电压。可在 GB/T 16935.1 找到建议。

＊＊＊试验期间，开关可能影响结果。如开关的断开类型是 GB 15092.1—2003 中 7.1.11 的电子断开或微断开的话，可能要把开关从电路中移开。

若不可能将金属箔置于衬垫或挡板上，则要对三片衬垫或挡板进行试验，将它们取出放在两个直径为 20mm 的金属球之间，并用 2 N±0.5 N 的力将其压在一起进行试验。

GB 4943.1—2011《信息技术设备安全 第 1 部分：通用要求》第 5.2 章抗电强度限值如下：

5.2 抗电强度

注：在本部分的其他部分具体提到要按照 5.2 进行抗电强度试验时，即指抗电强度试验是在设备按照 5.2.1 处于充分发热状态下进行。

在本部分的其他部分具体提到要按照 5.2.2 进行抗电强度试验时，即指抗电强度试验是在设备不进行 5.2.1 预热的条件下进行。

5.2.1 基本要求

设备中使用的固体绝缘应当具有足够的抗电强度。

当按 4.5.2 的规定进行发热试验后，在设备仍处于充分发热状态时，应当立即按照 5.2.2 的规定对设备进行试验，以此来检验其是否合格。

如果一些元器件或组件在设备外单独进行抗电强度试验，在进行抗电强度之前使这些元器件或组件达到其在进行 4.5.2 发热试验时的温度（例如将它们放置在烘箱中）。但是，对用作附加绝缘或加强绝缘的薄层绝缘材料的抗电强度试验，允许在室温下按照 2.10.5.9 或 2.10.5.10 进行。

如果变压器的铁心或屏蔽层完全密封或灌封，而且没有电气连接点，则对变压器的任何绕组和铁心或屏蔽层之间的绝缘，抗电强度试验不适用。但是，对具有端接点的这些零部件之间，抗电强度试验仍然适用。

5.2.2 试验程序

除了在本部分的其他地方另有规定以外，绝缘应当承受的试验电压，或者是波形基本上为正弦波形、频率为 50Hz 或 60Hz 的交流电压，或者是等于规定的交流试验电压峰值的直流电压。

抗电强度的试验电压值应当按适用的绝缘等级 [功能绝缘，如果按 5.3.4 b) 要求、基本绝缘、附加绝缘或加强绝缘] 规定如下：

—— 表 5B，使用按 2.10.2 确定的峰值工作电压（U）；或

—— 表 5C，使用按第 G.4 章确定的要求的耐压。

注 1：在本部分的许多地方，对特定的场合规定了特定的抗电强度试验或试验电压，5.2.2 规定的试验电压不适用于这些场合。

注 2：瞬态过电压的考虑参见 GB/T 16935.1。

对 I 类过电压类别和 II 类过电压类别的设备，允许使用表 5B 或表 5C。但是，对于二次电路，如果既没有连接到保护地也没有按 2.6.1 e) 提供保护屏蔽，则应当使用表 5C。

对 III 类过电压类别和 IV 类过电压类别的设备，应当使用表 5C。

加到被试绝缘上的试验电压应当从零逐渐升高到规定的电压值，然后在该电压值上保持 60s。

如果在本部分的其他地方要求按 5.2.2 进行例行试验，允许将抗电强度的持续时间减小到 1s，并且如果使用表 5C，允许把试验电压降低 10%。

试验期间，绝缘不应出现击穿。

当由于加上试验电压而引起的电流以失控的方式迅速增大，即绝缘无法限制电流时，则认为已发生绝缘击穿。电晕放电或单次瞬间闪络不认为是绝缘击穿。

绝缘涂层应当连同与绝缘表面接触在一起的金属箔一同试验。这种试验方法应当限于绝缘可能是薄弱的部位，例如在绝缘体下面有尖锐的金属棱边的部位。如果实际可行，则绝缘衬里应当单独进行试验。应当注意金属箔要放置得当，以保证不使绝缘的边缘发生闪络。如果使用背胶的金属箔，该胶应当是导电的。

为了避免损坏与本试验无关的元器件或绝缘，可将集成电路或类似的电路断开，或者采用等电位连接。

对加强绝缘和较低等级的绝缘两者并用的设备，应当注意加到加强绝缘上的电压不要使基本绝缘或附加绝缘承受超过规定的电压应力。

注 3：如果被试绝缘上跨接有电容器（例如射频滤波电容器），则建议采用直流试验电压。

注 4：与被试绝缘并联提供直流通路的组件（例如滤波电容器的放电电阻器和限压装置）应当断开。

如果变压器绕组的绝缘按 2.10.1.5 沿绕组的长度而改变，应当使用对绝缘施加相应应力的抗电强度试验方法。

注 5：试验方法的示例如：在频率足够高以避免变压器的磁饱和的情况下施加的感应电压试验。输入电压应当上升到能感应出等于规定试验电压的输出电压。

除非选择了 5.3.4b)，否则对功能绝缘不进行抗电强度试验。

附表：

表5B　抗电强度试验的试验电压（基于峰值工作电压）第1部分

	试验电压施加点（按适用的情况）					
	一次电路与机身之间，一次电路与二次电路之间，一次电路的零部件之间				二次电路与机身之间，彼此独立的二次电路之间	
	工作电压 U，峰值或直流				工作电压 U	
	$U \leq 210V^a$	$210V<U \leq 420V^b$	$420V<U \leq 1.41kV$	$1.41kV< U \leq 10kV^c$	$10kV<U \leq 50kV$	$U \leq 42.2V$ 峰值，或 60V 直流值^d	42.4V 峰值 或 60V 直流值 < U ≤ 10kV 峰值或直流值^d
	试验电压，V（交流有效值）					
功能绝缘	1000	1500	见 表 5B 第 2 部分规定的 V_a	见 表 5B 第 2 部分规定的 V_a	1.06U	500	见表5B第 2 部 分规定的 V_a
基本绝缘附加绝缘	1000	1500	见 表 5B 第 2 部分规定的 V_a	见 表 5B 第 2 部分规定的 V_a	1.06U	不试验	见表5B第 2 部 分规定的 V_a
加强绝缘	2000	3000	3000	见 表 5B 第 2 部分规定的 V_a	1.06U	不试验	见表5B第 2 部 分规定的 V_a

注：对二次电路工作电压超过10kV峰值或直流值时，则采用对一次电路规定的相同的试验电压。

a. 对电压小于或等于210V［见2.10.3.2 c)］的未接地的直流电网电源，使用该栏的试验电压值。

b. 对电压大于210V、小于和等于420V［见2.10.3.2 c)］的未接地的直流电网电源，使用该栏的试验电压值。

c. 对电压大于420V［见2.10.3.2c)］的未接地的直流电网电源，使用该栏的试验电压值。

d. 对设备内由交流电网电源得到的直流，或者在同一建筑物内接地的直流电网电源使用这些栏的试验电压值。

2. 标准差异与注意事项

若在工作温度下测量，断开器具电源后，进行测试。非金属部件用金属箔覆盖，此金属箔不应影响器具的散热。

完成耐潮湿试验后，实验员一般会通过视检来判定水迹是否会减少爬电距离和电气间隙。但有的部位或零部件无法通过肉眼来进行判定，因此GB 4706.1 标准在防潮湿试验后设置了电气强度试验，以此来应对无法通过视检来发现是否存在安全问题的情况。工作状态下和潮态后的电气强度差异如表 3-3-4 所示。

表 3-3-4　工作状态下和潮态后的电气强度差异

序号	异同	13.2	16.2
1	测试条件	断开器具电源后	潮态试验后
2	是否断开保护阻抗和无线电干扰滤波器下进行	器具在断开保护阻抗和无线电干扰滤波器下进行	器具只在断开保护阻抗下进行
3	基本绝缘耐压值	1000V	1250V

二、检测仪器

1. 使用耐压测试仪进行检测

（1）耐压测试仪

耐压测试仪试验是检验器具在长期工作中，承受操作过程中引起短时间的高于额定工作电压的过电压作用下，电气绝缘材料的内部结构发生变化或绝缘击穿，导致器具不能正常运行，操作者触电，危及人身安全的一种预防性试验。

耐压测试仪的结构应符合 GB/T 17627.1（eqv IEC 61180-1）的规定，在输出电压调整到相应的试验电压后，应能在输出端子之间提供一个符合标准要求的短路电流 Is。电路的过载释放器对低于跳闸电流 Ir 的任何电流均不动作。测试时，一旦出现击穿，漏电流超过设定的击穿电流，能自动切断输出电压并报警。实验室常见的耐压测试仪如图 3-3-1 所示。

图 3-3-1　耐压测试仪

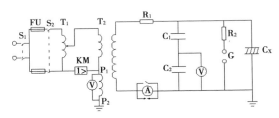

图 3-3-2　耐压测试仪内部主电路

（2）耐压测试仪的使用

耐压测试仪内部主电路结构如图 3-3-2 所示。在对测试样品进行耐压测试前，应先对样品的绝缘结构类型确认，对其工作情况进行分析，不同结构类型的器具依据标准要求，施加不同的电压。器具内部有工作电压高于额定电压部分的，应按标准工作电压等级的要求对其单独进行试验。在确认试验电压后，耐压测试仪设置对应的测试电压，测试时间设置为1min，升压过程时间按 GB/T 17627.1（eqv IEC 61180-1）的规定设置。对于工作温度下的电气强度，器具运行至正常使用时最不利的条件产生开始测试。

检测程序：

1）确认被测器具是否带有保护阻抗和无线电干扰滤波器，如有，则首先应将保护阻抗和无线电干扰滤波器断开。

2）分析被测器具的绝缘结构，确认电气强度测试部位和应施加的试验电压值。

电气产品的绝缘结构按照绝缘的类别一般可分为基本绝缘、附加绝缘和加强绝缘。对于不同的绝缘选取不同的电气强度电压值，三类绝缘在电气产品中具体如下：

①基本绝缘：对于Ⅰ类电气产品，基本绝缘隔离的金属部件为接地的易触及金属；对于Ⅱ类电气产品，基本绝缘隔离的金属部件如吸尘器的铁芯与绕组之间等；对于部分Ⅲ类电气产品，也要求载流部件和易触及部件之间达到基本绝缘隔离的要求，如Ⅲ类灯具，要根据具体不同电气产品进行区分。

②附加绝缘：对于Ⅱ类电气产品，附加绝缘表现为基本绝缘隔离的部件到外壳之间所必须达到的绝缘，如上述举例的吸尘器，其铁芯到外壳必须达到附加绝缘隔离的要求。

③加强绝缘：对于Ⅱ类电气产品，带电部件到外壳之间必须达到的绝缘隔离要求，当然这种绝缘不能像双重绝缘一样可分离的，例如，Ⅱ类电吹风带电部件和手握的外壳之间必须达到加强绝缘的要求；对于Ⅰ类电气产品，其未接地进行屏蔽保护的外壳部分也应达到加强绝缘（或双重绝缘），如Ⅰ类咖啡机，其塑料外壳底座和带电部件之间应达到加强绝缘的要求。

3）施加位置。Ⅱ类器具施加部位如图3-3-3所示。

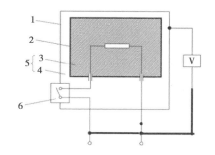

1—易触及部件；2—不易触及金属部件；3—基本绝缘；

4—附加绝缘；5—双重绝缘；6—加强绝缘

图3-3-3　施加部位示意图：Ⅱ类器具

非Ⅱ类器具施加部位如图 3-3-4 所示。

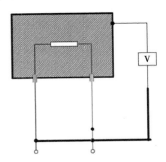

图 3-3-4　施加部位示意图：非Ⅱ类器具

说明：易触及金属表面，接地，施加基本绝缘。

将耐压/绝缘自动试验仪的一根高压输出线接在工作状态耐压试验装置的高压输入接线柱上，另一根高压输出线加到易触及部件用金属箔覆盖的非金属部件之间，对在带电部件和易触及部件之间有中间金属件的Ⅱ类结构，要分别跨越基本绝缘和附加绝缘。

①　对于覆盖的金属箔，其面积不超过 20cm×10cm，应与绝缘材料的易触及表面可靠接触，必要时，可用一个压力约 5kPa 的沙袋将金属箔压在绝缘上。

②　试验电压值：对在正常使用中承受安全特低电压的基本绝缘为500V，对其他基本绝缘为 1000V，对附加绝缘为 1750V，对加强绝缘为3000V（150V<工作电压≤250V 时）。对其他工作电压，电气强度试验电压值参见产品标准规定。

4）试验参数的设定。根据测试标准要求，设定脱扣电流值、试验电压范围、测试时间。

5）按耐压/绝缘自动试验仪的试验按钮，施加试验电压。

6）测试完毕后，按耐压/绝缘自动试验仪复位键使仪器复位后，再将试验电压调节到零，并关闭电源开关。

试验过程注意事项：

①对于产品没有规定特殊要求的，一般脱扣电流设定为 100mA。

②对于试验中没有明显可见损伤而耐压设备动作情况下，应注意误击穿，可更换样品重新进行测试。

③对于绝缘薄弱的地方，可用一个压力约为5kPa的沙袋将金属箔紧压在绝缘层上，金属箔应紧贴绝缘层，防止金属箔边缘出现电弧闪络，影响测试结果。

④对加强绝缘进行电气强度试验时，不应使基本绝缘或附加绝缘承受过大电应力。

第四节　对绝缘电阻的防护要求

一、检测要求

直流电压施加于电介质，经过一定时间极化过程结束后，流过电介质的泄漏电流对应的电阻称绝缘电阻。

标准GB 7000.1《灯具 第1部分 一般要求与试验规定》规定：

绝缘电阻应在施加约500V直流电压后1min测定。对于灯具的安全特低电压（SELV）部件的绝缘，用于测量的直流电压为100V。

绝缘电阻不应低于表3-4-1规定的数值。

II类灯具，如果基本绝缘和附加绝缘能单独试验的话，则不应对灯具的带电部件和壳体之间的绝缘进行试验。

以灯具为例，对于安全特低电压（SELV）的基本绝缘，其最小绝缘电阻为1 MΩ；对于非安全特低电压的基本绝缘，其最小绝缘电阻为2 MΩ；对于附加绝缘，其最小绝缘电阻为2 MΩ；对于双重或加强绝缘，其最小绝缘电阻为4 MΩ。如果该产品为II类灯具，满足加强绝缘要求，则所测最小绝缘电阻值不应小于4 MΩ。

表 3-4-1　最小绝缘电阻

绝缘部件	最小绝缘电阻 MΩ		
	Ⅰ类灯具	Ⅱ类灯具	Ⅲ灯具
SELV:			
不同极性载流部件之间	a	a	a
*载流部件与安装表面之间	a	a	a
载流部件与灯具的金属部件之间	a	a	a
夹在导线固定架上的软缆或软线外表面与可触及金属部件之间	a	a	a
第5章规定的绝缘衬套	a	a	a
非 SELV:			
不同极性载流部件之间	b	b	—
*载流部件与安装表面之间	b	b 和 c，或 d	—
载流部件与灯具的金属部件之间	b	b 和 c，或 d	—
通过开关动作可以成为不同极性的带电部件之间	b＊＊	b＊＊	—
夹在导线固定架上的软缆或软线外表面与可触及金属部件之间	b	c	—
第5章规定的绝缘衬套	b	c	—
a 电压的基本绝缘	1		
b 非 SELV 电压的基本绝缘	2		
c 附加绝缘	2		
d 双重或加强绝缘	4		
＊进行本试验时，安装表面用金属箔覆盖			
＊＊试验期间，开关可能影响到结果。如有根据 IEC 61058 的 7.1.11 电子断开或微断开，可能有必要从电路中移开开关。			

　　GB 8898—2011《音频、视频及类似电子设备安全要求》第 10 章绝缘要求如下：

　　本标准给出的是频率小于或等于 30kHz 的绝缘要求。对于工作在频率超过 30kHz 的绝缘，在能提供附加数据之前允许使用同样的要求。

注：对绝缘性能与频率关系的信息见 GB/T 16935.1 和 IEC 60664-4。

有线网络天线同轴插座与保护接地电路之间应满足基本绝缘的绝缘电阻要求。如果带有有线网络天线同轴插座的 II 类设备可以通过其他端子与 I 类设备上的地连接，则该天线同轴插座与任何其他连接端子之间也应满足基本绝缘的绝缘电阻要求。

注：如果有线网络天线在接入到设备前已经与保护接地隔离，那么设备的有线网络天线同轴插座与保护接地电路之间没有绝缘要求，但需满足 5.4.1i) 的要求。

表 3-4-2　抗电强度试验的试验电压和绝缘电阻值

绝缘	绝缘电阻	交流试验电压（峰值）或直流试验电压
1. 与电网电源直接连接的不同极性的零部件	2MΩ	对额定电源电压 ≤ 150V（有效值）：1410V 对额定电源电压 > 150V（有效值）：2120V
2. 用基本绝缘或用附加绝缘隔离的零部件之间	2MΩ	图 7 曲线 A
3. 用加强绝缘隔离的零部件之间	4MΩ	图 7 曲线 B

注：图 7 的曲线 A 和 B 由下列各点确定：

工作电压 U（峰值）	试验电压（峰值）	
	曲线 A	曲线 B
35V	707V	1410V
354V		4240V
1410V	3980V	
10kV	15kV	15kV
>10kV	1.5UV	1.5UV

二、检测仪器

1. 使用兆欧表进行检测

（1）兆欧表

兆欧表又称摇表。它的刻度是以兆欧（MΩ）为单位的。如图 3-4-1 所示。它是电工常用的一种测量仪表，主要用来检查电气设备、家用电器或电气线路对地及相间的绝缘电阻，以保证这些设备、电器和线路工作在正常状态，避免发生触电伤亡及设备损坏等事故。

图 3-4-1　兆欧表

兆欧表分手摇式与电子式，其工作原理都是通过用一个电压激励被测装置或网络，然后测量激励所产生的电流，再利用欧姆定律得出电阻。

电子式兆欧表是利用外部电源供电，采用整流升压变换技术提升至所需的直流高压电源，电子式兆欧表一般可以输出多个直流电压值，量程可以根据被测样品的不同工作电压设置。

手摇式兆欧表一般只能输出一个固定的测试电压值，如 500V 或 1000V，在对样品进行测试时，需要手动均匀转动摇臂，一般为每分钟 120 转，输出一个稳定的测试电压。

在实验室中，这两种兆欧表都有使用，可根据测试样品的不同选择。

（2）兆欧表的使用

手摇式兆欧表内部电路如图3-4-2，"G"是手摇发电机，"E"（接地）、"L"（线路）和"G"（保护环或叫屏蔽端子）分别为测量端。当用兆欧表测量电气设备对地绝缘电阻时，"L"用单根导线接设备的待测部位，"E"用单根导线接设备外壳；如测电气设备内两绕组之间的绝缘电阻时，将"L"和"E"分别接两绕组的接线端；当测量电缆的绝缘电阻时，为消除因表面漏电产生的误差，"L"接线芯，"E"接外壳，"G"接线芯与外壳之间的绝缘层。"L""E""G"与被测物的连接线必须用单根线，绝缘良好，不得绞合，表面不得与被测物体接触。

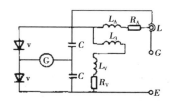

图3-4-2 手摇式兆欧表内部电路图

电子式兆欧表根据内部结构的不同，有些在使用前要对其内部电池先进行充电。由于电子式兆欧表一般提供多个测量电压输出值，测量前应先选择对应的电压输出档，其接线方式与手摇式基本相同。

2. 使用绝缘电阻测试仪进行检测

（1）绝缘电阻测试仪

绝缘电阻测试仪的原理是电源通过AC/DC转换成直流高压，通过两个试验极施加在被测样品上形成回路，仪器测量回路中的电压与电流值，换算得到被测样品的绝缘电阻值。常见绝缘电阻测试仪及其原理如图3-4-3、图3-4-4所示。

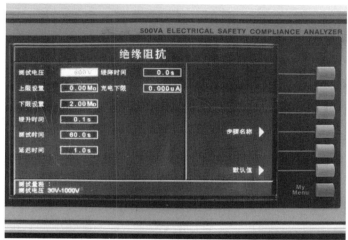

图 3-4-3　常见绝缘电阻测试仪

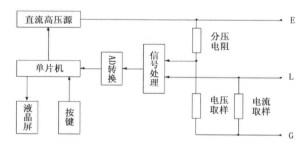

图 3-4-4　数字式绝缘电阻测试仪原理

（2）绝缘电阻测试仪的使用

试验程序：

1）确定电气产品的测试条件，在进行绝缘电阻测试前，测试样品须先经过 48 小时的潮湿试验。

2）确定测试部位，对于被测试样品为 I 类产品时，测量部位为电源线插头的电源极（相线极与中线极短接）与接地极之间，对于包含 II 类结构的产品，Ⅱ类结构应单独测试；对于被测试为Ⅱ类产品时，测量部位为电源线插头的电源极（相线极与中线极短接）与加强绝缘或双重绝缘隔离的外壳（易触及的金属表面或非金属表面）之间；当被测试样品为电缆线时，测量部位为缆芯导体与电缆外表之间。同时要注意在部件绝缘上施加试验电压，而不施加在这些部件的电容或电感功能元件上，如旁路连接电容器等。

3）读取被测量绝缘电阻的数值并按照具体电气产品的标准规定限值进行合格性判定。对于绝缘结构不同的测试部位，如加强绝缘、附加绝缘、基本绝缘等，绝缘电阻的限值也会不同，注意区分。

（3）注意事项

1）确保设备接地良好，穿戴好防触电靴、绝缘手套。

2）确定待检样品需要测试的部位，将测试夹施加于测试处。

3）选择仪器的绝缘电阻功能，设定好测试电压、绝缘电阻限值、测试时间等。

4）启动仪器，开始测试，到达规定的测试时间后，测试结束。记录测试结果，并记录对应测量部位。若需中断测试，对仪器进行复位即可。

5）测试完毕后，切断仪器电源，拆下接线。

第五节　对接地电阻的防护要求

接地主要是指保护接地，保护接地属于防止间接触电的安全技术措施，其主要保护原理是当电器产品万一绝缘失效引起易触及金属部件带电时，通过将出现对地电压的易触及金属部件同大地紧密连接在一起的方法，使电器上的故障电压限制在安全范围之内。如果电气设备没有保护接地，当其某一部分的绝缘损坏时，外壳将带电，同时由于线路与大地间存在电容，人体触及此绝缘损坏的电气设备的外壳，将遭受触电危险，详见图3-5-1。

当电器产品绝缘失效引起易触及金属部件带电时，由于接地回路电阻低，接地短路电流大，足以使漏电开关迅速切断电源。如果开关未切断，由于人体电阻远大于接地回路中的电阻，流过人体的电流 I_r 接近于零，保证了人身安全。如果没有保护接地或接地电阻过大，流过人体的电流过大，造成人体触电危险。

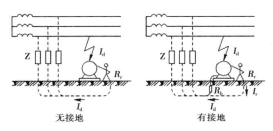

图 3-5-1　接地与无接地电路图

一、检测要求

标准 GB 4706.1—2005《家用和类似用途电器的安全 第 1 部分：通用要求》第 27 章对接地电阻规定如下：

接地端子或接地触点与接地金属部件之间的连接，应具有低电阻值。

从空载电压不超过 12V（交流或直流）的电源取得电流，并且该电流等于器具额定电流 1.5 倍或 25A（两者中取较大者），让该电流轮流在接地端子或接地触点与每个易触及金属部件之间通过。试验一直进行到稳定状态建立为止。

在器具的接地端子或器具输入插口的接地触点与易触及金属部件之间测量的电压降。由电流和该电压降计算出电阻值，该电阻值不应超过 0.1Ω。

标准 GB 7000.1—2015《灯具 第 1 部分：一般要求与试验》第 7 章接地规定规定如下：

将从空载电压不超过 12 V 产生的至少为 10 A 的电流依次在接地端子或接地触点与各可触及金属部件之间流过。

测量接地端子或接地触点与可触及金属部件之间的电压降，并由电流和电压降算出电阻，该电阻不应超过0.5Ω。型式试验时，应通入电流至少1 min。

注：就带电源线的灯具来说，接地触点是在插头上或者在软缆或软线的电源端。

标准 GB 4943.1—2011《信息技术设备安全 第1部分：通用要求》第2.6章接地电阻要求如下：

2.6 接地和连接保护措施

注：关于连到通信网络上设备接地的附加要求，见 2.3.2.3、2.3.2.4、2.3.3、2.3.4、6.1.1 和 6.1.2；对电缆分配系统，见 7.2 和 7.4.1。

2.6.3 保护接地导体和保护连接导体

2.6.3.1 基本要求

保护接地导体和保护连接导体应当有足够的承载电流的能力。

2.6.3.2、2.6.3.3 和 2.6.3.4 的要求适用于符合 2.6.1 a)、b) 和 c)要求的保护接地导体和保护连接导体。

2.6.3.4 e) 的要求适用于符合 2.6.1 d) 要求的保护接地导体和保护连接导体。

符合 2.6.1 e) 和 f) 的保护接地导体和保护连接导体以及功能接地导体的载流量应当满足正常工作条件下的实际电流要求，并符合 3.1.1 的要求，也就是说它们不需要承载到地的故障电流。

2.6.3.2 保护接地导体的尺寸

随设备提供的电源软线中的保护接地导体应当符合表 3B 中（见 3.2.5）最小导体尺寸要求。

通过检查和测量来检验其是否合格。

2.6.3.3 保护连接导体的尺寸

保护连接导体尺寸应当符合下列之一的要求：

—— 符合表 3B 中（见 3.2.5）最小导体尺寸要求；或

—— 符合 2.6.3.4 要求，而且若电路的保护电流额定值大于 16A，还应当符合表 2D 中最小导体尺寸要求；或

—— 仅对元器件而言，不能小于为元器件供电的导体的尺寸。

在表 2D 和 2.6.3.4 试验中的电路的保护电流额定值取决于过流保护装置的规定和位置，应当按适用的情况，取 a）或 b）或 c）值中的最小值：

a）对 A 型可插式设备，保护电流额定值是设备外提供的（例如，在建筑物配线中、在电源插头中或在设备机架中）对设备进行保护的过流保护装置的额定值，最小为 16A。

注 1：在多数国家，认为 16A 作为电路的保护电流额定值是适当的。

注 2：在加拿大和美国，把 20A 作为电路的保护电流额定值。

注 3：在英国，把 13A 作为电路的电流额定值，而不是 16A。

b）对 B 型可插式设备和永久性连接式设备（见 2.7.1），保护电流额定值是设备安装说明中规定的要在设备外提供（见 1.7.2.3）的过流保护装置的最大额定值。

c）对任何上述设备，保护电流额定值是在设备内或作为设备的一部分提供的用来保护需要接地的电路或零部件的过流保护装置的额定值。

通过检查和测量来检验其是否合格。

表 2D 的具体内容参见 GB 4943.1—2011 标准。

2.6.3.4 接地导体及其连接的电阻

接地导体及其端子不得有过大的电阻。

保护接地导体可认为符合要求无须进行试验。

如果保护连接导体在其整个长度范围内满足表 3B（见 3.2.5）最小导体尺寸要求并且他们的所有端子满足表 3E（见 3.3.5）的最小尺寸要求，则认为符合要求，无须进行试验。

通过检查、测量来检验其是否合格。对于保护连接导体在其整个长度范围内不满足表 3B（见 3.2.5）最小尺寸要求或其保护连接端子不全部满足表 3E（见 3.3.5）的最小尺寸要求的可通过下列试验来检验其是否

合格。

　　保护连接导体在下列规定时间内通过试验电流后测量其电压降。试验电流可以是交流也可以是直流，试验电压不得超过 12V。测量应当在电源保护接地端子和设备中按 2.6.1 要求需要接地的点之间进行。保护接地导体的电阻不得计入测量值中，但是如果保护接地导体是同设备一起提供的，就可以包括在测量电路中，但是只测量电源保护接地端子和需要接地的零部件之间的电压降。

　　如果设备通过多芯电缆的一根芯线与组件或独立单元实现保护接地连接，该多芯电缆同时为组件或独立单元供电，则该电缆中的保护连接导体电阻不应计入测量值中，但是这种情况只适用于有适当额定值的保护装置来保护的连接电缆，这种保护装置考虑了导体的尺寸。

　　如果 SELV 电路或 TNV 电路是通过将被保护电路自身按照 2.9.4 e)的要求接地来进行保护的，则电阻限值和电压降限值适用于被保护电路的接地侧和电源保护接地端子之间。

　　如果电路是通过给被保护电路供电的变压器绕组接地来进行保护的，那么电阻限值和电压降限值适用于绕组的未接地侧和电源保护接地端子之间。初级绕组和次级绕组之间的基本绝缘不承受 5.3.7 和 1.4.14 要求的单一故障试验。

　　应当注意不要使测量探头的接触头与被测导电零部件之间的接触电阻影响试验结果。

　　试验电流、试验持续时间和试验结果应当按如下确定：

　　a）由电网电源供电的设备，如果被测电路的保护电流额定值（见 2.6.3.3）小于或等于 16A，那么试验电流是保护电流额定值的 200%，施加试验电流的时间为 120s。

　　根据电压降计算出的保护连接导体的电阻不得超过 0.1Ω。试验后，保护连接导体不得被损坏。

　　b）由交流电网电源供电的设备，如果被测电路的保护电流额定值超过 16A，那么试验电流是保护电流额定值的 200%，施加试验电流的时间如表 2E 所示。

表 2E 的具体内容参见 GB 4943.1—2011 标准。

跨在保护连接导体上的电压降不得超过 2.5V。试验后，保护连接导体不得被损坏。

c）作为上述 b）的替代，可以根据限制保护连接导体中的故障电流的过流保护装置的时间–电流特性来进行试验。这个装置可以是在 EUT 中提供的或在安装说明书中规定应当在设备外提供的。试验电流为保护电流额定值的 200%，持续时间与时间–电流特性上的 200% 电流相对应。如果未给出 200% 电流的持续时间，则使用时间–电流特性上最接近点的时间。

保护连接导体上的电压降不得超过 2.5V，试验后，保护连接导体不得被损坏。

d）对于直流电网电源供电的设备，如果被试验电路的保护电流额定值超过 16A，那么试验电流和持续时间按制造厂商的规定。

保护连接导体上的电压降不得超过 2.5V，试验后，保护连接导体不得被损坏。

e）如果提供的保护连接导体符合 2.6.1 d），那么试验电流是正常工作条件下从通信网络或电缆分配系统中可得到的最大电流（如果已知）的 150%，但不小于 2A，持续时间为 120s。保护连接导体上的电压降不得超过 2.5V。

2.6.3.5 绝缘的颜色

随设备一起提供的电源线中的保护接地导体的绝缘应当是绿黄双色。

如果保护连接导体是带绝缘的，则该绝缘的颜色应当是绿黄双色，但以下两种情况除外：

—— 对于接地编织线，其绝缘颜色应当是绿黄双色的，或者是透明的；

—— 对组装件中的保护连接导体，例如带状电缆、汇流条、印制配线等，如果在使用这种导体时不会引起误解，则可以使用任何颜色。

除 2.6.2 允许的外，绿黄双色只能用来识别保护接地导体和保护连接导体。

通过检查来检验其是否合格。

二、检测仪器

1. 接地电阻测试仪

接地电阻测试仪及工作原理如图 3-5-2 所示。

➤ **接地电阻测试仪=恒流电流源+电压表+电流表**

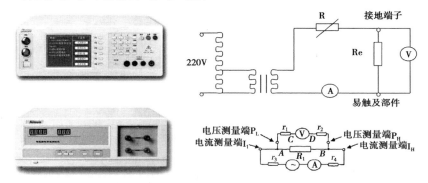

图 3-5-2　接地电阻测试仪及工作原理

测试原理：在接地端子和易触及金属部件之间施加规定的电流，测量两者之间电压降，计算得到接地电阻 $R = \dfrac{U}{I}$（不应超过 0.1Ω）。

2. 使用接地电阻测试仪进行检测

（1）试验准备

1）测点选择：分析电气产品的结构和电气原理图，找出基本绝缘隔离的易触及金属部件；对于存在多部位易触及金属部件的，应选择可能使易触及金属部件和接地端子之间的连接电阻较大的部位，在不能确定的情况下，应进行多部位接地电阻的测量，选取最大值与标准规定值进行比较。

2）测点连接：在试验之前，应进行测试仪的点检。试验设备的连接线和电器的易触及金属部件和接地装置连接时，一定要牢固可靠。要使测量探棒顶端与金属部件之间的接触电阻不影响试验结果，如果易触及金属表面上有涂层应预先处理刮去，以保证连接良好。

3）测量：接通电源，开启电源开关，预热一段时间。选择正确的接地部位和接地端子，根据标准要求连好接线。确定接地电阻测试的试验电压和试验电流。对于家电产品，空载的试验电压（交流或直流）不超过12V，试验电流为25A或1.5倍的产品额定电流（取较大值），而对于灯具产品，试验电流至少10A。注意不同电气产品的规定可能不同。根据电气产品的分类，设定好接地电阻的上限报警值及测试时间，并开启声光报警。对于测试时间，家电产品并未明确规定，灯具产品则规定为1min，对于有疑问的情况，试验要一直进行到稳定状态建立为止（热平衡）。检查无误后，启动仪器进行测试，施加电流时，应在测试点连接完成，通过设备的调整装置逐步施加电流到规定的电流值。待到达测试时间且数据显示稳定后，读取接地电阻仪的显示值。

当被测物的接地电阻大于设定的上限值时，仪器即发出声光报警，为测试不合格，反之则不报警，为测试合格。

（2）注意事项

1）接地电阻的测量仅仅是接地措施大章节内的一个具体测量内容，接地电阻测量合格不代表接地结构的合格。

2）接地电阻的测量部位因电气产品的不同有所区别，如家用电器中，接地电阻测量不包括电源线中接地线的电阻，而灯具则恰恰相反；测量的时间因电气产品的不同也会有所区别，如家电中，有怀疑的情况下，接地测量可进行到达到稳定状态为止，而灯具中，规定了具体测量时间。

3）接地电阻在测量前应注意对仪器进行定检，否则测量结果会形成偏差。

4）使用分离设备测试时，确保电流表外接，串联可调电阻（如滑动变阻器等），测量样品分压，然后通过欧姆定律计算。

第六节 对电气间隙和爬电距离的防护要求

一、检测要求

器具的结构应使电气间隙和爬电距离足够承受器具可能经受的电气应力。

1. 标准要求

标准 GB 4706.1—2005《家用和类似用途电器的安全 第 1 部分：通用要求》第 29 章电气间隙、爬电距离和固体绝缘规定如下：

考虑到表 3-6-1 中过电压类别的额定脉冲电压，电气间隙应不小于表 3-6-2 中的规定值，除非基本绝缘与功能绝缘的电气间隙满足第 14 章的脉冲电压试验。但如果结构中距离受磨损、变形、部件运动或装配影响时，则额定脉冲电压为 1500V 或更高时所对应的电气间隙要增加 0.5mm，并且脉冲电压试验不适用。

在微观环境为 3 类污染沉积或在 0 类与 0I 类器具的基本绝缘上，脉冲电压试验不适用。

器具属于 II 类过电压类别。

表 3-6-1 额定脉冲电压

额定电压/V	额定脉冲电压/V		
	过电压类别 I	过电压类别 II	过电压类别 III
≤50	330	500	800
>50 和≤150	800	1500	2500
>150 和≤300	1500	2500	4000

注：1. 对于多相器具，以相线对中性线或相线对地线的电压作为额定电压。

2. 这些值是基于器具不会产生高于所规定的过电压的假设。如果产生更高的过电压，电气间隙必须相应增加。

表 3-6-2　最小电气间隙

额定脉冲电压/V	最小电气间隙[a]/mm
330	0.5[b,c]
500	0.5[b,c]
800	0.5[b,c]
1500	0.5[c]
2500	1.5
4000	3.0
6000	5.5
8000	8.0
10000	11.0

[a]规定值仅适用于空气中电气间隙。

[b]出于实际操作的情况,不采用 IEC 60664-1 中规定的更小电气间隙,例如批量产品的公差。

[c]污染等级为 3 时,该值增加到 0.8mm。

通过测量和视检确定其是否合格。

在装配时可拧紧到不同位置的部件,如六角螺母之类,和可活动部件要被置于最不利的位置上。

除电热元件的裸露导线外,测量时施加一个作用力于裸露导线和易触及表面以尽量减少电气间隙。该作用力数值如下:

——对裸露导线,为2N。

——对易触及表面,为30N。

该力通过 IEC 61032 的 B 型试验探棒施加。窄孔假定为被金属平板盖住。

29.1.1 基本绝缘的电气间隙应足以承受正常使用期间出现的过电压,应考虑额定脉冲电压。

表 3-6-2 的值,或 14 章中的脉冲电压测试是适用的。

如果微环境为 1 级污染,管状外鞘电热元件端子的电气间隙可减少到 1.0mm。

绕组漆包线导线被假定为裸露导线。

通过测量确定其是否合格。

29.1.2 附加绝缘的电气间隙应不小于表 3-6-2 对基本绝缘的规定值。

通过测量确定其是否合格。

29.1.3 加强绝缘的电气间隙应不小于表 3-6-2 对基本绝缘的规定值，但用下一个更高等级的额定脉冲电压值作为基准。

通过测量确定其是否合格。

29.1.4 对于功能性绝缘，表 3-6-2 的值是适用的。但如该功能性绝缘被短路时器具仍符合第 19 章要求，则不规定其电气间隙。绕组漆包线导体，作为裸露导体考虑，不需要测量在漆包线交叉点上的电气间隙。

PTC 电热元件表面之间的电气间隙可减少至 1mm。

通过测量，如果需要，通过试验确定其是否合格。

29.1.5 对于工作电压高于额定电压的器具，例如在升压变压器的次级，或存在谐振电压，用于确定表 3-6-2 电气间隙的电压应是额定脉冲电压与工作电压峰值和额定电压峰值之差的和。

如果降压变压器的次级绕组接地，或在初级与次级绕组间有接地屏蔽层，次级端基本绝缘的电气间隙应不少于表 3-6-2 的规定值，但使用下一个更低的额定脉冲电压值作为基准。

对于供电电压低于额定电压的电路，例如变压器的次级，功能性绝缘的电气间隙基于其工作电压，该工作电压在表 3-6-1 中是作为额定电压使用的。

通过测量确定其是否合格。

29.2 器具的结构应使其爬电距离不小于与其工作电压相应的值，并考虑其材料组和污染等级。

适用 2 级污染，除非：

——采取了预防措施保护绝缘，此时适用 1 级污染。

——绝缘经受导电性污染，此时适用 3 级污染。

通过测量确定其是否合格。

在装配时可拧紧到不同位置的部件，如六角螺母之类，和可活动部件要被置于最不利的位置上。

除电热元件的裸露导线外，测量时施加一个作用力于裸露导线和易触及表面以尽量减少爬电距离。该作用力数值如下：

——对裸露导线，为2N。

——对易触及表面，为30N。

该力通过 IEC 61032 的 B 型试验探棒施加。

由 IEC 60664-1 的 2.7.1.3 给出的材料组与相对漏电起痕指数（CTI）值之间的关系，如下所示：

——材料组 I：600≤CTI；

——材料组 II：400≤CTI<600；

——材料组 IIIa：175≤CTI<400；

——材料组 IIIb：100≤CTI<175；

这些 CTI 值根据 IEC 60112 使用溶液 A 得到。如果不知道材料的 CTI 值，按附录 N 在规定的 CTI 值进行耐漏电起痕指数（PTI）试验，以确定材料组。

29.2.1 基本绝缘的爬电距离不应小于表3-6-3的规定值。

除了1级污染外，如果第14章的试验用来检查特殊的电气间隙，相应的爬电距离应不小于表3-6-2规定的电气间隙的最小尺寸。

通过测量确定其是否合格。

29.2.2 附加绝缘的爬电距离至少为表3-6-3对基本绝缘的规定值。

注：表3-6-3的注1和注2不适用。

通过测量确定其是否合格。

表 3-6-3 基本绝缘的最小爬电距离

工作电压/V	爬电距离/mm						
	污染等级 1	污染等级 2			污染等级 3		
		材料组			材料组		
		Ⅰ	Ⅱ	Ⅲ$_a$/Ⅲ$_b$	Ⅰ	Ⅱ	Ⅲ$_a$/Ⅲ$_b$
≤50	0.2	0.6	0.9	1.2	1.5	1.7	1.9[a]
>50 和≤125	0.3	0.8	1.1	1.5	1.9	2.1	2.4
>125 和≤250	0.6	1.3	1.8	2.5	3.2	3.6	4.0
>250 和≤400	1.0	2.0	2.8	4.0	5.0	5.6	6.3
>400 和≤500	1.3	2.5	3.6	5.0	6.3	7.1	8.0
>500 和≤800	1.8	3.2	4.5	6.3	8.0	9.0	10.0
>800 和≤1000	2.4	4.0	5.6	8.0	10.0	11.0	12.5
>1000 和≤1250	3.2	5.0	7.1	10.0	12.5	14.0	16.0
>1250 和≤1600	4.2	6.3	9.0	12.5	16.0	18.0	20.0
>1600 和≤2000	5.6	8.0	11.0	16.0	20.0	22.0	25.0
>2000 和≤2500	7.5	10.0	14.0	20.0	25.0	28.0	32.0
>2500 和≤3200	10.0	12.5	18.0	25.0	32.0	36.0	40.0
>3200 和≤4000	12.5	16.0	22.0	32.0	40.0	45.0	50.0
>4000 和≤5000	16.0	20.0	28.0	40.0	50.0	56.0	63.0
>5000 和≤6300	20.0	25.0	36.0	50.0	63.0	71.0	80.0
>6300 和≤8000	25.0	32.0	45.0	63.0	80.0	90.0	100.0
>8000 和≤10000	32.0	40.0	56.0	80.0	100.0	110.0	125.0
>10000 和≤12500	40.0	50.0	71.0	100.0	125.0	140.0	160.0

注：1. 绕组漆包线认为是裸露导线，但考虑到 29.1.1 的要求，爬电距离不必大于表 16 规定的相应电气间隙。

2. 对于不会发生漏电起痕的玻璃、陶瓷和其他无机绝缘材料，爬电距离不必大于相应的电气间隙。

3. 除了隔离变压器的次级电路，工作电压不认为小于器具的额定电压。

[a] 如果工作电压不超过 50V，允许使用材料组 Ⅲ$_b$。

29.2.3 加强绝缘的爬电距离至少为表 3-6-3 对基本绝缘的规定值的两倍。

注：表 3-6-3 的注 1 和注 2 不适用。

通过测量确定其是否合格。

29.2.4 功能性绝缘的爬电距离不应小于表 3-6-4 的规定值。但如该功能性绝缘被短路时器具仍符合第19章要求，爬电距离可减小。

表3-6-4　功能性绝缘的最小爬电距离

工作电压/V	爬电距离/mm						
	污染等级1	污染等级2			污染等级3		
		材料组			材料组		
		Ⅰ	Ⅱ	Ⅲa/Ⅲb	Ⅰ	Ⅱ	Ⅲa/Ⅲb
≤50	0.2	0.6	0.8	1.1	1.4	1.6	1.8a
>50 和≤125	0.3	0.7	1.0	1.4	1.8	2.0	2.2
>125 和≤250	0.4	1.0	1.4	2.0	2.5	2.8	3.2
>250 和≤400b	0.8	1.6	2.2	3.2	4.0	4.5	5.0
>400 和≤500	1.0	2.0	2.8	4.0	5.0	5.6	6.3
>500 和≤800	1.8	3.2	4.5	6.3	8.0	9.0	10.0
>800 和≤1000	2.4	4.0	5.6	8.0	10.0	11.0	12.5
>1000 和≤1250	3.2	5.0	7.1	10.0	12.5	14.0	16.0
>1250 和≤1600	4.2	6.3	9.0	12.5	16.0	18.0	20.0
>1600 和≤2000	5.6	8.0	11.0	16.0	20.0	22.0	25.0
>2000 和≤2500	7.5	10.0	14.0	20.0	25.0	28.0	32.0
>2500 和≤3200	10.0	12.5	18.0	25.0	32.0	36.0	40.0
>3200 和≤4000	12.5	16.0	22.0	32.0	40.0	45.0	50.0
>4000 和≤5000	16.0	20.0	28.0	40.0	50.0	56.0	63.0
>5000 和≤6300	20.0	25.0	36.0	50.0	63.0	71.0	80.0
>6300 和≤8000	25.0	32.0	45.0	63.0	80.0	90.0	100.0
>8000 和≤10000	32.0	40.0	56.0	80.0	100.0	110.0	125.0
>10000 和≤12500	40.0	50.0	71.0	100.0	125.0	140.0	160.0

注：1. 对于工作电压小于250V且污染等级1和2的PTC电热元件，PTC材料表面上的爬电距离不必大于相应的电气间隙，但其端子间的爬电距离按本规定。

2. 对于不会发生漏电起痕的玻璃、陶瓷和其他无机绝缘材料，爬电距离不必大于相应的电气间隙。

a 如果工作电压不超过50V，允许使用材料组Ⅲb。

b 额定电压为380V~415V的器具，其相线间工作电压为>250V和≤400V。

通过测量确定其是否合格。

标准GB 7000.1—2015《灯具 第1部分：一般要求与试验》第11章及附录M规定如下：

11.2 爬电距离和电气间隙

表 M.1 中列举的部件应留有足够的间隔。爬电距离和电气间隙应不小于表 3-6-5 和表 3-6-6 给出的数值。

对于表中列出的数值之间的工作电压，可以采用线性插入法算出爬电距离和电气间隙的数值。

相反极性的载流部件之间的距离应符合基本绝缘的要求。

规定的最小距离基于以下参数：

——海拔，不超过 2000m；

——污染等级 2，一般仅发生非导电污染，但预料到凝露偶尔造成的暂时导电；

——冲击耐受类别 Ⅱ、由固定式装置供电的耗能设备。

11.2.1 合格性通过在灯具的接线端子上连接和不连接最大截面积的导体进行测量来检验。

宽度小于 1mm 的槽口，其爬电距离仅计算槽口的宽度。

小于 1mm 宽的任何空气间隙，在计算总电气间隙时忽略不计，但当总电气间隙小于 3mm 时，要用 1/3 电气间隙的宽度代替上述的 1mm。

表 3-6-5　交流（50/60 HZ）正弦电压的最小距离（与附录 M 配合使用）

距离 （mm）	不超过的工作电压有效值（V）					
	50	150	250	500	750	1000
爬电距离[b]						
——基本绝缘 PTI[a]　≥600	0.6	0.8	1.5	3	4	5.5
<600	1.2	1.6	2.5	5	8	10
——附加绝缘 PTI[a]　≥600	—	0.8	1.5	3	4	5.5
<600	—	1.6	2.5	5	8	10
——加强绝缘	—	3.2[d]	5[d]	6	8	11
电气间隙[c]						
——基本绝缘	0.2	0.8	1.5	3	4	5.5
——附加绝缘	—	0.8	1.5	3	4	5.5
——加强绝缘	—	1.6	3	6	8	11

续　表

距离	不超过的工作电压有效值（V）					
（mm）	50	150	250	500	750	1000

a PTI（耐起痕指数）按照 IEC 60112。

b 对于爬电距离，等效的直流电压等于正弦交流电压的有效值数值。

c 对于电气间隙，等效的直流电压等于交流电压的峰值。

d 对于 PTI≥600 的绝缘材料，此值可减少为该材料基本绝缘数值的 2 倍。

表 3-6-6　正弦或非正弦脉冲电压的最小距离

	额定脉冲电压峰值（kV）								
	2.0	2.5	3.0	4.0	5.0	6.0	8.0	10	12
最小电气间隙（mm）	1	1.5	2	3	4	5.5	8	11	14
	额定脉冲电压峰值（kV）								
	15	20	25	30	40	50	60	80	100
最小电气间隙（mm）	18	25	33	40	60	75	90	130	170

注：表 3-6-6 的数据来源于 GB/T 16935.1 中表 F.2，情况 A，非均匀电场条件。

标准 GB 4706.1—2005《家用和类似用途电器的安全 第 1 部分：通用要求》附录 N：耐漏电起痕试验规定如下：

按照 IEC 60112 进行，并做如下修改：

7 试验装置

7.3 试验溶液

使用溶液 A

10 确定耐漏电起痕指数（PTI）

10.1 程序

修改：

归档的电压按其适用性分为 100V、175V、400V 或 600V。

第 3 章的最后一段适用。

在 5 个样本上进行试验。

怀疑时，如果材料经受住了比规定电压值少 25V，滴数增加到 100 的试验，则认为材料具有规定的 PTI 值。

10.2 报告

增加：

如果 PTI 值是在 100 滴溶液和（PTI-25）V 电压下进行试验得到的，则报告应对此说明。

标准 GB 7000.1—2007《灯具 第1部分：一般要求与试验》规定如下：

13.4 耐起痕

固定载流部件或安全特低电压部件就位或者与这些部件接触的非普通灯具的绝缘部件，应采用耐起痕的材料，有防尘和防水保护的部件除外。

13.14.1 在试验样品的 3 个部位进行下述试验作合格性检验。

以下述根据 IEC 60112 的耐起痕试验来检验材料的合格性，陶瓷材料除外。

——如果试样没有至少 15mm×15mm 的平面，试验可以在一个尺寸减小的，但试验期间液滴不会流出试样的平面上进行。但不要使用人为的方法使液体留在此表面上。如有疑问的话，可以在相同材料，具有规定尺寸并由同样工艺制造的一块单独的板上进行试验。

——如果试样的厚度小于 3mm，应将两件试样（有必要的话将更多试样）叠起来达到至少为 3mm 的厚度。

——试验应在试样的 3 个位置上进行，或者在 3 个试样上进行。

——电极应该是铂，而且应采用 IEC 60112：2003 的 7.3 中规定的试验溶液 A。

13.4.2 在 PTI 175 试验电压下，试样应能承受住 50 滴而不失效。

如果流过试样表面电极间导电通路的电流不小于 0.5A，时间至少 2s，使过电流继电器断开，或者虽然没有使过电流继电器断开，但试样有燃烧现象，就认为失效。

关于确定腐蚀的 IEC 60112：2003 的第 9 条不适用。

关于表面处理的 IEC 60112：2003 的第 59 条的注 3 不适用。

标准 GB 8898—2011《音频、视频及类似电子设备 安全要求》规定如下：

材料组按下列规定划分：

——材料组Ⅰ：600≤CTI（相比电痕化指数）；

——材料组Ⅱ：400≤CTI<600；

——材料组Ⅲa：175≤CTI<400；

——材料组Ⅲb：100≤CTI<175；

材料组别要按 GB/T 4207 的规定，适用 50 滴溶液 A 进行试验，通过对材料试验数据的评定来验证。

如果材料组别是未知的，则应当假定是材料组别Ⅲb。如果需要 CTI 值为 175 或更高，而该数据又未能提供，则可以按 GB/T 4207 所描述的耐电痕化指数（PTI）试验来确定材料组别，如果由这些试验确定的材料的 PTI 等于或大于某一材料组别所规定的 CTI 的下限值，则可以将该材料划分到这一组别中。

2. 标准解读

（1）电气间隙

两个导电部件之间，或一个导电部件与器具的触及表面之间的空间最短距离。不同带电部分之间和带电部分与大地之间，当它们的空气间隙小到一定程度时，在电场的作用下，空气介质将被击穿，绝缘会失效或暂时失效，因此在两导电部分之间的空气应该保持在一个使之不会发生击穿的安全距离。如图 3-6-1 所示。

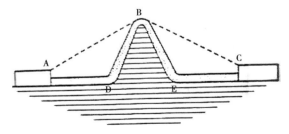

图 3-6-1　虚线路径 ABC 为电气间隙，实线路径 ADBEC 为爬电距离

电气间隙主要是为了保证：

①来自电源的脉冲击穿产品绝缘；

②器具本身操作内部产生的脉冲击穿其本身；

③不影响设备的正常功能；

④不会由于绝缘的脉冲试验失效而引起触电危险；

电气间隙取决于：

①额定脉冲电压；

②过电压类别；一般家电产品属于 II 类过电压类别。

检测要求：基本绝缘的电气间隙应足以承受正常使用期间出现的过电压，应考虑额定脉冲电压。

对于工作电压高于额定电压的器具，例如在升压变压器的次级，或存在谐振电压，电气间隙的电压应是额定脉冲电压与工作电压峰值和额定电压峰值之差的和。

如，某吸油烟机在额定电压 220V 的条件下工作，过电压类别为 II 的器具，其电容器的工作电压是 450V，根据要求用插值法计算电容器两端端子之间的电气间隙限值（mm）（保留到小数点后一位）。

分析：器具的额定脉冲电压是 2500V，根据表 16，对应的最小电气间隙是 1.5mm；

工作电压和额定电压峰值之差是：$(450-220) \times \sqrt{2} = 325V$；

电容器的脉冲电压是 $2500 + 325 = 2825V$。

根据表 3-6-2，4000V 对应的最小电气间隙是 3.0mm，插值计算得到 $(2825-2500) \times (3.0-1.5) / (4000-2500) + 1.5 = 1.825mm$

电气间隙的测量步骤：

①确定工作电压峰值和有效值；

②确定设备的供电电压和供电设施类别；

③根据过电压类别来确定进入设备的瞬态过电压大小；

④确定设备的污染等级（一般设备为污染等级 2）；

⑤确定电气间隙跨接的绝缘类型（功能绝缘、基本绝缘、附加绝缘、加强绝缘等）。

（2）爬电距离

爬电距离是两个导电部件之间，或一个导电部件与器具的易触及表面之间沿绝缘材料表面测量的最短路径。爬电距离过小，有可能使两个导电部分之间的空气发生击穿，在有灰尘或水汽集聚的情况下，沿着绝缘物表面会形成导电通路，使绝缘失效。

爬电距离主要是为了保证：

①正常的器具功能，而不出现线路部件间的短路或起痕起火；

②不会出现起痕而导致的触电或起火（其他绝缘）。

爬电距离取决于：

①器具污染等级；

②工作电压；

③绝缘材料的分类级别。当测量爬电距离时，先确定器具污染等级、工作电压、绝缘材料的分类级别。

确定爬电距离步骤：

①确定工作电压的有效值或直流值；

②确定材料组别（根据相比漏电起痕指数，其划分为：Ⅰ组材料，Ⅱ组材料，Ⅲa组材料，Ⅲb组材料）；

③确定污染等级；

④确定绝缘类型（功能绝缘、基本绝缘、附加绝缘、加强绝缘）。

二、检测仪器

1. 使用卡尺进行检测

（1）卡尺

卡尺是一种测量长度、内外径、深度的量具。其结构主要由主尺、内量爪、外量爪和深度尺组成。按读数方式的不同，主要有游标卡尺、带表卡尺和电子数显卡尺三种。以游标卡尺为例，如图 3-6-2 所示，游标卡尺由主尺和附在主尺上能滑动的游标两部分构成。主尺一般以毫米为单位，而游标上则有 10、20 或 50 个分格，根据分格的不同，游标卡尺可分为 10 分度游标卡尺、20 分度游标卡尺、50 分度游标卡尺等，游标为 10 分度的有 9mm，20 分度的有 19mm，50 分度的有 49mm。游标卡尺的主尺和游标上有两副活动量爪，内测量爪通常用来测量内径，外测量爪通常用来测量长度和外径，深度尺通常用来测量深度。

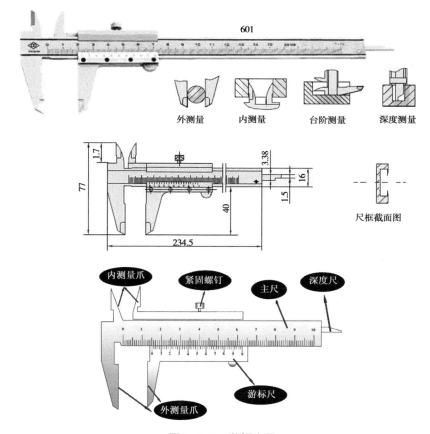

图 3-6-2　游标卡尺

游标卡尺一般分为 10 分度、20 分度和 50 分度三种，10 分度的游标卡尺可精确到 0.1mm，20 分度的游标卡尺可精确到 0.05mm，而 50 分度的游标卡尺则可以精确到 0.02mm。详见表 3-6-7。

表 3-6-7　卡尺技术参数

卡尺分类	主尺最小刻度（mm）	游标刻度总长（mm）	精确度（mm）
10 分度	1	9	0.1
20 分度	1	19	0.05
50 分度	1	49	0.02

如图 3-6-3 所示，游标卡尺的读数方法：

①看游标尺总刻度确定精确定度（10 分度、20 分度、50 分度的精确度）

②读出游标尺零刻度线左侧的主尺整毫米数（X）；

③找出游标尺与主尺刻度线"正对"的位置，并在游标尺上读出对齐线到零刻度线的小格数（n）；

④按读数公式读出测量值。

读数公式：

测量值（L）= 主尺读数（X）+游标尺读数（n×精确度）

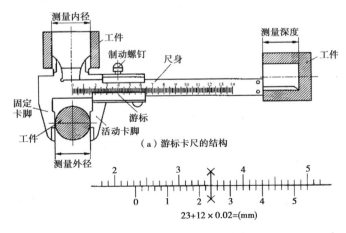

（a）游标卡尺的结构

$$23+12 \times 0.02 = (mm)$$

图 3-6-3　游标卡尺的读数方法

1）10 分度游标卡尺

如图 3-6-4 所示，尺上的最小分度是 1mm，游标上有 10 个等分度，总长为主尺上的 9mm，则游标上每一个分度为 0.9mm，主尺上一个刻度与游标上的一个刻度相差 0.1mm。

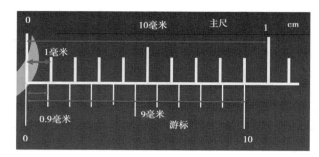

图 3-6-4　10 分度游标卡尺

10 分度游标卡尺读数如图 3-6-5 所示。

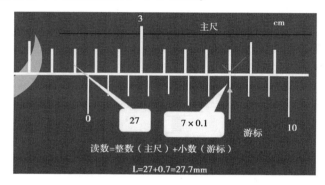

图 3-6-5　10 分度游标卡尺的读数

注意：如果小数点后面的数字是 0，不能省略，表示精度。

2）50 分度游标卡尺

如图 3-6-6 所示，50 分度游标卡尺主尺的最小分度是 1 mm，游标尺上有 50 个小的等分刻度，它们的总长等于 49 mm，因此游标尺的每一分度与主尺的最小分度相差 0.02 mm。

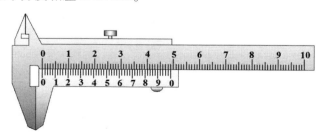

图 3-6-6　50 分度游标卡尺

50 分度游标卡尺读数如图 3-6-7 所示。

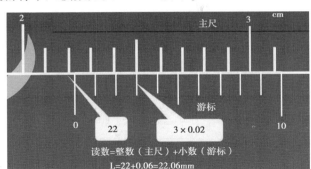

图 3-6-7　50 分度游标卡尺的读数

（2）游标卡尺的使用

将量爪并拢，查看游标和主尺身的零刻度线是否对齐。如果对齐就可以进行测量；如没有对齐则要记取零误差。游标的零刻度线在尺身零刻度线右侧的叫正零误差，在尺身零刻度线左侧的叫负零误差（这种规定方法与数轴的规定一致，原点以右为正，原点以左为负）。测量时，右手拿住尺身，大拇指移动游标，左手拿待测外径（或内径）的物体，使待测物位于外测量爪之间，当与量爪紧紧相贴时，即可读数，如图 3-6-8 所示。

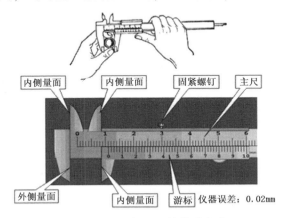

图 3-6-8　游标卡尺的使用方法

2. 使用爬电距离测试卡进行检测

（1）爬电距离测试卡

爬电距离测试卡是根据 GB-2099.1、4706.1、4943、8898、7000 等要

求设计而成。主要用于检查家用和类似用途电器电气部件的爬电距离和电气间隙。它具有两种结构方式：直式和曲尺式，根据产品测试条件选用。爬电距离测试卡外观如图3-6-9所示，技术参数如表3-6-8所示。

图3-6-9　爬电距离测试卡

表3-6-8　爬电距离测试卡技术参数

10 尺寸（mm）	1.0，2.0，2.5，2.8，3.2，3.6，4.0，5.0，5.6，6.3
30 尺寸（mm）	1.0，1.05，1.1，1.2，1.25，1.3，1.4，1.5，1.6，1.7，1.8，1.9，2.0，2.1，2.2，2.4，2.5，2.8，3.2，3.6，4.0，4.2，4.5，5.0，5.6，6.3，7.1，8.0，9.0，10
依据标准	GB/T 16935.1-2008/IEC 60664-1：2007
扩展标准	IEC60065-2005 GB8898 IEC60598.1-2008 GB7000.1 IEC 60335.1-2006 GB4706.1 IEC60601.1-2005 GB9706.1
尺寸精度	±0.03mm

（2）爬电距离测试卡的使用

选择合适尺寸的量规值，当实测距离大于标称量规值时，符合标准要求。在使用过程中，若电气间隙小于量规值时，不得将量规强行插入，否则会造成量规弯曲和磨损，应再选用小一级的量规检查。测量时设备一定不可带电。

3. 使用漏电起痕试验仪进行检测

（1）漏电起痕试验仪

漏电起痕试验仪是按照标准 IEC 60112 要求设计的。如图 3-6-10 所示，它主要由试验电路、滴液系统、铂电极等部件组成。

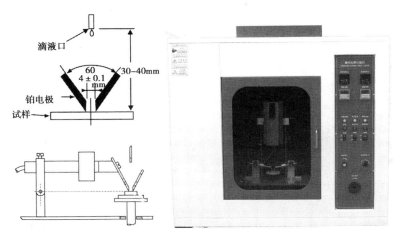

图 3-6-10　漏电起痕试验仪

试验电路可以提供一个短路时电流为 1A，电压 0～600V 可调的测试电源，施加到铂电极两端。滴液系统控制试验溶液滴量，每次滴量控制在 20.0～23.0mm³ 之间，每 30s 滴一滴，并对滴液滴数计数。试验时，当流过电极两端电流≥0.5A，并持续时间≥2s 时，仪器会报警提示测试失败。

1）试验温度控制

试验温度是球压试验中一个最重要的条件，试验温度的高低直接影响样品试验结果，除非另有归档，试样应在 23±5℃，相对湿度 50%±10% 下保持至少 24h，试验应在 23±5℃ 下进行。

2）试验装置

①电极

应使用最小纯度为 99% 的铂金电极，两电极应有一矩形横截面（5±0.1）mm×（2±0.1）mm，有一斜面 30°±2°（见图 3-6-11），斜面的刃近似为平面，0.01mm～0.1mm 宽。

试验仪器的设计应使在试验时，两电极能：a）垂直相对，电极之间成 60°±2° 角，电极间距调整为（4±0.1）mm，如图 3-6-12；b）电极施加在试样表面的力，在试样开始时应为 1.00±0.05N，在试验时该力尽可能不变。图 3-6-13 是一种典型的施加结构。

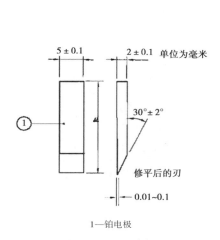

1—铂电极

图 3-6-11　电极

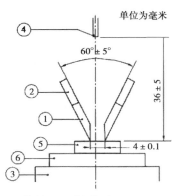

1—铂电极；2—黄铜伸出部分（可操控）；
3—桌子；4—液滴装置端头；5—试样；
6—玻璃试样支撑

图 3-6-12　电极/试样转配

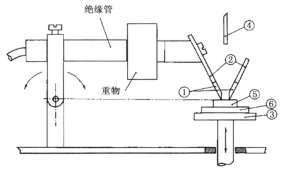

1—铂电极；2—黄铜伸出部分（可操控）；3—桌子；
4—液滴装置端头；5—试样；6—玻璃试样支撑

图 3-6-13　典型电极安装和试样安装支撑

②试验电路

在电极上施加正弦波电压，其在 100～600V 之间变化，频率为 48～62Hz，电压测量装置应指示一真有效值，最大误差为 1.5%，电源功率应不小于 0.6kVA，详见图 3-6-14。

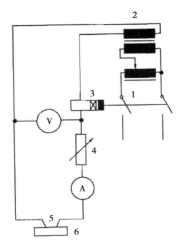

1—开关；2—AC电源100V～600V；3—延迟过流装置；4—可变电阻；5—电极；6—试样

图3-6-4 试验电路

可变电阻器应能调节两电极间的短路电流到1.0±0.1A，在此电流下，电压标上指示的电压下降不应超过10%，短路电流值的测量装置最大误差为±3%。

当电流有效值为0.50A，其相对公差为±10%，持续2s，其相对公差为±10%时，过电流装置应动作。

③试验溶液

溶液A：质量分数约0.1%纯度不小于99.8%的分析纯无水氯化铵试剂溶解在电导率不超过1mS/m的去离子水中，在23±1℃时其电阻率为3.95±0.05Ωm；

溶液B：质量分数约0.1%纯度不小于99.8%的分析纯无水氯化铵试剂和质量分数0.5%±0.002%的二异丁基萘磺酸钠溶解在电导率不超过1mS/m的去离子水中，在23±1℃时其电阻率为1.98±0.05Ωm。

④滴液装置

试验溶液液滴应以时间间隔30±5s滴落在试样表面，液滴应从35±5mm的高度滴到两电极间试样表面的中间。

液滴质量：连续50滴时质量应在0.997g到1.147g之间，连续20滴时质量应在0.380g到0.480g之间。

滴液装置不应产生连滴或者未滴的情况。

⑤试样支撑台

大小合适，总厚度不低于4mm的一块或几块玻璃板，如图3-6-15所示。

图3-6-15　试验样品房在支撑台上

⑥电极装置安装

试样和器具紧接电极，应放置在一箱体通风好的位置，并应装有合适的烟雾排出系统，试验后箱内烟气可以安全排出。

为保持箱内排烟理想，对某种级别的材料，有必要在试样和电极间表面保持轻微的空气流动，试验开始前空气速度为0.2m/s，试验时尽可能合适。箱内其他区域空气流动实际上加速烟雾流动，空气速度可用合适的热电阻风速计进行测量。

（2）使用漏电起痕试验仪进行检测

1）取样

可采用任何表面非常平的试样，只要其面积足够，确保试验时无液体流出试样边沿即可。试样厚度应≥3mm，单层厚度不够的，应叠加到至少3mm。

试样表面应光滑，非织物表面应为完整表面，无擦伤、瑕疵、杂质等。

取样时，可以从产品部件上截取试样，也可从同一原材料在尽可能相同制作工艺下模压成型的试样上截取。

电极的方向与材料的特性有关，所以测量应沿着和正交特性方向进行。测试结果应选较低的CTI值方向。

注1：通常推荐尺寸应不小于20mm×20mm，但只要电解液不损失，更

小的尺寸也可以被接受，例如，ISO 3167 中的多用途试样就可采用 15mm×15mm。

注 2：每次试验采用不同的试样。如果几次试验在同一个样品上进行，应注意确保试验点间距足够远，使得一个试验位置产生的闪光或烟雾不会影响其他测试的位置。

注 3：试验样品厚度<3mm 时，因为大量的热量会通过样品传导到试验支撑件上，造成试验结果得到的 CTI 值不可靠，所以样品<3mm 时，须将样品叠加至至少 3mm。

2）样品预处理

除非另有要求，否则试样要再 23±5℃，相对湿度 50%±10% 下放置 24h。

除非另有要求，

——试验时，样品表面应进行清洗；

——清洗时要注意对样品不能造成溶胀、软化、擦伤或其他影响。

3）试验过程

①用去离子水漂洗电极。试验前冷却电极，确保电极温度够低从而不影响试验结果。

②用同种溶液对滴定装置进行冲洗，在试验前装好溶液后，先滴 10～20 滴溶液冲洗滴定管。

③将试样按要求摆放在支撑台上，试样面朝上，调整样品和电极，使电机间距为 4.0±0.1mm，确保电极横刃与试验表明有标准要求的压力接触，压力均匀分布整个刃宽度。

④调节电压到要求值，电压是 25V 整数倍。

⑤启动滴定装置，试验到发生下述情况：过流装置动作或发生持续燃烧；第 50（100）滴落下后经过至少 25s 后没有发生上面两种情况。

⑥开启抽风系统，排空箱体内有毒气体，移开样品，清除残留物等，漂洗电极，关闭试验设备。

4）测定蚀损

进行50滴试验后样品未失效的，清除其表面碎屑或其他分解物，将样品放在深度规平台上（见图3-6-16），用一个具有半球端部的直径为1.0mm的探针来测量每个样品最大蚀损深度，测量5次，取最大值。

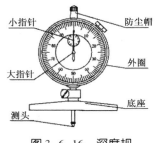

图3-6-16 深度规

5）耐电痕化指数测量（PTI）

按前述试验方法进行50滴试验，电压值在一规定电压下进行。规定数量的试样经受住第50滴液滴已经滴下后，至少25s无电痕化失效，无持续燃烧发送。耐电痕化电压是25V的整数倍。试样数量5个。

6）相比电痕化指数测量（CTI）

相比电痕化指数测量是指连续5个试样通过50滴试验的最大电压值，同时，在低于该电压25V时，连续五个试样通过100滴试验；若在低于该电压25V时，100滴试验未通过，则需继续测出100滴试验耐受最大电压值，直至找到最不利值，并在同一个样品不同5个点，或者5个不同样品上重复进行，均符合者，可记录结果。

为保证结果反映实际情况，漏电起痕试验还应注意以下几个问题：

①由于试样材质的非均匀性，应选择具有代表性的部位，让电极接触线与材料表面纹路垂直。

②只要测试结果为穿孔，即认为试验失败，应将试验过程在报告中描述。

③试验时可能会遇到电解液或污染物聚集在试样表面上的凹坑或闪络导致过流继电器动作，而不是电痕失效引发过流继电器动作，这种情况下应重做试验。

④要保持设备的清洁。确保使用的电解液与配置的电解液电导率的一致性。上次测试中剩余的滴液会污染电解液，或电解液蒸发加大溶液密度，这两种情况都会使测量值偏离实际值。解决方法是：每次测试前，用溶液洗净滴管外部，然后冲刷管内壁。根据每次测试的时间间隔，滴管滴掉 10~20 滴，以冲掉不明液体。

⑤试验中由于样品的软化或蚀损，电极会发生移动，电极尖端会在样品表面留下电痕，导致电极距离的改变。目前多数设备电极距离大小及方向改变，都由电极轴和电极对样品的相对位置决定。距离编号的情况，不同材质是不一样的；而且不同的测试设计也会导致各种设备测量结果的不一致。因此，在分析结果时应特别注意这种情况。

4. 其他辅助仪器

如图 3-6-17 所示，读数显微镜是利用显微镜光学系统对线纹尺的分度进行放大、细分和读数的长度测量工具。它常被用作比长仪、测长机和工具显微镜等的读数部件，或作为坐标镗床和坐标磨床等的定位部件，也可单独用于测量较小的尺寸，例如线纹间距、硬度测试中的压痕直径、裂缝和小孔直径等。

图 3-6-17　读数显微镜

第七节　检测案例分析

一、对触及带电部件的防护

案例1：某 II 类电风扇产品，带摇头功能，风扇摇头位置有开孔，机头外壳有散热孔，为了防止触及 II 类结构的基本绝缘，即电机的金属外壳，该位置设计应符合标准8.2条款要求。通过对机头摇头位置和机头位置的开孔用 IEC 61032 的 B 型试验探棒施加 20N 的力，机头的摇头位置处于正常工作期间所有可能的状态，选择最不利位置，探棒通过开口伸到允许的任何深度，转动或弯曲探棒。试验指如触及基本绝缘的金属外壳电机，如图 3-7-1 所示，不符合标准8.2条款要求。

图 3-7-1　试验指触及电机金属外壳

案例2：某无绳电水壶产品，底部有开孔，通过底部开口用 B 型试验探棒进入产品内部，进入后转动或弯曲探棒试验指，触及内部带电部件，如图 3-7-2 所示，不符合标准8.1.1条款。

图 3-7-2　试验指触及内部带电部件

案例3：某室内加热器和无绳电水壶产品，用不明显的力（1N）施加给 IEC 61032 的 13 号试验探棒来施加于产品开口处，可触及带电部件，如图 3-7-3 所示，不符合标准 8.1.2 条款。

图 3-7-3　试验棒触及带电部件

案例4：某 I 类烤面包机产品，工作时发热元件为可见灼热元件，用 41 号探棒施加于开口处，探棒尖端触及发热元件，如图 3-7-4 所示，不符合标准 8.1.3 条款。

图 3-7-4　试验探棒触及烤面包机发热元件

案例5：某一电源适配器产品，输入电压 100～240V～，输出电压为直流5V，该产品通过电容电阻元件进行阻容降压，输出端可用手触及，该易触及部位是带电部件。该产品仅通过阻容降压，未通过安全隔离变压器有效隔离，可认为该部件为带电部件，不符合 8.1.4 条款要求。

案例6：如图 3-7-5 所示，某一工作电压为 220V～，使用普通白炽灯光源的 I 类壁灯，安装后有部分基本绝缘的载流导线外露，用 GB/T 16842 规定的 A 型试具可以触及导线，导线外的玻纤套管无法满足附加绝缘的要求，仅作为防磨损作用，这种情况不符合标准 GB 7000.1 第 8.2.1 的要求。

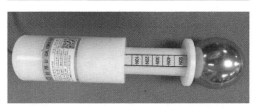

图 3-7-5　不符合标准要求的 I 类壁灯

案例7：如图 3-7-6 所示，某 I 类开关电源，工作电压为 100～240V～，用 GB/T 16842 规定的试具 13 可以直接触及带危险电压的初级元器件，不符合标准 GB 4943.1—2011 第 2.1 章节的要求。

图 3-7-6 试具触及带电元器件

案例8：如图3-7-7所示，某Ⅰ类风扇灯，灯罩徒手可拆卸，整体式控制装置输出非安全特低电压，打开灯罩后控制装置及灯珠徒手可触及，不符合标准GB 7000.1—2015第8.2.1条款的要求。

图 3-7-7 不符合标准要求的风扇灯

图3-7-8为整改后合格的产品照片，控制装置及灯珠板上有绝缘塑料透光罩，透光罩由三个螺钉固定，旁边加贴闪电标识。

图 3-7-8 整改后合格的风扇灯

二、对泄漏电流的要求

案例1：某 II 类电源适配器产品，额定电压 100 ~ 240V，在隔离变压器原边和副边之间串接 Y 电容，在进行 GB 4943.1—2011 第 5.1 章节的接触电流试验时，电源任一极与可触及端子之间的泄漏电流测试结果为 0.28mA，不满足标准限值 0.25mA 的要求。初步分析是该产品的 Y 电容容值过大导致接触电流测试不合格，减小 Y 电容容值后，实测泄漏电流减少。

图 3-7-9　接触电流测试不合格案例

案例2：某一 II 类 LED 筒灯，金属外圈（A）与灯体之间仅依靠卡扣连接，且连接处未做刮漆处理，在进行接触电流测试时，试验端子仅施加在金属外圈（A）不符合标准 GB 7000.1 第 10.3 及附录 G 关于接触电流测试的要求。灯体上的金属内圈（B）也属于可触及的金属部件，且内圈与外圈之间的连接由于未做刮漆处理，可能存在不导通的情况，因此在进行接触电流测试时，试验端子应分别施加在金属内圈（B）及外圈（A）上进行测试（见图 3-7-10）。

图 3-7-10　II 类 LED 筒灯金属内圈（B）和外圈（A）

三、对电气强度和绝缘电阻的要求

案例1：某 I 类吊灯，额定电压为220V～，电源线夹紧装置如图3-7-11 所示，软线固定架直接固定在金属支架上，金属支架与可触及金属部件导通。根据标准 GB 7000.1 第 10.2.1 绝缘电阻试验与 10.2.2 电气强度试验中关于"加载软线固定架内的软缆或软线的外表面与可触及金属部件之间"的规定进行测试。绝缘电阻试验应在施加500V 直流电压后1min 测得绝缘电阻不低于 2MΩ，电气强度试验应施加试验电压为 2U + 1000V（1440V）。由于加载软线固定架的电源线外表面与金属支架直接接触，且金属支架与可触及金属部件导通，实测绝缘电阻接近零，不符合绝缘电阻和电气强度的要求。

图3-7-11　某 I 类吊灯电源线夹紧装置

四、对接地电阻的要求

案例1：某 I 类显示屏，输入规格为 100～240V，5A，在进行 GB 4943.1—2011 第 2.6 章节的接地电阻试验时，L-N 到最远接地端子之间接地电阻测试结果为 0.2Ω，不满足标准限值 0.1Ω 的要求。

图 3-7-12　某 I 类显示屏接地电阻试验

五、对电气间隙和爬电距离的要求

案例 1：某饮水机产品，内部结构微观环境为 3 级污染，所有材料组别为Ⅲa 组，工作电压 220V ~，用爬电距离测试卡测得发热元件到接地金属爬电距离小于 3.2mm，如图 3-7-13 所示。发热元件到金属表面属于基本绝缘，实测小于该基本绝缘最低限值 3.2mm，不符合标准 29.2.1 要求。

图 3-7-13　某饮水机爬电距离测量

案例 2：某 I 类双端荧光灯具，额定电压为 220V ~，灯座露在灯具外，使用 GB/T 16842 中图 1 规定的试具 B 可触及的 G13 灯座，电子镇流器 U-OUT = 500V，灯座内的金属弹片到可触及的外表面的爬电距离为

4.8mm，不符合标准 GB 7000.1 第 11 章的要求。该灯具载流的金属弹片到可触及外表面之间应满足加强绝缘的要求，限值应取 U-OUT 值电压 500V 对应的限值，通过查表可知该加强绝缘标准限值为 6mm，实测为 4.8mm。

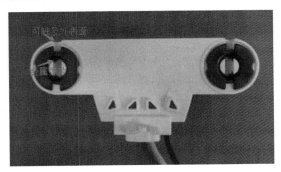

图 3-7-14　某 I 类双端荧光灯爬电距离测量

案例 3：某 I 类电源适配器，工作电压为 100 ~ 240V ~，L-N 到地线之间电气间隙爬电距离测试值为 2.6mm，不满足 GB 8898—2011 标准适用于海拔 5000 米及以下地区的限值 3.0mm 的要求。

图 3-7-15　某 I 类电源适配器爬电距离测量

第四章

过热危险及非正常 工作危险的安全防护

电器产品在使用过程中都会出现发热现象，发热产生的高温可能会导致危险的出现，比如对产品的绝缘性能造成损伤，人员灼伤或引发火灾。这种发热现象就成为电器产品的过热现象。因此，在电器产品检测中的一个重要环节就是进行过热防护检测，避免产品使用过程中产生过热现象。

按照电器产品在使用过程中的发热性质，分为正常发热和非正常发热。正常发热是指满足产品正常工作需要产生的发热，这种发热带来的产品功能性危险是不可避免的。在这种情况下，过热防护的原则是采用适当的设计措施降低发热源对使用者和环境的影响，同时利用适当的警告标识，最大限度提醒使用者避免直接接触产品的发热部位。非正常发热是指产品的发热现象不是设计预期产生的热量，即在异常工作状态下产生的发热现象。对于电器产品的非正常发热，防护的原则是尽量降低相关部位的发热程度，同时采取有效的隔离、屏蔽、散热措施，避免人体直接接触是危险发热部位。依据电器产品的发热性质，过热防护检测也分为两种，即正常工作情况下发热检测和非正常工作情况下发热检测。前者是对产品在规定的负载、散热等试验条件下，放置在正常工作时可能遇到的最不利环境状态和最严酷工作状态下的发热状况进行检测，比如正常工作时的最大功率、最大亮度、最快打印速度等；后者是在产品出现故障情况下，如风扇堵转、过载或元器件失效等产品异常工作状态下，对产品的异常工作状态的发热状况进行检测。

第一节 对正常工作状态发热的防护要求

一、检测要求

电器产品在使用的过程中，半导体器件、电阻器、电容器、电感器、变压器、电动机等元器件和运动部件都会消耗电能，并转换为热能向外散发，使得电器产品内部温度逐步升高。一般来说，产品结构的不合理设计、元器件的选用不当，是造成过热的主要原因。如果长期超过标准限值使用会使整机和元器件的性能降低，严重时甚至出现形变，引发灼伤、触电、起火等安全事故。对产生高温的元器件应进行有效的屏蔽或隔离，以免引起其周围材料和元器件的过热，直接安装在危险电压零部件的热塑性塑料件应能耐异常热。因此，对电器产品的过热防护检测包括：检测可能被接触到的产品的外表面、内表面、把手、旋钮、手柄等可触及部位，电容器、电感器、变压器及其绕组、光电耦合器、三极管等发热元器件和其他材料的温度等。

为了确保产品在正常使用过程中自身和环境的温度符合要求，避免产品由于温度过高对使用者和环境产生危险，应当选择适用于元器件和设备结构的材料，使得元器件和产品材料在正常工作情况下，不会超过相应标准规定的限值。通过测试中获得的各个测试部位的最高温度值，以及观察确认是否出现起火、变形、故障、功能失效等现象，来判别产品在正常使用状态下的防护措施是否有效。下文以信息技术设备标准为例介绍发热要求。

标准 GB 4943.1—2011《信息技术设备 安全 第 1 部分：通用要求》第4.5 章发热要求如下：

1. 基本要求

4.5 规定的要求预定用来防止：

——可触及零部件超过某一规定的温度；和

——元器件、零部件、绝缘和塑料材料超过可能会降低产品预期寿命及正常使用期间的电气、机械或其他性能的温度。

应当考虑长期使用某些绝缘材料的电气性能和机械性能（见 2.9.1）可能会长期受到不利的影响（例如受到低于正常软化点的温度下挥发的软化剂的影响）。

在 4.5.2 的试验期间，音频放大器按照 GB 8898 的 4.2.4 工作。

2. 温度试验

应选择适用于元器件和设备结构的材料，使得在正常负载下工作时，温度不会超过本标准含义范围内的安全值。

对工作在高温下的元器件应有效地屏蔽或隔离，以避免其周围的材料和元器件过热。

通过对材料数据表的检查以及测量和记录温度来检验其是否合格。设备或设备的零部件按 1.4.5 在正常负载条件下工作直至温度稳定。温度限值见 4.5.3 和 4.5.4。

只要元器件和其他零部件试验条件与设备的使用条件一致，可单独进行试验。

嵌入安装、台架安装的设备或者组装在较大设备中的设备，应在制造厂安装说明书中所允许的最不利的实际条件或模拟条件下进行试验。

如果电气绝缘（除绕组绝缘以外，见 1.4.13）失效会引起危险，则应当在该绝缘的表面靠近热源的某一点上测量其温升，见表 4B 的脚注。在试验期间：

——热断路器和过流保护装置不得动作；

——恒温器可以动作，但不能中断设备的正常工作；

——限温器允许动作；

——密封化合物（如果有的话）不得流溢。

电子电器产品在进行温度测试时，通常按照如下要求进行：

1. 试验条件要求

（1）产品放置

在温升测试中，产品的位置一般按照使用中可能出现的最严酷的情形来放置。通常，在进行正常温升测试时，产品一般是按照产品使用说明的最不利状态来放置；对于非嵌入式的产品，通常是按照正常状态放置在一个模拟墙角的测试角（见图4-1-1）中间进行测试。此外，为了测量测试角底板等的温度作为支撑面温度考核指标，通常热电偶用直径约为15mm、厚度约为1mm的铜片压在测试角表面上，相应表面的位置应当适当凹陷，使得铜片的表面与测试角表面平齐，见图4-1-2。

图4-1-1　测试角

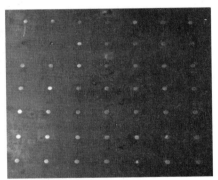

图4-1-2　测试角铜片

1）在 GB 8898—2011 中要求如下：

在不妨碍正常通风的条件下，设备处在预定使用时所处的任何位置。

在进行温度测试时，设备应当按制造厂商提供的使用说明书的规定放置，或者在没有说明时，设备应当放置在有前开口的木制试验箱中，位于距木箱前边缘5cm处，而且沿侧面和顶面要有1cm自由空间，在设备后面要有5cm深度空间。

如果设备厂商未提供预定要与设备构成某种组合的部件，则在设备上的试验应当按设备制造厂商提供的说明书的规定，特别是涉及适当通风的那些规定来进行。

设备在敞开的工作台上进行试验时也应当符合表 3 的规定。

2）在 GB 4706.1—2005 中规定器具放置的要求如下：

在进行发热试验时应按照器具正常使用位置摆放，试验位置应以在正常使用中可能出现的最不利位置为原则，即尽可能将器具放置在器具散热条件最差的位置进行试验，一般来说按下列要求摆放：

①手持式器具，保持其在使用时的正常位置上。

②带有插入插座的插脚的器具，要插入适当的墙壁插座。

③嵌装式器具，按使用说明安装就位。

④其他的电热器具和组合型器具，按下述要求放在测试角上：

—— 通常放置在地面上或桌面上使用的器具，放在底板上，并尽可能靠近测试角的两边壁；

—— 通常固定在一面墙上使用的器具，参照使用说明，将其固定在测试角内一侧边壁上，并按可能出现的情况靠近另一边壁，并靠近顶板或底板；

—— 通常固定在天花板上的器具，参照使用说明，将其固定在测试角的顶板上，并按可能出现的情况靠近两边壁。

⑤其他电动器具按下述规定放置：

—— 通常放置在地面或桌面上使用的器具，放置在一个水平支撑物上；

—— 通常固定在墙上使用的器具，固定在一个垂直支撑物上；

—— 通常固定在天花板上的器具，固定在一个水平支撑物的下边。

⑥测试角、支撑物及嵌装式器具的安装设施，都使用厚度约为 20mm，涂有无光黑漆的胶合板。

⑦对于带有自动卷线盘的器具，将软线总长度的三分之一部分拉出，在尽量靠近卷线盘的毂盘，和卷线盘上的最外二层软线之间来确定软线护套外表面的温升。

⑧对于自动卷线盘以外的，打算在器具工作时用来贮存部分电源软线的贮线装置，其软线的 50cm 不卷入。在最不利的位置上确定软线被贮部

分的温升。

标准 GB 7000.1—2015《灯具 第1部分：一般要求与试验》对发热试验规定如下：

①灯具应在防风罩内试验，这个防风罩是要避免环境温度的剧烈变化。适宜于表面安装的灯具应安装在附录 D 中所描述的表面上。附录 D 给出了一个防风罩的范例，也可采用其他形式的罩子，但其得到的效果应与用附录 D 所述的罩子时得到的结果相一致。

灯具应用其所带的接线和任何材料（如绝缘套管）与电源连接。

通常，应按灯具随带的说明书或灯具上的标记连接。此外，受试灯具不附带有连接到电源所需的接线的，则这种接线应为普通常用的型号。

②防风罩呈矩形，顶部和至少三个侧面为双层外壳，底部为实心。双层外壳用开孔的金属制成，两层之间的间隔约 150 mm，孔有规则的分布，孔径为 1 mm～2 mm，孔的面积约占每层壳体总面积的 40%。内表面使用无光泽的涂料。三个基本内部尺寸，每个至少为 900 mm。防风罩内表面与最大灯具的任何部位之间的间隙至少应 200 mm。若要在一个大的防风罩内同时试验两个或更多的灯具时，应注意一个灯具的热辐射不能影响任何其他灯具。防风罩顶部的上方和打孔侧面的周围至少有 300 mm 的间隙。防风罩所处的位置应尽量远离气流并防止空气温度的突然变化，还应防止来自光源的热辐射。放置受试灯具时，灯具离防风罩六个内表面应尽可能地远。

③对于直接固定在顶棚或墙上的灯具，应固定在由木板或木质纤维板构成的安装表面上。若灯具为不适宜安装在可燃表面的，则要求使用非可燃绝缘材料的安装板。板厚 15 mm～20 mm，尺寸至少比灯具外廓的垂直投影大 100 mm（但最好不大于 200 mm）。板与防风罩内表面之间的间隙至少有 100 mm。板用无光泽非金属涂料涂成黑色。

对于壁角固定的灯具，应在两块符合上述要求的板组成的内角处。如果灯具要固定在紧靠模拟顶棚下的垂直壁角，则需要第三块板。

④嵌入式灯具安装在一个试验凹槽内，凹槽由一个顶棚及顶棚上一个

由垂直侧板和水平顶板的矩形箱所组成。悬吊顶棚是一块 12 mm 厚的通用木屑板，在板上为灯具留出一个合适的开口。这块通用木屑板应比固定在此板上的灯具的投影宽至少 100 mm。矩形箱由 19 mm 厚的木质胶合板构成侧壁和紧封住侧壁、有渗透性的 12 mm 厚的通用木屑板构成。

（2）环境温度

一般产品标准中对温升测试时的环境温度都做了相关要求。

1）GB 8898—2011 要求温度保持在 15℃～35℃ 范围内，相对环境湿度最大为 75%。

2）GB 4706.1—2005 要求温度保持在 20℃±5℃ 范围内，如果某一部位的温度受到温度敏感装置的限制或被相变温度所影响（例如当水沸腾时），若有疑问时，则环境温度保持在 23℃±2℃。

3）GB 7000.1—2015 要求防通风罩内环境温度应在 10℃～30℃ 范围内，最好应在 25℃，在测量期间和之前一段会影响结果的足够长的时间内，环境温度变化不应大于±1℃，若光源具有对温度敏感的电气性能（如荧光灯），或者若灯具的 t_a 额定值超过 30℃，则防风罩内的环境温度应在 t_a 额定值 5℃ 范围以内，最好应与 t_a 的额定值相同。

电源电压：在确定给受试产品供电的电源最不利的电源电压时，应考虑下列各种因素：对交流或直流产品，使用交流电源或直流电源；对直流电源，使用任何极性，除非由于受试产品结构限制；用设备上标定的任何额定电源频率；多种额定电压等。

1）GB 8898—2011 要求产品预定直接与交流电网电源连接，额定电压的容差应为+10% 和−10%。

2）GB 4943.1—2011 要求产品预定直接与交流电网电源连接，额定电压的容差应为+10% 和−10%；产品预定直接与直流电网电源连接，在 GB 4943.1—2011 中要求额定电压的容差应为+20% 和−15%。

3）GB 7000.1—2015 要求在测量期间和紧接着测量前，电源电压应控制在试验电压的±1% 以内，最好控制在试验电压的±0.5% 以内。在会影响测量之前的一段时间内，电源电压应控制在试验电压的±1% 内，该段时间应不少于 10 min。

设定参数：为了使相关测试项目的结果具有重复性和可比性，设定产品测试时的工作状态是一个很重要的步骤。通常，在设定产品的工作状态时都是将产品设定在极端工作状态下，然而许多产品的工作状态是与负载特性密切相关的，而不同负载种类之间的差异往往很大，使用标准负载很有必要。注意有些标准中对特殊产品的测试状态说明。比如 GB 8898—2011 对音频放大器产品测试要求：音频控制件置于中间位置，用由粉红噪声组成的标准信号，使设备的工作状态达到能够向额定负载阻抗提供 1/8 非削波输出功率。如果用标准信号不能获得非削波输出功率，则取 1/8 最大可获得输出功率。

2. 试验过程要求

（1）确认方法

表面温升的测量一般采用热电偶法测量温升，但绕组温升测量法除外。

1）GB 8898—2011 中要求：

对绕组线，用电阻法或能给出绕组线平均温度的任何方法。

开关变压器的温升可用热电偶进行测试，热电偶尽可能靠近绕组放置，允许温升应当比表3 的规定值低 10K。

2）GB 4943.1—2011 中要求：如果未规定具体的测量方法，则应当采用热电偶法或者电阻法（附录 E）来测量绕组的温度。对除绕组以外的零部件的温度，应当采用热电偶法来测定。也允许使用不会明显地影响热平衡，而且充分准确足以表明合格的任何其他适用的温度测量方法。选用的温度传感器和温度传感器的放置位置应对被试零部件的温度影响最小。当用热电偶测量绕组的温度时，除了以下情况，这些温度值应当减小 10℃，

—— 电动机；或

—— 有内置式热电偶的绕组。

3）GB 4706.1—2005 中要求：除绕组温升外，温升都是由热电偶确定

的。其布置应使其对所检部件温度影响最小。

注1：细丝热电偶是指直径不超过0.3mm的热电偶。

4）GB 7000.1—2015中要求：固体材料的温度通常用热电偶测量。用电位计一类的高阻抗装置读取输出电压。采用直读式仪表重要的是要检查其输入阻抗是否与热电偶的阻抗相匹配。目前化学型温度指示器只适用于测量的粗略校核。用电阻法确定的绕组温升适用于镇流器，也适用于类似部件，例如变压器。

热电偶丝应该是低热导率的。适宜的热电偶是由80/20镍铬与40/60镍铜（或40/60镍铝）合金丝配对组成。两根丝（通常为条状或圆的截面）中每一根都应能顺利地穿过0.3 mm的孔。所有易暴露于辐射中的金属丝端部，要涂有高反射率的金属涂层。每根丝的绝缘层应具有适当的温度和额定电压，绝缘层还应薄而坚固。

热电偶以对热条件最小的干扰和低热阻的热接触方式贴在测量点上。若没有规定部件专门的测量点，要先进行试探找出温度最高的点（为此，可将热电偶装于由低热导率材料制成的座上；采用热敏电阻的仪表来测量也很方便）。对玻璃等一类材料进行试探是很重要的，因为温度随位置的变化很快。装在灯具内或靠近灯具的热电偶应尽可能少地暴露在传导热或辐射热中。应该小心避免来自载流部件的电压。

（2）确定测量点

在埋置热电偶前，可以待产品预热一段时间后用红外线测温仪进行扫描来确定哪些元器件发热温度较高，这样就能选择出温度较高的部位。也可以根据电路原理图和适当的逻辑推理或者测试经验判断哪些元器件工作时通过的电流大、消耗的能量多。

1）无论在哪一种温升测试中，一般都需要测量下列部位出现的最高温度：

—— 可能会被接触的外表面的温度；

—— 可能会被接触的内表面的温度；

——载流部件连接部位的温度，尤其那些支撑大功率载流部件、直接

168

安装上带危险电压零部件、受热变形会影响产品安全特性的材料。

——提供电气绝缘的零部件（例如电源线、导线绝缘、接线端子等）的温度。

——元器件的表面温度，包括电容器、电感器、变压器、光电耦合器等元器件。

——其他过热会对产品的安全特性带来影响的非电热元件的温度，以及其他遭遇高温会出现失效甚至引起火灾等现象的元件的温度。

——产品周围的温度，特别是与产品接触的支撑面的温度。

2）热电偶测量除绕组绝缘以外的电气绝缘的温度，布置在可能引起下列故障的位置：

——短路；

——带电部件与易触及金属部件之间的接触；

——跨接绝缘；

——电气间隙或爬电距离减小造成不符合产品标准规定。

3）用来确定测试角边壁、顶板和底板表面温升的热电偶，要贴附在由铜或黄铜制成的涂黑的小圆片背面，小圆片的直径为15mm，厚度为1mm。小圆片的前表面应与胶合板的表面平齐。

4）温升测试中一般并不测试功能性发热元件（例如电热产品的发热丝）的温度，但是需要测量在其附近受到影响的其他部件的温度，作为考察这些部件的可靠性、防火特性或耐热特性等的依据。

（3）进行试验

实验室常用的是速干胶将细丝热电偶粘贴固定到所确定测量温度点的位置。粘贴热电偶注意所用的胶水和胶带不要对产品的正常发热产生影响。不建议用胶带直接完全盖住热电偶，因为试验期间温度升高热电偶容易脱落，也会对产品的正常发热数据产生影响。

温升测试的时间长短和具体产品的特性密切相关，通常在测试中获得产品可能出现的最严酷的发热状态，就可以结束测试。在实际测试中，有的产品只需要考察一个动作周期就可以测得最高温升，有的产品则需要考察多个连续工作的周期才可以测得最高温升。不同的标准对达到热平衡的时间和状态要求也不同，通常认为温度稳定不再变化即可或者在某个时间范围变化不超过某个限值亦可。在测试中，一旦出现保护元件动作，只要不会出现自动复位的现象，测试通常结束，但需要注意热惯性可能带来的影响。

（4）合格判定

试验时间或者温升数据趋于稳定并满足对应标准要求时断电，并测量相关绕组温升，记录数据然后进行合格判定：

—— 试验期间要连续监测温升，温升值不得超过产品标准中所规定的值。

—— 保护装置不应动作，并且密封剂不应流出。

—— 此外，在温升测试中还应当观察是否出现起火、金属熔化、产生大量的有毒或可燃气体等现象。

如果操作人员很清楚地知道设备的某个零部件需要热量来完成预定功能（如，文件压合机）。在设备的邻近发热零部件的显著位置应当有警告标识。

在温升测试中或测试后，通常还会进行一些与电击防护相关的测试，以考察产品处于最严酷的发热状态下电击防护系统（尤其是绝缘防护系统）是否依然有效。最常用的测试手段是电气强度测试和接触电流测试。

对产品正常发热的测试结果是被测物体温度值，但是在不同标准中限值的判定方式不同：

1）GB 4943.1—2011 和 GB 7000.1—2015 要求的限值是温度值（℃）即被测物体温度实测值。GB 4943.1—2011 标准中 1.4.12.3 非温度依赖型设备需要通过计算得到限值或者将实测温度值转换后再与标准限值进行判定。GB 4943.1—2011 标准中对温度测试限值要求如下：

①通用要求

受试设备上测得的温度，应按适用的情况符合 1.4.12.2 或 1.4.12.3，所有温度单位为℃；其中：

T：在规定的试验条件下测得的给定的零部件的温度；

T_{max}：规定的符合试验要求的最高温度；

T_{amb}：试验期间的环境温度；

T_{ma}：制造厂商技术规范允许的最高环境温度或 35℃，两者中取较高者。

注 1：对预定不在热带气候条件下使用的设备，T_{ma} 为制造厂商技术规范允许的最高环境温度或 25℃，两者中取较高者。

注 2：高海拔地区温度测量条件和温度限值的要求正在考虑中。

②温度依赖型设备

对于设计成其发热量和冷却量要依赖温度的设备（例如设备包含一个风扇，在较高的温度下具有较高的转速），温度测试应当在制造厂商规定的工作范围内的最不利环境温度下进行。在这种情况下：

$$T \text{ 不应超过 } T_{max}$$

注 1：为了找出每一个元器件的最高温度值 T，可能需要在不同的环境温度 T_{amb} 下进行若干次试验。

注 2：对不同的元器件可能有不同的最不利环境温度 T_{amb}。

③非温度依赖型设备

对于设计为发热量或冷却量不依赖环境温度的设备，允许使用 1.4.12.2 的方法。或者，试验在制造厂商规定的工作范围内的任何环境温度 T_{amb} 值下进行试验。在这种情况下：

$$T \text{ 不应超过 }（T_{max}+T_{amb}-T_{ma}）$$

除非所有相关各方同意，否则试验期间，T_{amb} 不应超过 T_{ma}。

④4.5.3 为材料的温度限值，4.5.4 为接触温度的限值，详情参阅标准。

2）GB 8898—2011 和 GB 4706.1—2005 要求的限值是温升值 Δt 即试验结束时的温度值 T 减去环境温度 T_{amb} 得到的温升值（K），然后用计算后的温升值（K）对比标准要求的限值（K）进行判定。表 4-1-1 是 GB 4706.1—2005 中对正常发热的要求值。

表 4-1-1　最大正常温升

部　　件	温升/K
绕组ª，如果绕组绝缘符合 GB/T 11021 的规定：	
——A 级	75（65）
——E 级	90（80）
——B 级	95（85）
——F 级	115
——H 级	140
——200 级	160
——220 级	180
——250 级	210
器具输入插口的插脚	
——适用于高热环境的	130
——适用于热环境的	95
——适用于冷环境的	45
驻立式器具的外导线用接线端子，包括接地端子，除非器具带有电源软线	60
开关，温控器及限温器的周围环境ᵇ：	
——不带 T-标志	30
——带 T-标志	T-25
内部布线和外部布线，包括电源软线的橡胶或聚氯乙烯绝缘	
——不带额定温度值	50
——带额定温度值（T）	T-25
用作附加绝缘的软线护套	35
卷线盘的滑动接触处	65
对不提供电源软线的驻立式器具，电线的绝缘与固定布线用接线端子板或间室相接触的点	50ᶜ
用作衬垫或其他部件，且变质能影响安全的非合成橡胶：	
——当用作附加绝缘或加强绝缘时	40
——在其他情况下	50
带 T-标志的灯座ᵈ：	
——标志 T_1 的 B15 和 B22	140
——标志 T_2 的 B15 和 B22	185
——其他灯座	T-25
不带 T-标志的灯座ᵈ：	
——E14 和 B15	110
——B22、E26 和 E27	140
——其他灯座和荧光灯的启动器座	55

续　表

部　　件	温升/K
对电线和绕组所规定绝缘以外用作绝缘的材料 ^{e} :	
——已浸渍过或涂覆的织物、纸或压制纸板	70
——用下述材料黏合的层压件	
·三聚氰胺–甲醛树脂、酚醛树脂或酚–糠醛树脂	85（175）
·脲醛树脂	65（150）
——用环氧树脂黏合的印刷电路板	120
——用下述材料制成的模制件	
·含纤维素填料的酚醛	85（175）
·含无机填料的酚醛	100（200）
·三聚氰胺醛甲醛	75（150）
·脲醛	65（150）
——玻璃纤维增强聚酯	110
——硅酮橡胶	145
——聚四氟乙烯	265
——用作附加绝缘或加强绝缘的纯云母和紧密烧结的陶瓷材料	400
——热塑性材料 ^{f}	—
普通木材 ^{g}	65
——木质支撑物；测试角的边壁、顶板和底板，及木质的橱柜；	
·用于测试长时间连续工作的驻立式器具	60
·用于测试其他器具	65
电容器的外表面 ^{h} ：	
——带最高工作温度标志（T）的 ^{i}	T–25
——不带最高工作温度标志的：	
·用于抑制无线电和电视干扰的小型陶瓷电容器	50
·符合 GB/T14472（idt IEC60384–14）电容器	50
·其他电容器	20
电动器具的外壳（正常使用中握持的手柄除外）	60
在正常使用中连续握持的手柄、旋钮、抓手和类似部件的表面（如锡焊用电烙铁）：	
——金属制的	30
——陶瓷或玻璃材料制的	40
——模制材料、橡胶或是木制的	50

续　表

部　件	温升/K
在正常使用中仅短时握持的手柄、旋钮、抓手和类似部件的表面（如开关）： ——金属制的 ——陶瓷或玻璃材料制的 ——模制材料、橡胶或木制的	35 45 60
与具有某一闪点 t（℃）的油相接触的部件	t−50

注1：如果使用了本表未提及的材料，这些材料承受的温度不应超过由材料老化试验所确定的受热能力。

注2：本表中的值是以环境温度通常不超过25℃，但偶尔可达到35℃为条件给出的。然而，温升的规定值是以25℃为基础的。

注3：对金属材质的温升限值适用于金属镀层厚度不小于0.1mm的部件，以及塑料覆盖层厚度不大于0.3mm的金属部件。

注4：如果开关按附录 H 进行试验，要测量开关接线端子的温度。

　　a 考虑到通用电动机、继电器、螺线管和类似元件的绕组平均温度通常高于绕组上放置热电偶各点的温度这一情况，使用电阻法测量时，温升以不带括号的数值为准；使用热电偶时，温升以带括号的数值为准。但对振荡器线圈和交流电动机的绕组，不带括号的数值对两种方法均适用。

　　其结构能防止壳体内、外之间的空气循环，而又不必被充分地封闭起来的电动机，认为是气密式，其温升限定值可以增加5K。

　　b "T" 表示元件或其开关头能工作的最高环境温度。

　　该环境温度是指距离相关元件表面5mm处最热点的空气温度。如果一个温控器或一个限温器安装在热传导部件上，安装表面的标称温度限定值（T_s）也对其温升起限定作用。因此必须测量安装表面的温升值。

　　温升限值不适用于按器具内温度条件进行测试的开关或者控制器。

　　c 如果提供7.12.3规定的说明，则可以超过该限值。

　　d 测量温升的位置按 GB 7000.1 表 12.1 的规定。

　　e 括号内的数值适用于部件被固定在一个热表面的所在部位。

　　f 对热塑性材料没有规定限值，但为了进行30.1的试验，还必须确定其温升。

　　g 所规定的限定值与木材材质的劣变相关，但并没有考虑表面涂层的劣变。

　　h 对在19.11中被短路的电容器没有规定温升限值。

　　i 安装在印刷电路板上的电容器，其温度标记可以在技术资料中给出。

二、检测仪器

温升测试的主要测试仪器是温度记录仪，用于记录相关测试点的温度随着时间变化的状况。在测试时，一般通过观察温度–时间曲线的变化情况来获取产品的温升变化状况以及相关测试点的最高温度。温度可以使用热电偶或者热电阻等仪器设备直接测量。对于那些无法直接测量的部位，可以使用特制的测试样品或者使用间接测量的方式来进行测试。特殊产品需要辅助仪器实现产品正常状态下的温度测试，比如音频放大器产品要求在1/8非削波输出功率状态下进行测试，这就需要功率计、示波器、音频放大器等仪器辅助进行测试。常见温度传感器种类及特点见表4–1–2。

表4–1–2　常见温度传感器种类及其特点

测温方式	传感器类型	测温范围/℃	特点
膨胀式	玻璃水银温度计	−50～350	结构简单，使用方便，价格低廉。感温部件体积较大，测量精度、范围和精度有限
	双金属片温度计	−50～300	
非接触式	红外辐射温度计	−50～1500	非接触式测量，不破坏温度场，反应快，但是易受到环境和被测表面状态影响，标定较困难
热阻效应	铂热电阻	−200～900	测量精度高，标准化程度高，但是需要接入桥路才能得到电压输出，测温范围有限
	铜热电阻	−50～150	
	热敏电阻	−50～300	
热电效应	热电偶	−200～1800	测温范围广，测量精度高，品类多，标准化程度高，便于多点集中检测和自动控制，须进行冷端温度补偿

1. 电阻法测温仪器设备

绕组的温升通过电阻法来确定，除非绕组是不均匀的，或是难以于进行必要的连接，在此情况下，用热电偶法来确定温升。

注4：绕组温升由下式计算求得：

$$\Delta t = \frac{R_2 - R_1}{R_1} \times (k + t_1) - (t_2 - t_1)$$

式中：

Δt——绕组温升；

R_1——试验开始时的电阻；

R_2——试验结束时的电阻；

k——对铜绕组，等于 234.5；对铝绕组，等于 225；

t_1——试验开始时的室温；

t_2——试验结束时的室温。

试验开始时，绕组应处于室温。试验结束时的绕组电阻推荐用以下方法来确定：即在断开开关后和其后几个短的时间间隔，尽可能快地进行几次电阻测量，以便能绘制一条电阻对时间变化的曲线，用其确定开关断开瞬间的电阻值。

电阻法是利用线圈在发热时电阻的变化，来测量线圈的温度，具体方法是利用线圈的直流电阻，在温度升高后电阻值相应增大的关系来确定线圈的温度，其测得是线圈温度的平均值。在一定的温度范围内，电机线圈的电阻值将随着温度的上升而相应增加，而且其阻值与温度之间存在着一定的函数关系。

绕组的温升通过四端电阻法来确定，除非绕组是不均匀的，或是难以进行必要的连接，在此情况下，用热电偶法来确定温升。四端电阻法：即在产品工作前，先确定要测量的绕组数，用四条外接导线连接至被测绕组，首先测量试验开始时的室温 t_1，并测量绕组的冷态电阻 R_1，然后使产品处在规定的条件（依据产品标准的规定）下直到产品工作的稳定状态。产品工作到达稳定状态后切断产品电源，立即测量断电瞬间的热态电阻 R_2 和试验结束时的室温 t_2。必要时也可以通过测量切断电源后和其后几个短的时间间隔，尽可能快地进行几次电阻测量，以便能绘制一条电阻对时间变化的曲线，用其确定开关断开瞬间的电阻值。

线圈绕组温升测试仪（图 4-1-3）是绕组线圈电阻及温度的测定器，

可同时显示电阻和温度，提供高效率和高精确度测量激磁线圈的电阻值及绕组温升，还具备良好的可操作性，设计新颖，功能齐全。

图4-1-3　绕组温升测试仪

2. 热电偶法测量仪器设备

热电偶是温度测量常用的测温组件。热电偶测温的基本原理是两种不同材料的导体 A 和 B 组成闭合回路，当两个结点温度不相同时，回路中将产生电动势——热电动势。这一现象被称作塞贝克效应，又称第一热电效应。两种不同材料的导体所组成的回路为热电偶，两种不同材料的导体为热电极。热电偶的两个节点中，置于被测对象中的一端为测量端，又被称为工作端或热端，而置于参考温度的另一端为自由端或者冷端。自由端通常处于某个恒定的温度下与显示仪表或配套仪表连接，显示仪表会显示热电偶所产生的热电动势。根据热电动势与温度的函数关系，制成热电偶分度表。分度表是自由端温度在0℃时的条件下得到的，不同的热电偶具有不同的分度表。

常用热电偶可分为标准热电偶和非标准热电偶两大类。所调用标准热电偶是指国家标准规定了其热电动势与温度的关系、允许误差、并有统一的标准分度表的热电偶，它有与其配套的显示仪表可供选用。非标准化热电偶在使用范围或数量级上均不及标准化热电偶，一般也没有统一的分度表，主要用于某些特殊场合的测量。

标准化热电偶我国从 1988 年 1 月 1 日起，热电偶全部按国际通用标准生产，最新版的 GB/T 16839.1—2018《热电偶 第 1 部分：电动势规范和允差》中涉及 R、S、B、J、T、E、K、N、C、A 共 10 种热电偶相关参数信息。其中 R、S、B 属于贵金属热电偶，J、T、E、K 等属于廉金属热电偶。C、A 热电偶是新加入内容。详见表 4-1-3。

表4-1-3　常用热电偶的推荐使用最高温度

分度号	名称	偶丝直径（mm）	推荐正常使用最高温度（℃）
R	铂铑$_{13}$-铂	0.50	1500
S	铂铑$_{10}$-铂	0.50	1400
B	铂铑$_{30}$-铂铑$_6$	0.50	1400
J	铁-铜镍	0.65	400
		0.81	425
		1.00	450
		1.29	475
		1.60	500
		2.30	550
		3.20	600
T	铜-铜镍	0.32	200
		0.65	215
		0.81	225
		1.00	250
		1.29	300
		1.60	300
E	镍铬-铜镍	0.65	440
		0.81	470
		1.00	500
		1.29	540
		1.60	570
		2.30	620
		3.20	690

续　表

分度号	名称	偶丝直径（mm）	推荐正常使用最高温度（℃）
K	镍铬-镍铝	0.65	750
		0.81	800
		1.00	850
		1.29	900
		1.60	950
		2.30	1000
		3.20	1100
N	镍铬硅-镍硅	0.65	850
		0.81	900
		1.00	950
		1.29	1000
		1.60	1050
		2.30	1100
		3.20	1200

　　热电偶直接测量温度，并将温度信号通过热电偶换成热电动势信号，通过温度记录仪转换成被测介质的温度。热电偶温度记录仪在实验室日常温度检测中普遍使用，它是将热电偶和显示仪器连接一体，热电偶固定接触被测物体，再通过显示仪器体现测试数据。不同的温度记录仪可将测试数据直接数字显示、纸张打印或者存储后传输给电脑再制成图表、曲线、报表等形式进行数据分析，尽可能满足各种记录形式需求。温度记录仪具有移动便捷、操作简单、性能可靠、可重复使用和长时间连续工作的特点。热电偶及热电偶温度记录仪如图4-1-4、图4-1-5所示。

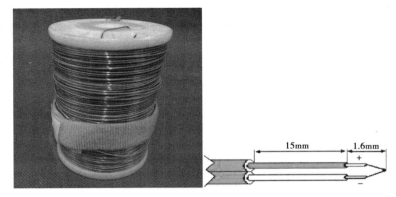

图 4-1-4　热电偶

纸质打印

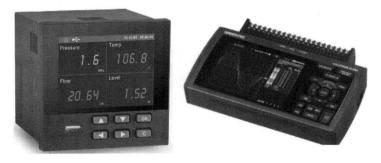

数字显示

图 4-1-5　热电偶温度记录仪

3. 功率计

设定量程后在显示界面直接读取电流、电压、功率等参数信息。可以选择 V（电压）、A（电流）、W（有功功率）、PF（功率因数）、Hz（频率）等参数的最大显示位数。峰值因数为 3 时，电压量程为 600V、300V、150V、60V、30V、15V，电流量程为 20A、10A、5A、2A、1A、0.5A（200mA、100mA、50mA、20mA、10mA、5mA）。功率计如图 4-1-6所示。

图 4-1-6　功率计

第二节　对非正常工作状态危险的防护要求

一、检测要求

电器产品除了需要考虑正常使用时产品的安全性外，还要考虑产品在非正常使用时的安全性，这样才能确保在产品的使用周期范围内不会对人民群众生命和财产安全造成危害。由于产品的实际使用环境千差万别、质量参差不齐，产品在实际使用中会出现各种各样的非正常工作现象，在此情况下同样需要确保产品的安全性。

非正常工作检测主要是通过试验的方式模拟电器产品在使用周期范围内可能会出现的异常情况。电器产品的非正常条件一般包括元器件失效、过载、短路、开路、电机阻转、通风孔的堵塞以及误操作等情况。通过试验考核产品可能出现的最严酷的发热现象，以及是否会出现起火、金属熔化产生有毒或可燃气体等危害安全的现象，以此判定产品在非正常工作状态下的防火和过热防护措施是否有效。

非正常工作时的温升检测与正常工作温升检测基本保持一致，主要的差异是不同异常状态的设置，以及测试结果判定的限值不同。由于产品可能出现的非正常工作状态种类繁多，特别是对于结构复杂的电器产品，因此，在开始进行非正常工作检测之前，首先对各种可能的非正常工作状态进行分析，找出其中最为严酷的若干种状态。在遵循单个功能故障原则的前提下依据不同类别产品标准要求进行非正常工作试验。

1. 信息技术设备对模拟故障和异常条件、异常工作和故障条件的要求

（1）模拟故障和异常条件

如果要求施加模拟故障或异常工作条件，则应依次施加，一次模拟一个故障。对由模拟故障或异常工作条件直接导致的故障被认为是模拟故障或异常工作条件的一部分。

当施加模拟故障或异常工作条件时，如果零部件、电源、可消耗材料、媒质、记录材料可能对试验结果产生影响，那么它们应各在其位。

当设置某单一故障时，这个单一故障包括任何绝缘（双重绝缘或加强绝缘除外）或任何元器件（具有双重绝缘或加强绝缘的元器件除外）的失效。只有当5.3.4c）有要求时，才模拟功能绝缘的失效。

应通过检查设备、电路图和元器件规范来确定出可能合理预计到会发生的那些故障条件，示例如下：

——半导体器件和电容器的短路或开路；

——使设计为间断耗能的电阻器形成连续耗能的故障；

——使集成电路形成功耗过大的内部故障；

——一次电路的载流零部件和如下电路或零部件之间的基本绝缘的短路失效：

可触及的导电零部件；

接地的导电屏蔽层（见第 C.2 章）；

SELV 电路的零部件；

限流电路的零部件。

（2）异常工作和故障条件

1）过载和异常工作的防护

设备的设计应能尽可能地限制因机械、电气过载或失效，或异常工作，或使用不当而造成着火或电击危险。

设备在出现异常工作或单一故障（见 1.4.14）后，对操作人员安全的影响仍保持在本部分的含义范围内，但不要求设备仍处于完好的工作状态。可以使用熔断器、热断路器、过流保护装置和类似装置来提供充分的保护。

通过检查和 5.3 规定的试验来检验其是否合格。在开始进行每项试验前，要确认设备工作正常。

如果某种组件或部件是密封好的，以臻无法按 5.3 的规定来进行短路或开路的，或者不损坏设备就难以进行短路或开路，则可以用装上专用连接引线的样品零部件进行试验。如果这种做法不可能或者无法实现，则应将该组件或部件作为一个整体来承受试验。

使设备在可以预计到的正常使用和可预见的误用时的任何状况下进行试验。

另外，对装有保护罩的设备，应当在该保护罩在位时，在设备正常空转的条件下进行试验，直到建立稳定状态为止。

2）电动机

电动机在过载、转子堵转和其他异常条件下，不应出现由于温度过高引起的危险。

注：能达到这一要求的方法包括下列几种：

——使用在转子堵转条件下不会过热的电动机（由内在阻抗或外部阻抗来进行保护）；

——在二次电路中，使用其温度可能会超过允许的温度限值，但不会产生危险的电动机；

——使用对电动机电流敏感的装置；

——使用与电动机构成一体的热断路器；

——使用敏感电路，例如，如果电动机出现故障而不能执行其预定的功能，则该敏感电路能在很短的时间内切断电动机的供电电源，从而防止电动机发生过热。

通过附录 B 规定的有关试验来检验其是否合格。

3）变压器

变压器应有防止过载的保护措施，例如采用：

——过流保护装置；

——内部热断路器；

——使用限流变压器。

通过附录 C.1 规定的有关试验来检验其是否合格。

4）功能绝缘

就功能绝缘而言，电气间隙和爬电距离应符合下列可供选择的 a）b）或 c）的要求之一。

对于二次电路和为了功能目的而接地的不可触及的导电零部件之间的绝缘，电气间隙和爬电距离也应符合 a）、b）或 c）。

a）符合 2.10（或附录 G）对功能绝缘的电气间隙和爬电距离的要求；

b）承受 5.2.2 规定的功能绝缘的抗电强度试验；

c）爬电距离和电气间隙由于短路而引起如下情况时可被短路：

·任何材料过热而引起着火的危险，除非这种可能过热的材料是 V-1 级材料；或

·基本绝缘，附加绝缘或加强绝缘的热损坏，由此而产生电击危险。

5.3.4c）的合格判据见 5.3.9。

5）机电组件

当除电动机以外的机电元件可能会产生某种危险时，则应施加如下的

条件，以此来检验这些机电组件是否符合 5.3.1 的要求：

——当对该机电元件正常通电时，应将其机械动作锁定在最不利的位置上；和

——如果某个机电元件通常是间断通电的，则应在驱动电路上模拟故障，使该机电元件连续通电。

每一试验的持续时间应按下列规定：

——对出现故障停止工作时不易被操作人员觉察的设备或机电组件：如有必要，持续到建立起稳定状态，或者持续到由所模拟的故障条件引起其他后果造成电路断开为止，取其中较短的时间；

——对其他设备或机电组件：持续 5min，或者持续到因该机电元件失效（例如烧毁）而造成电路断开，或由所模拟的故障条件引起其他原因造成电路断开为止，取其中较短的时间。

合格判据见 5.3.9。

6）信息技术设备中的音频放大器

带有音频放大器的设备应当按照 GB 8898—2011 的 4.3.4 和 4.3.5 进行试验，在试验进行前，设备应当正常工作。

7）模拟故障

对除 5.3.2、5.3.3 和 5.3.5 规定以外的元件和电路，通过模拟单一的故障条件（见 1.4.14）来检验其是否合格。

可模拟下列故障条件：

a）一次电路中任何元器件的短路或者断开；

b）其失效可能对附加绝缘或加强绝缘会有不利影响的任何元器件的短路或者断开。

c）对不符合 4.7.3 要求的元件和部件，所有相关的元件和部件的短路、断开或者过载；

注：过载条件是指正常负载和最大电流条件直至短路之间的任何条件。

d）在设备输出功率或信号的连接端子和连接器（电网电源插座除外）

上，接上最不利的负载阻抗后所引起的故障。

e) 1.4.14 规定的其他单一故障。

如果设备有多个插座连有同一个内部电路，则只需对一个样品插座进行试验。

与电源输入有关的一次电路的元器件，例如，电源线、器具耦合器、EMC 滤波元件，开关和它们的互连导线不模拟故障，但这些元器件应符合 5.3.4a) 或 5.3.4b)。

注：这样的元器件仍应承受本标准适用的其他要求，包括 1.5.1、2.10.5、4.7.3 和 5.2.2。

除了 5.3.9 规定的合格判据外，给被试元器件供电的变压器的温度不应超过第 C.1 章的规定，而且还应考虑第 C.1 章有关变压器需要更换的例外情况的详细说明。

8）无人值守的设备

对供无人值守使用的装有恒温器、限温器或热断路器的设备，或接有不用熔断器或类似装置保护的、与接点并联的电容器的设备，应承受下列试验：

应同时评定恒温器、限温器和断路器是否符合第 K.6 章的要求。

设备应当在 4.5.2 规定的条件下进行工作，同时用来限制温度的任何控制装置应使其短路。如果设备装有一个以上的恒温器、限温器或热断路器，则依次只使其一个装置短路进行试验。

如果电流未被切断，则一经建立稳定状态，应立即关掉设备电源，然后使设备冷却到接近室温。

对预定不连续工作的设备，不管其标定的任何额定工作时间或额定间歇时间，试验应当一直重复进行到设备达到稳定状态为止。就本试验而言，不应使恒温器、限温器和热断路器短路。

如果在进行任何试验时，手动复位的热断路器动作，或者如果在达到稳定状态之前由于其他原因而使电流中断，则应认为发热周期已经结束，但如果电流中断是由于有意设计的薄弱部位损坏引起的，则试验应当重新在第二个样品上进行。两个样品均应符合 5.3.9 规定的条件。

9）异常工作和故障条件的合格判据

① 试验期间

在进行第 5.3.4c)、5.3.5、5.3.7、5.3.8 和 C.1 章规定的试验期间：

——如果出现着火，则火焰不应蔓延到设备的外面；和

——设备不应冒出熔融的金属；和

——外壳不应出现会造成不符合 2.1.1、2.6.1、2.10.3（或附录 G）和 4.4.1 要求的变形。

此外，在进行 5.3.7c)的试验期间，除另有规定外，热塑性塑料材料以外的绝缘材料的温度，不得超过表 4-2-1 中规定的限值。

表4-2-1　过载条件下的温度限值

热分级							
105（A）	120（E）	130（B）	155（F）	180（H）	200	220	250
150	165	175	200	225	245	265	295

括号内给出了 GB/T 11021 原来指定的对应热分级 105～180 的代号 A～H。

如果绝缘损坏不会导致触及危险电压或危险能量水平，则最高温度达到 300℃ 是允许的。对于由玻璃或陶瓷材料制造的绝缘允许更高的温度。

② 试验后

在进行 5.3.4c)、5.3.5、5.3.7、5.3.8 和 C.1 章规定的试验后，如果出现下列情况：

——电气间隙或爬电距离已经减小到小于 2.10（或附录 G）的规定值；或

——绝缘出现可见的损伤；或

——绝缘无法进行检查。

则应当按照 5.2.2 对下述部分进行抗电强度试验：

——加强绝缘；和

——基本绝缘或构成双重绝缘一部分的附加绝缘；和

——一次电路和电源保护接地端子之间的基本绝缘。

（3）在电子产品检测中常见的是对风扇（含直流电机）进行故障试验，GB 4943.1—2011 对二次电路直流电动机堵转过载试验要求如下：

1）基本要求

电动机应当能通过 B.7.2 的试验要求，但如果因尺寸太小或属于非常规设计的电动机，要获得准确的温度测量值确有困难，则可以采用 B7.3 规定的方法来代替温度测量。可以用其中的任何一种方法来检验其是否合格。

2）试验程序

电动机应在其工作电压下以堵转方式工作 7h，或者一直工作到达到稳定状态为止，取其时间较长者。温度不应超过表 B.1 的规定值。

3）替换试验程序

电动机应放置在铺有一层包装薄棉纸的木质台板上，然后在电动机上覆盖一层质量约 $40g/m^2$ 的漂白棉纱布。

然后，电动机应在其工作电压下以堵转方式工作 7h，或者一直工作到达到稳定状态为止（取其中时间较长者）。

试验结束时，包装薄棉纸或纱布不得被引燃。

4）抗电强度试验

按照适用的情况完成 B.7.2 或 B.7.3 规定的试验后，如果电动机工作电压超过 42.4V 交流峰值或 60V 直流值，在电动机已冷却到室温后，该电动机应承受 5.2.2 规定的抗电强度试验，但试验电压应减小到规定值的 60%。

（4）在电子产品中变压器是非常关键的元器件，GB 4943.1—2011 对变压器试验要求如下：

1）过载试验

如果本章规定的试验应在工作台上按模拟条件进行，这些条件应当包括在完整设备中用来保护变压器的任何保护装置。

开关型电源单元的变压器应在完整的电源单元上或完整的设备上进行

试验。试验负载应施加到电源单元的输出上。

对线性变压器或铁磁谐振变压器，应当依次在每一次级绕组上加载，在其他次级绕组加上从零到其规定的最大值之间的负载到能造成最大发热效应。

开关型电源单元的输出加载到在变压器中能造成最大的发热效应。

注：加载到能给出最大发热效应的示例见附录 X。

如果过载不会发生，或者不可能引起危险，则不必进行本试验。

当按 1.4.12 和 1.4.13 以及下列规定进行测量时，绕组的最高温度不应超过表 C1 规定的数值。

——装有外部过流保护装置：动作时立即测量。为了确定一直到过流保护装置动作为止的过负载试验期间，可以参考指示触发动作时间与电流关系的特性曲线的过流保护装置数据表；

——装有自动复位的热断路器：按表 C1 的规定，并在 400h 后测量；

——装有手动复位的热断路器：动作时立即测量；

——限流变压器：在温度稳定后测量。

当次级绕组温度超过温度限值，但是已发生开路，或者由于出现其他原因需要更换变压器，则只要未产生本标准含义范围内的危险期，就不应判本试验不合格。

合格判据见 5.3.9。

2）绝缘

变压器的绝缘应符合下列要求。

变压器的绕组和导电零部件应作为被连接的电路（如果有）的零部件。它们之间的绝缘应按照设备中绝缘的应用（见 2.9.3）符合 2.10（或附录 G）的有关要求并通过 5.2 的有关试验。

应采取预防措施，以防止由于下述原因而使提供基本绝缘、附加绝缘或加强绝缘的电气间隙和爬电距离减小到小于规定的最小值：

——绕组或其线匝位移；

——内部走线或同外部连接点相连的导线位移；

——靠近连接点的电线一旦断裂或连接点松动时，绕组零部件或内部导线过分位移；

——导线、螺钉、垫圈等一旦松动或脱落而桥接绝缘。

这里不认为两个独立的固定点会同时松脱。

对所有绕组应采用可靠的方法将其端部线匝固定。

通过检查和测量以及在必要时通过如下的试验来检验其是否合格。

如果变压器装有保护接地屏，它仅以基本绝缘与连接到危险电压电路的初级绕组进行隔离，该保护接地屏应当满足下列之一的要求：

——满足2.6.3.3的要求；

——满足2.6.3.4中接地屏与设备的电源保护接地端子之间的要求；

——能够通过对保护接地屏与相连的初级绕组之间基本绝缘的模拟击穿试验。变压器应当受到最终使用时保护装置提供的保护。保护接地通路和屏不得损坏。

如果进行试验，需专门制备一个从保护接地铁芯屏自由端额外引出一根导线的样品变压器，用来保证试验中的电流通过保护接地屏。

可接受的结构形式（见1.3.8）的示例列举如下：

——使用骨架或不使用骨架，绕组分别装在铁心的不同的心柱上，绕组之间相互隔离；

——绕组绕制在一个带隔板的骨架上，骨架和隔板压制或模制成为一体，或者是推卡式隔板带有中间护舌或护盖，盖住骨架与隔板之间的接缝；

——各绕组同心绕制在无挡板的绝缘材料骨架上，或绕制在能套于变压器铁芯上的薄层形式的绝缘上；

——在各绕组之间提供绝缘，该绝缘由薄层绝缘材料组成，延伸到超出每一层的端部线匝；

——同心式绕组，用接地的导电金属屏蔽层将各绕组隔离，导电屏蔽层可以由金属箔构成，其宽度覆盖到整个变压器绕组的宽度，各绕组与导电屏蔽层之间有适当的绝缘。导电屏蔽层及其引出线应具有足够的截面积，以保证在绝缘击穿时，过载保护装置能在屏蔽层受到损坏之前先行切断电路。过载保护装置可以是变压器的一个部件。

2. 家电产品对非正常试验的要求

（1）非正常试验条件

1）工作位置异常

① 器具的工作位置一般在产品标准中有详细规定。电热器具和电动器具往往位置要求不相同，手持式器具、便携式器具和固定式器具也不相同。

② 器具非正常试验往往都要考虑器具在限制散热的条件下用安全的防护措施，例如：通风孔的堵塞、测试角的影响空气的对流等等。

2）电气输入异常

① 电网波动给器具所带来影响：我国的电网波动范围允许上限为+10%，发热元件电阻值波动范围的下限为-2.5%，所以一般的产品标准要求电热器具发热元件非正常的功率规定为1.24倍。

② 对于带有正常发热过程中起限温作用控制器的器具，要将此限温控制器短路或失效。

③ 带有管状外鞘或埋入式电热元件的0I类和I类器具，电热元件的一端与其外壳相连接。再将电源极性改变，电热元件另一端与其外壳相连接，重复试验。

打算永久连接到固定布线的器具和在上项试验（限温控制器短路）期间出现全极断开的器具不进行次试验。

④ PTC电热元件的过电压试验。以器具额定电压供电，直到有关输入功率和温度的稳定状态建立。然后，将PTC电热元件的工作电压增加5%，并让器具工作到稳定状态再次建立。电压以类似的方法增加，直到1.5倍的工作电压，或直到PTC电热元件破裂，两者取先发生的情况。

⑤ 三相电动器具的缺相试验。断开其中的一相，然后对器具施加额定电压。

⑥ 电动器具的堵转试验。锁住转子或运动部件，让器具在额定电压下工作，工作时间参照产品标准的要求。通常的要求是：

—— 如果转子堵转转矩小于满载转矩则锁住转子；

—— 其他器具，则锁住运动部件。

供电持续时间分别为：

—— 手持式器具、用手或脚保持开关接通的器具或由手连续施加负载的器具工作30s；

—— 有人看管下工作的器具工作时间为5min；

—— 其他器具工作到稳定状态建立所需的时间。

带有电动机、并在辅助绕组电路中有电容器的器具，让其转子堵转，并在每一次断开其中一个电容器的条件下来工作。除非这些电容器符合GB/T 3667中的P2级，否则器具在每一次短路其中一个电容器的条件下重复该试验。

试验期间，绕组的温度不应超过产品标准的对电动机堵转时绕组温度要求。

⑦ 串激电动机的过电压试验。如果器具装有一个串激电动机的器具，产品标准通常会要求以1.3倍的额定电压供电，以可能达到的最低负载来工作，并持续1min。试验期间，部件不应从器具上弹出。

⑧ 如果有可能将用户可更换电池以反极性方式插入，则用一个或多个电池，以预定或相反极性两种方式插入对设备进行试验。

⑨ 对由交流电源供电的装有由用户调整的电压设定装置的便携式设备，连接到250V交流电源电压，电源电压设定装置置于最不利的位置上。

⑩ 对设计成要用产品制造厂商规定的、装有输出电压设定装置的专用电源设备供电的产品，应将该电压设定装置调整到任意输出电压来进行试验。

3）电子线路异常

电子线路的异常试验主要是检查电子电路的设计和应用，在任何可能的故障情况下是否对器具在有关电击、火灾危险、机械危险或危险性功能失效方面产生不安全。带有电子电路的器具的评估要求详见标准 19.11 章，试验程序见附录 Q。

4) 其他异常条件

其他异常条件一般在产品标准里都有规定，这里选几个具有代表性的例子加以说明。

① 设备内接插件的误插误用的模拟：

对设备内部各接插件进行误插误配的检查，要求对不带电的连接件与带电件的不可能互相连接采用足够的措施。

② 机械部件的故障：

联动机构由于磨损而无法正常触发电路。

传动机构被卡住，无法到位，或者动作迟缓，无法及时到位。

运动部件之间摩擦过大，导致驱动负载过大.甚至导致电机堵转。

由于磨损等原因导致转轴出现不平衡，转动中的震动现象加剧，等等。

产品外部非人为因素主要体现在使用环境和使用条件的变化超出了产品的设计范围。

工作环境温度过高，超出设计使用范围。

使用工作环境温度过低，产品无法正常启动。

出现结冰现象，导致负载过大。

工作中由于水的沸腾而出现溢出现象。

电源输出端由于负载故障，出现短路或过载现象。

一些动物造成短路、开路现象（例如老鼠尾巴导致架空走线灯出现短路）。

负载出现异常变化，导致负载过大，甚于出现电机堵转，或者出现空载现象。

③ 产品外部人为因素主要体现在使用者在使用中出现疏忽现象，如误操作、错误设定、错误加载负载等。

产品与周围人或物距离太近，或者在产品上覆盖物品，导致产品散热受到影响。

负载加载不当，导致产品过载或空载（例如电热水器干烧）。

拆卸、清洁或维护后未正确安装到位就使用产品。

产品放置不当，导致产品在使用中倾倒。

加水过程中由于疏忽而导致产品溅水等。

（2）合格评定

在出现 19.11.2 中规定的任何故障时，如果器具的安全依赖于一个符合 GB/T 9364.1 的微型熔断器的动作，则要用一个电流表替换微型熔断器，重复进行该项试验。如果测得的电流：

——不超过熔断器额定电流的 2.1 倍，则不认为此电路是被充分保护的，然后要在熔断器短接的情况下进行该项试验。

——至少为熔断器额定电流的 2.75 倍，则认为此电路是被充分保护的。

——在此熔断器额定电流的 2.1 倍和 2.75 倍之间，则要将此熔断器短接并进行试验，试验持续时间：

·对速动熔断器：为一相应时间或 30min，两者中取时间较短者。

·对延时型熔断器：为一相应时间或 2min，两者中取时间较短者。

注 1：在有疑问的情况下，确定电流时，要考虑到此熔断器的最大电阻值。

注 2：验证熔断器是否能作为一个保护装置来工作，要以 GB/T 9364.1 中规定的熔断特性为基础。同时它也给出了计算此熔断器最大电阻值所需的信息。

注 3：按照 19.1，其他的熔断器被认为是预置的薄弱零件。

在试验期间，器具不应喷射出火焰、熔融金属、达到危险量的有毒性或可点燃的气体，且其温升不应超过产品标准的限定值。

试验后，当器具被冷却到大约为室温时，外壳变形不能达到不符合引起防触电危险的程度，而且如果器具还能工作，它应满足对运动部件的防护要求。

在这些试验之后。非 III 类器具的绝缘，在冷却到约为室温时，应经受相关电气强度试验。

对在正常使用中浸入或从充灌可导电性液体的器具，在进行电气强度试验之前，器具浸入水中，或用水灌满，并保持 24h。

如果器具仍然是可运行的，器具不应经历过危险性功能失效，并且保护电子电路应不得失效。

被测器具处于电子开关"断开"位置或处于待机状态时，不应变得可运行。

总的来说，非正常试验过程和结果均应符合产品标准的要求，不应导致：

—— 起火；

—— 释放过量有毒有害气体；

—— 器具本身和周围环境的过高温升；

—— 触及带电部件和危险运动部件；

—— 绝缘介电强度降低到不可接受的程度；

—— 保护性电子电路的失效；

—— 器具出现危险安全的意外运行。

表 4-2-2　绕组过载和电动机堵转的最高绕组温度

产品类型	最高温度（℃）							
	A 级	E 级	B 级	F 级	H 级	200 级	220 级	250 级
无法建立稳定运行状态的器具	200	215	225	240	260	280	300	330
能建立稳定运行状态的器具： ——如果是阻抗保护器具	150	165	175	190	210	230	250	280
——如果是用保护装置来进行保护的器具：	200	215	225	240	260	280	300	330
·在第 1h 内，最大值	175	190	200	215	235	255	275	305
·在第 1h 后，最大值	150	165	175	190	210	230	250	280
·在第 1h 后，算术平均值								

表4-2-3　非正常温升的最大值

部　　位	温升/K
木质支撑物，测试角的边壁，顶板和底板和木箱 a	150
电源软线的绝缘 a	150
非热塑材料的附加绝缘和加强绝缘 b	表 3 中规定的有关值的 1.5 倍

a 对电动器具，不用确定这些温升。

b 对热塑材料的附加绝缘和加强绝缘，没有规定温升限值。但要确定其温升值，以便进行 30.1 的试验。

3. 灯具产品对非正常试验的要求

表4-2-4 中所列各部件的温度应按下述条件测量。

表4-2-4　灯具产品非正常试验条件下的最高温度

部　　件	最高温度℃
单端荧光灯灯头	按有关 IEC 光源标准[c]的规定
带 t_w 标记的镇流器或变压器绕组[a]	见表 12.4 和表 12.5
变压器、马达等绕组，如果按 GB/T 11021 绕组绝缘系统是：	
2. A 级材料[b]	150
3. E 级材料[b]	165
B 级材料[b]	175
F 级材料[b]	190
H 级材料[b]	210
电容器外壳：	
——未标 t_c	60
——标有 t_c	t_c+10
触发器外壳	按触发器上标记的（t_c + X）
安装表面：	

部　　件	最高温度℃
－受光源照射表面（可设置和可调节灯具按 12.5.1a）1）	175
－受光源加热表面（可移式灯具按 GB 7000.204 中 4.12 的规定）	175
－普通可燃材料表面	130
－非可燃材料表面	不作测量
导轨（导轨安装的灯具）	按导轨制造商的声明
电源插座安装的灯具和插头式镇流器/变压器打算徒手握住的外壳部件	75

a 除非镇流器上另有标记以外，采用表 12.4 或表 12.5 中 S4.5 这一列所规定的最高温度。

b 材料按 GB/T 11021 和 IEC 60216 系列分级。

c 关于测量点和温度限值的有关信息见 IEC 61199 的附录 C。

（1）若工作中，灯具可能处于下列 1）2）3）或 4）的异常条件，并且若这种异常条件会使任一部件的温度高于正常工作时的温度（这种情况可能需要进行初步试验），则应进行试验。

若可能出现一种以上异常条件，则要选择对试验结果产生最不利的条件。

该试验不适用于不可调节的固定式钨丝灯灯具，下列第 3）条的情况除外。

1）并非因使用不当引起的可能的不安全工作位置，例如，在灯具最不利点上的不小于 30 N 力的短时间作用下，可调节灯具偶然朝着安装表面的方向弯曲。

2）并非因不合格产品或使用不当引起的可能的不安全线路条件，例如，在光源或启动器寿命终了时出现的线路条件（见 GB 7000.1—2015 附录 C）。

3）在打算使用专用光源的钨丝灯灯具中使用了普通照明源（GLS）

灯泡,引起的可能的不安全的工作条件,例如,临时用相同功率的普通照明源(GLS)灯泡代替专用光源。

4)装在灯具内给光源供电的变压器二次电路(包括变压器本身)短路可能引起的不安全线路条件。

试验2)只适用于管形荧光灯灯具和其他放电灯灯具。

进行试验4)应使灯座短路。试验4)期间,由于光源发热引起的安装表面温度的升高应用试验1)检验,由于变压器发热引起的温度升高应使灯座触点短路进行测量。

装有电动马达的灯具在工作时堵住转子阻止其转动。

如果在有一个或多个马达的情况下,应按其最严酷的条件(见 GB 7000.1—2015 附录 C)进行试验。

灯具应在 GB 7000.1—2015 中 12.4.1 中的 a)、c)、e)、f)、h)和 l)项规定的条件下进行试验,另外,还要遵循下列各条。

(2)试验电压应为:

钨丝灯灯具:按 12.4.1 中 d)项的规定。

管形荧光灯和其他放电灯灯具:额定电压或额定电压范围内最大值的 1.1 倍。

对于灯具内的马达:额定电压(或灯具额定电压范围内最大值)的 1.1 倍。

装有变压器或转换器的灯具按照试验4)进行短路试验时:在额定电源电压的 0.9 倍和 1.1 倍之间,取最不利的一个。

注:若一个灯具同时包含一个钨丝灯及一个管形荧光灯或其他放电灯,或一个马达,可能临时需用两个独立的电源供电。

(3)若因灯具的某一部分(包括光源)发生故障而停止工作,则应更换该部分,然后继续进行试验。已经进行过的测量不必再重复,但在继续测量之前,灯具应达到稳定。然而,若出现危险情况,或者因某一部件的典型损坏而不能工作时,则认为该灯具本试验不合格。

若在试验过程中,灯具的保护装置(如一次性或循环型的热断路器或者电流断路器）动作，所达到的最高温度被作为最终温度。

（4）若灯具内装有电容器（直接与电源并联的电容器除外），尽管 GB 7000.1—2015 附录 C 中有要求，但在试验条件下，如果自愈型电容器两端的电压超过其额定电压的 1.25 倍，或非自愈型电容器超过其额定电压的 1.3 倍时，应该短路该电容器。

（5）对于某些金属卤化物灯和某些高压钠灯灯具，按照光源的技术参数可能导致镇流器、变压器或启动装置过热的，按 GB 7000.1—2015 附录 C 中 b）2）加以试验。

4. 在进行非正常工作测试时的其他问题点

（1）GB 8898—2011 中对含有音频放大器的设备，使用规定的粉红噪声信号，使产品对额定负载阻抗输出从零到最大可得到的输出功率之间的最不利输出功率，或者如果适用，在设备输出端子上连接最不利的负载阻抗，包括短路和开路。

（2）如果对同一个器具适用一个以上的试验，则这些试验要在器具冷却到室温后进行。对联合型器具，这些试验要以电动机和电热元件都在正常状态下同时工作的方式来进行，对各电动机和电热元件，一次只进行一个适合的试验。

（3）当进行某一故障试验时，可能引起某个元件的开路或短路的间接故障。在有怀疑时，应更换元器件再将该故障条件试验重复进行两次以上，以检查是有总能得到同样的结果。如果不是这种情况，则无论短路还是开路，应以最不利的间接故障与所规定的故障条件一起施加。

（4）在测量熔断体的电流时，应考虑电流会作为时间函数变化这一事实，因此当短路开关合上后应尽可能快地测量电流并考虑电路完全工作所需的延时时间。

（5）观察故障现象时尽量多记录数据如输入电流、输入电压、输入功率、输出电压、输出电流等参数，以便对结果进行系统的分析。

（6）切实做好试验人员的自身安全防护措施。例如当电池极性反向插入试验时，电池会有爆炸的危险，所以在进行该项试验时，可将样品或其部分电源放置在防爆装置中进行。还有，要注意故障试验时大电流对电解电容的破坏作用，防止电解电容的爆炸对个人或周围人员的伤害，为此，试验人员在类似试验前最好佩戴防护眼镜、防毒面具等。

（7）切实做好试验环境的保护措施。故障试验场地附近应备有易于取得的灭火装置。在故障试验过程中，如发现起火蔓延，且火势可能危及周围环境的，应立即停止试验，并关掉电源灭火。

（8）注意不同标准中对于非正常工作时的温升限值略有差异，注意区分和判定。

二、检测仪器

非正常工作状态下温升测试的仪器选择和使用同本章第一节正常工作发热测试的要求。不过在非正常工作状态的测试需要一些辅助仪器才能模拟故障状态的发生，比如覆盖通风口的覆盖物、直流风扇的堵转、设备的过载等。利用电子负载调整产品输出的负载参数来进行产品的过载试验，在设备输入端串入功率计监控产品在进行故障试验期间的输入电流、电压、功率等参数。

直流电子负载：能够准确调整负载电压和负载电流等参数，是电源检测不可缺少的仪器。该设备共有两个负载通道，如图 4-2-1 所示。

图 4-2-1　电子负载

第三节 检测案例分析

案例1 图4-3-1是一个多USB输出端口的电源适配器，这类设备的输出功率较大，内部空间较小且不易散热。选取下面10个温升点用胶水固定热电偶进行测试：1. 塑料外壳（变压器上方）；2. X电容壳体；3. 电感绕组；4. 电感骨架；5. 电解电容壳体；6. 变压器骨架；7. 变压器绕组；8. Y电容壳体；9. 光电耦合器；10. 印制板（靠近变压器）。

按照铭牌规定的额定输出施加负载，然后开始测试，经过一段时间测试后温升数值趋于稳定。最后测得正常工作状态下该产品的变压器绕组（CLASS B）测试温度为120℃，电解电容测试温度为115℃，按照GB 4943.1—2011标准的要求计算后的变压器绕组限值为110℃，电解电容限值为105℃，均不满足标准要求。

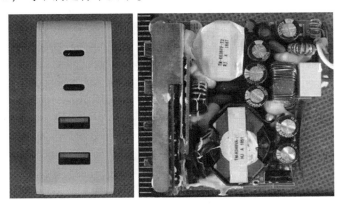

图4-3-1 多USB输出端口的电源适配器

案例2 图4-3-2是一个小型电源适配器，这类设备的内部空间非常小且不易散热，按照铭牌规定的额定输出5VDC，2A过载至最大值2.2A，选取下面5个温升点用胶水固定热电偶进行测试：1. 塑料外壳（变压器上方）；2. 电解电容壳体；3. 变压器骨架；4. 变压器绕组；5. 印制板（靠近变压器）。经过2h测试后温升数值趋于稳定，试验期间设备无保护。最后测得过载状态下该产品的变压器绕组（CLASS B）测试温度为205℃，不满足标准要求。

图4-3-2　小型电源适配器

第五章

机械危险的安全防护要求

第一节　对稳定性的防护要求

一、检测要求

打算在一个表面上使用的非固定式器具应具有足够的稳定性，这样用户在使用时才不会发生意外的翻倒，对使用者或环境造成伤害。

（1）在标准 GB 4706.1—2005《家用和类似用途电器的安全 第 1 部分：通用要求》中，对产品的稳定性要求如下：

除固定式器具和手持式器具以外，打算用在例如地面或桌面等一个表面上的器具，应有足够的稳定性。

通过下述试验检查其合格性，带有器具输入插口的器具，要装上一个适合的连接器和柔性软线。

器具以使用中的任一正常使用位置放在一个与水平面成 10° 的倾斜平面上。电源软线以最不利的方位摆放在倾斜平面上。但是，当器具以 10° 倾斜时，如果器具的某部分与水平支撑面接触，则将器具放在一个水平支撑物上，并以最不利的方向将其倾斜 10°。

注：对装有滚轮、自定位脚轮或支脚的器具，可能需要在水平面上进行试验。自定位脚轮或滚轮应锁定以防止器具的滚动。

带有门的器具，以门打开或关闭的状态进行该试验，两者取较为不利的情况。

打算在正常使用中由用户充灌液体和器具，要在空的状态，或充灌最不利的水量，直到使用说明规定容量的状态，进行试验。

器具不应翻倒。

带电热元件的器具，要在倾斜角增大到 15° 的状态下，重复该试验。如果器具在一个或多个方位上翻倒，则它要在每一个翻倒的状态经受第 11

章的试验。

在该试验期间，温升不应超过表 5-1-1 所示的值。

表 5-1-1　器具各部位最大温升

部　位	温升/K
木质支撑物，测试角的边壁，顶板和底板和木箱[a]	150
电源软线的绝缘[a]	150
非热塑材料的附加绝缘和加强绝缘[b]	GB 4706.1 中表 3 规定的有关值的 1.5 倍

a 对电动器具，不用确定这些温升。

b 对热塑材料的附加绝缘和加强绝缘，没有规定温升限值。但要确定其温升值，以便进行 GB 4706.1—2005 中的 30.1 的试验。

（2）在标准 GB 8898—2011《音频、视频及类似电子设备 安全要求》中，对产品的稳定性要求如下：

质量等于或大于 7kg 的设备应当有足够的稳定性。此外，当安装由制造厂商提供的或建议的腿、推车或支架时，也应当确保设备的稳定性。

通过 19.1，19.2 和 19.3 的试验来检验是否合格。

预定要固定在位的设备不需要承受这些试验，而且 19.3 的试验仅适用于：

——质量等于或大于 25 kg 的设备，或

——除扬声器系统外，高度等于或大于 1m 的设备，或

——除扬声器系统外，组合有提供的或建议的推车或支架、总高度等于或大于 1m 的设备。

试验期间，设备不得倾倒。

19.1 将设备或将组合有提供的或建议的推车或支架的设备按其预定使用的状态置于和水平面成 10° 的倾斜平面上，然后绕设备正常的垂直轴线缓慢转动 360°。

所有的门、抽屉、脚轮、可调支脚和其他附件的位置要以导致最不稳定的任何组合设置好。如有必要，要用可能的最小尺寸的挡块，将设备或

将组合有提供的或建议的推车或支架的设备挡住，防止设备滑动或滚动。

但是，如果在将设备或将组合有提供的或建议的推车或支架的设备竖立在水平面上，并使设备倾斜10°时，通常不与支撑面相接触的设备的某一部分会接触到该水平面，则要将设备置于一个水平架上，并且使该组合件在最不利的方向上倾斜10°。

注：例如，对装有小支脚、脚轮和类似配件的设备，可能需要在水平支架上进行试验。

19.2 将设备或将组合有所提供的或建议的推车或支架的设备置于和水平面夹角不大于1°的防滑平面上，同时使其盖、铰链板、抽屉、门、脚轮、轮子、可调支脚和其他配件处于不利的位置。

在任意一个伸出的或凹进的水平表面上的任何一点，以能产生最大倾倒力矩的方式施加100N垂直向下的力，只要从该点到防滑表面的距离不超过75cm即可。

19.3 将设备或将组合有所提供的或建议的推车或支架的设备放置在水平防滑平面上。所有的门、抽屉、脚轮、可调支脚和其他可移动部件的位置要以导致不稳定的任何组合设置好。

如有必要，要用可能的最小尺寸的挡块，将设备或将组合有提供的或建议的推车或支架的设备垫好，防止设备滑动或滚动。

在设备上能导致最不稳定的点以水平方向施加一个水平外力，力的大小为设备重量的13%或100N，取其中较小值。高于地板1.5m以上的点不施加该水平外力。

如果设备或组合有提供的或建议的推车或支架的设备变得不稳定，则设备不得在相对于垂直方向倾斜小于15°时倾倒。

（3）在标准GB 4943.1—2011《信息技术设备 安全 第1部分：通用要求》中，对产品的稳定性要求如下：

在正常使用的条件下，各设备单元和设备结构上引起的不稳定性不得达到会给操作人员和维修人员带来危险的程度。

如果各设备单元设计成要在现场固定在一起的，而且不单独使用，单个设备单元的稳定性可从 4.1 的要求中免除。

当某个设备单元的安装说明书中规定，整个设备在工作前要固定在建筑物构件上，则 4.1 的要求不适用。

在操作人员使用的条件下，如果需要一个稳定装置，该稳定装置应当随着抽屉、门等的打开自动起稳定作用。

在维修人员执行操作期间，如果需要一个稳定装置，该稳定装置应当自动起稳定作用或提供一个标记指导维修人员使用稳定装置。

在适用的情况下，通过下列试验来检验其是否合格。每一项试验应当单独进行。试验时，设备的各箱柜应当在其额定容积范围内装入能产生最不利条件的定量物件。如果在正常操作设备时要使用脚轮和支撑装置，则应当使各脚轮和支撑装置处在不利的位置上，使轮子和类似装置锁定或被阻。但是，如果脚轮只用来搬运设备以及安装说明书要求支撑装置在安装后放低，则试验中，使用该支撑装置（不使用脚轮），并将该支撑装置置于最不利位置，与设备的自然水平一致。

——对质量大于或等于 7kg 的设备，当使其相对于其正常垂直位置倾斜 10° 时，该设备不得翻倒。在进行本试验时，门、抽屉等应当关紧。对具有多种位置特性的设备，应当按其结构允许的最不利位置进行试验。

——对质量等于或大于 25kg 的落地设备，在距离地面不超过 2m 的高度上，沿任意方向（除向上的方向外）对设备施加大小等于设备重量 20% 的力，但不大于 250N，同时操作人员或维修人员预定要打开的所有门、抽屉等应当按照安装说明将其处于最不利位置，该落地设备不得翻倒。

——对落地设备，在距离地面高可达 1m 的高度上，将 800N 恒定向下的力施加到能产生大力矩点的长宽尺寸至少分别为 125mm×200mm 的任何水平表面上，该设备不得翻倒。在进行本试验时，门、抽屉等应当关紧。该 800N 的力可通过一个具有大约 125mm×200mm 平面的适当的试验工具施加，将试验工具的完整平面与 EUT 接触来施加向下的力。试验工具不需要完全接触不平坦的表面，例如有槽的或弧形表面。

（4）对于照明产品，在 GB 7000.1—2015 中没有具体要求，但在 GB

7000.204—2008《灯具 第2-4部分：特殊要求 可移式通用灯具》中有相关要求，要求如下：

6.3 可移式灯具应有足够的平稳度。合格性用下述方法检验。灯具以正常使用时最不利的位置置于一块平板上，平板与水平面成6°夹角，平板表面不应使灯具滑动。

由制造商随灯具一起提供的说明书应含有平稳度方面灯具不倾倒的说明。灯具应不倾倒。

由夹子或类似装置固定的灯具不做此试验。

另外，在第12条中还规定：

此外，对于按正常使用位置，放在与水平面成15°倾角的平面上要倾倒的台灯或落地灯，进行 GB 7000.1 中12.5.1 的试验时，应将灯具放在水平面上试验，并且灯具应置于实际中可能的最不利的倾倒位置。

二、检测仪器

1. 稳定性试验台

稳定性试验台（见图5-1-1）适用于需要在一个表面上工作的家电等器具进行稳定性试验，角度0~30°可调，需要配合坡度仪一起使用。

图5-1-1　稳定性试验台

2. 坡度仪

坡度仪（见图5-1-2）可配合稳定性试验台使用，用来测定试验台的倾斜角度。

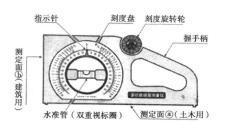

图 5-1-2　坡度仪

使用方法：将测定面 a 紧贴在测定面上，然后旋转刻度转轮使得水准管里的水泡居中，刻度盘里的指示针指示的度数就是下倾角的度数。

3. 推拉力计

推拉力计（见图 5-1-3）用来测量所施加推力或拉力的大小。使用时，需要先核对量程是否符合试验需求，注意示值单位与标准要求的力值单位的关系，必要时进行换算。

图 5-1-3　推拉力计

第二节　对危险运动部件的防护要求

一、检测要求

除功能需要外，器具的危险运动部件应被合理放置和充分保护，防止伤害使用者和周围环境。

（1）在标准 GB 4706.1—2005《家用和类似用途电器的安全 第 1 部分：通用要求》中，标准中相关危险结构及危险的运动部件的防护要求条款规定如下：

20.2 器具的运动部件应进行定位或封盖，使其在正常使用中提供充分的防护，以防止造成人身伤害，同时应尽可能兼顾器具的使用和工作。对于为了实现器具功能而必须暴露在外的部件，此要求不适用。

注 1：为了实现器具功能而必须暴露在外的部件的示例包括缝纫机的机针、吸尘器的旋转刷头以及电动刀的刀片。

防护性外壳、防护罩和类似部件，应是不可拆卸部件，并且应有足够的机械强度。然而，通过试验探棒能使互锁装置失效并打开的外壳认为是可拆卸部件。

自复位热断路器和过流保护装置意外地再次接通，不应引起危险。

注 2：其内部带有的自复位热断路器和过流保护装置能引起危险的器具示例有：食物搅拌器。

通过视检、第 21.1 的试验以及用一个类似于 IEC 61032 中规定的 B 型试验探棒施加一个不超过 5N 的力，检查其符合性。但该试验探棒具有一个直径为 50mm 的圆形限位板，来替代原来的非圆形限位板。

对带有那些诸如改变皮带张力那样的可移动装置的器具，要在将这些装置调到它们可调范围内最不利的位置上进行试验探棒试验。必要时，将皮带取下。

试验探棒应不能触及危险的运动部件。

22.3 为直接插入输出插座而提供插脚的器具，不应对插座施加过量的应力。夹持插脚的装置应能够承受在正常使用中插脚可能受到的力的作用。

通过将此器具插脚按正常使用插入到一个不带接地触点的插座来确定其是否合格。此插座在插座啮合面后 8mm 处，并在这些接触套管所在的平面内有一个水平枢轴。

必须施加一个力矩使插座的啮合面保持在垂直平面内，该力矩不应超过 0.25Nm。

注：保持插座本身在垂直平面上的力矩不包括在此值内。

将一个器具的新样品固定，以避免其插脚受影响。器具放入温度为 70℃±2℃的高温箱中 1h。从高温箱中取出器具后，立即在插脚的纵线方向给每个插脚施加 50N 的拉力 1min。

当器具降到室温后，插脚的位移不应超过 1mm。

依次对每个插脚在每个方向施加 0.4Nm 的扭矩，持续施加 1min。插脚不应扭动，除非其扭转不会损害符合本部分。

22.4 用于加热液体的器具和引起过度振动的器具不应提供直接插入输出插座用的插脚。

通过视检检查其符合性。

22.11 对防止接触带电部件，防水或防止接触运动部件的不可拆卸部件，应以可靠的方式固定，且应承受住在正常使用中出现的机械应力。用于固定这类零件的钩扣搭锁，应有一明显的锁定位置。在安装或保养期间可能被取下的零件上使用的钩扣搭锁装置，其固定性能应不劣化。

通过下述试验确定其是否合格。

在安装时，或在维护保养期间可能要被取下的零件，应在本试验进行之前，拆装 10 次。

注：维护保养包括电源软线的更换。

器具处于室温下进行测试。但在其合格性可能受到温度影响的情况下，器具按第 11 章规定条件工作之后，要立即进行本试验。

施加本试验于可能被拆卸的所有部件，不管其是否用螺钉、铆钉或类似零件固定。

以最不利的方向施加力于零件可能薄弱的部位，并持续 10s。但不得使用猛力。施加的力按如下规定：

——推力：50N；

——拉力：

· 如果部件的形状使得指尖不能容易地滑脱的，50N；

·如果部件被抓持的突起部分在取下的方向少于10mm，30N。

通过IEC 61032规定的试验探棒11施加推力。

通过像吸盘那样一个合适的方式来施加拉力，以使试验的结果不受其影响。当实施拉力试验时，应将图7所示试验指甲以10N力插入任何缝隙或连接处，然后以10N力将此试验指甲向旁侧滑移，但不得扭转，也不得作为杠杆使用。

如果部件的外形使其不会有轴向拉力，则不施加拉力，但要以10N力插入任何缝隙或连接处，然后以10N力将此试验指甲向旁侧滑移，但不得扭转，也不得作为杠杆使用。

如果部件的外形使其不会有轴向拉力，则不施加拉力，但要以10N力将试验指甲插入任一个缝隙或连接处，然后，通过一个环状物，在部件取下的方向对试验指甲施加30N拉力，持续10s。

如果部件可能承受一个扭曲力，则要在施加拉力或推力的同时，施加一个下面给出的扭矩：

——对主要尺寸小于或等于50mm的：2Nm；

——对主要尺寸超过50mm的：4Nm。

当用环状物拉试验指甲时，还要施加此扭矩。

如果被抓持的凸出部分小于10mm，上述扭矩要降低到规定值的50%。

零件应不成为可拆卸的，而且应保持其在被锁定的位置上。

22.14 除非是为了器具具有的某种功能而设置必不可少的粗糙或锐利的棱边，在器具上不应有会对用户正常使用或维护保养造成伤害的此类锐边。

器具不应有在正常使用或用户维护保养期间，用户易触到的自攻螺钉或其他紧固件暴露在外的尖端。

通过视检确定是否合格。

（2）在标准GB 7000.1—2015《灯具 第1部分：一般要求与试验》中，相关危险结构及危险的运动部件的防护要求条款规定如下：

灯具不应有在安装、正常使用或维护时会对用户造成危害的尖端或锐边。

合格性由目视检验。

（3）在标准 GB 8898—2011《音频、视频及类似电子设备 安全要求》中，相关危险结构及危险的运动部件的防护要求条款规定如下：

19.4 当设备的边或角会因设备的放置或应用而在不同情况下对用户造成危险时，则这些边或角应当做成圆滑形状（无陡然的间断点），但设备相应的功能所需的边或角除外。

通过检查来检验是否合格。

19.5 除显像管和层压玻璃外，表面积超过 $0.1m^2$ 或较大尺寸超过 450mm 的玻璃，不得被击碎到可能造成皮肤划破伤害的程度。

仅使用冲击锤，通过 12.1.3 的试验来检验其是否合格。

如果玻璃因此破碎或开裂，则要用一个单独的试验样品按 19.5.1 的规定进行附加试验。

19.5.1 破碎试验

将试验样品以其整个面积支撑好，并采取能确保使碎片不会从破碎处飞散开的措施。然后用一中心冲孔器，将其放置在距试验样品较长边缘之一的中点约 15mm 处击破试验样品。在破碎后 5min 内，在不用任何助视装置（正常佩带的眼镜除外）的情况下，用边长 50mm 的方格置于破碎面积（不包括距离任何边缘或孔洞 15mm 范围内的任何面积）的近似中心处数出方格内的碎片数。

试验样品的破碎程度应当达到在边长 50mm 的方格内数出的碎片数不少于 45 片。

注：数碎片的一种适用的方法是，将一个由透明材料制成的，边长 50mm 的方格放在试验样品上，用墨水点标记每一碎片，数出在方格范围内的墨水点数。为了数出位于方格压边的碎片数，选取方格任意相邻的两边，数出这两边所压的所有碎片的片数，但不计入其他两边所压的碎片数。

19.6 墙壁或天花板安装方法

预定要安装在墙壁或天花板上的设备应当有适当的安装方法。

通过检查设备结构及可获取的数据，或必要时通过下列试验来检验其是否合格。

将设备按制造厂商说明书的规定安装好，通过设备重心向下施加一个除设备重量外的力持续1min。该附加外力应当等于设备重量的三倍，但不小于50N。设备及其配套的安装装置在试验中应当保持牢固可靠。

（4）在标准GB 4943.1—2011《信息技术设备 安全 第1部分：通用要求》中，相关危险结构及危险的运动部件的防护要求条款规定如下：

4.3.1 棱缘和拐角

如果设备上的棱缘和拐角因安置或使用设备时可能会给操作人员带来危险，应当将这些棱缘或拐角倒圆和磨光。

该要求不适用于设备的正常功能所要求的棱缘或拐角。

通过检查来检验其是否合格。

4.3.6 直插式设备

直插式设备不应使插座承受过大的应力，电源插头部分应当符合GB 1002 的标准要求。

通过检查，以及必要时，通过下列试验来检验其是否合格。

设备应当按正常使用情况，插入到一个已固定好的按制造厂商指定形状的插座上，该插座可以围绕位于插座啮合面后面8mm的距离处与管形接触件中心线相交的水平轴线转动。为保持啮合面处于垂直平面内而必须加到插座上的附加力矩不得超过0.25Nm。

注1：在澳大利亚和新西兰，按照AS/NZS 3112来检验其是否合格。

注2：在英国，使用符合BS 1363 要求的插座进行转矩试验，对直插式设备插头部分的评价，应当按照BS 1363 的相关条款进行。

4.4 危险的运动部件的防护

4.4.1 基本要求

设备的危险运动部件，例如具有潜在危害的运动部件，其安置、封罩或隔挡应当能减小对人员造成伤害的危险。

自动复位热断路器或过流保护装置、自动定时起动器等，如果它们意外复位会引起危险时，则不得安装这种装置。

通过检查以及按照 4.4.2、4.4.3 和 4.4.4 进行试验来检验其是否合格。

4.4.2 操作人员接触区的防护

在操作人员接触区内，应当通过适当的结构来提供保护以减少接触危险运动部件的可能，或者将运动部件安装在具有机械的或电气的安全联锁装置的外壳中，当接触时，危险将消除。

如果不可能完全符合上述的接触要求，同时使设备按预定功能使用，那么只要是如下几种情况，接触是允许的：

—— 在工作过程中直接涉及的危险的运动部件（例如：切纸机的移动部件）；和

—— 运动部件涉及的危险对操作人员来说是显而易见的；和

—— 按如下进行附加的措施：

·应当在操作说明书中提供声明，并将标记固定到设备上，声明和标记均含有如下的或类似的字句：

警　告

危险的运动部件

手指和人体不得靠近

·对可能造成手指、饰物、衣服等卷入运动部件的地方，则应当装有能使操作人员将运动部件制动的装置。

警告标签以及在适用时所采用的运动部件的终止装置应当设置在从伤害危险大的地方能易于看到的和接触到的明显位置上。

通过检查以及在必要时通过图 2A 的试验指（见 2.1.1.1）在拆下操作人员可拆卸的零部件，将操作人员可触及的门和罩打开后进行试验来检验其是否合格。

除了按上述规定采取附加措施以外，用试验指试验时，在不加明显外力的情况下，从各个可能的方向都应当不可能接触到危险的运动部件。

对防止图 2A 的试验指（见 2.1.1.1）进入的孔洞，则应当进一步用一种直的无转向关节的试验指施加30N的力来进行试验，如果这种试验指能进入孔洞，则重新使用图2A的试验指（见2.1.1.1）进行试验，但此时要用不大于30N的力将试验指推入孔洞。

4.4.3 受限制接触区的保护

对安装在受限接触区的设备，4.4.2中的要求和合格判据也适用。

4.4.4 维修接触区的保护

在维修接触区内，应当提供保护以使得在对设备的其他零部件进行维修操作期间，不可能无意间触及危险的运动部件。

通过检查来检验其是否合格。

二、检测仪器

1. B 型试验探棒

见第三章内容。

2. 使用直径50mm 的圆形限位板的 B 型试验探棒

在 GB 4706.1—2005《家用和类似用途电器的安全 第1部分：通用要求》标准中第20.2条款用到的试验探棒并非标准的 B 型试验探棒，需要用一个直径为50mm 的圆形限位板，来替代原来的非圆形限位板，如图5-2-1 所示。

图 5-2-1 标准 B 型试验探棒

3. 11 号探棒

图 5-2-2 为 11 号试验探棒的外观和尺寸要求，不同于 B 型试验探棒，11 号试验探棒为了便于施加推力，取消了关节设计，试验时我们要配合推拉力计进行试验。

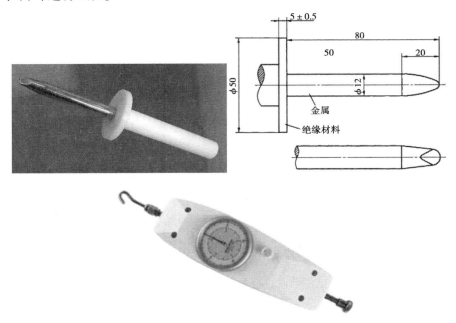

图 5-2-2　11 号试验探棒的外观和尺寸要求

4. 推拉力计

见本章第 1 节内容。

5. 试验指甲

图 5-2-3 为标准规定的试验指甲尺寸图，试验指甲主要用来模拟人的手指和指甲，用试验指甲代替人手进行划、扣的动作，模拟用户用手尝试拆卸产品部件的试验装置。其在标准中主要被用于检验对防止接触带电部件、防水或防止接触运动部件提供必要防护等级的不可拆卸部件是否可靠固定。

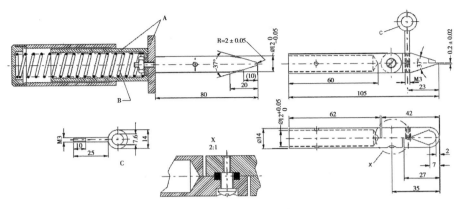

图 5-2-3 试验指甲尺寸图

说明：A：绝缘材料；B：弹性系数适于提供 22. 11 的试验指甲推力的弹簧；C：拉环

试验方法：

如果部件的外形使其会有轴向拉力：

a 对不可拆卸部件的每一个可能薄弱的部位通过像吸盘那样一个合适的方式来施加拉力，以使试验的结果不受其影响。拉力按如下规定：

——如果部件的形状使得指尖不能容易地滑脱的，50N；

如果部件可能承受一个扭曲力，则要在施加拉力的同时，施加一个扭曲力。对主要尺寸小于或等于 50mm 的部件，施加 2Nm 的扭曲力；对主要尺寸超过 50mm 的部件，施加 4Nm 的扭曲力。

——如果部件被抓持的突起部分在取下的方向少于 10mm，30N。

如果部件可能承受一个扭曲力，则要在施加拉力的同时，施加一个扭曲力。对主要尺寸小于或等于 50mm 的部件，施加 1Nm 的扭曲力；对主要尺寸超过 50mm 的部件，施加 2Nm 的扭曲力。

b 在施加拉力的同时，要使用图 5-2-3 所示的试验指甲以 10N 力插入任何缝隙或连接处。

c 在拉环处施加 10N 的拉力，将试验指甲向旁侧滑，但不能扭转，也不能作为杠杆使用。

部件应不成为可拆卸的，而且应保持其在被锁定的位置上。

如果部件的外形使其不会有轴向拉力：

以 10N 的力将试验指甲插入任一个缝隙或连接处，并通过拉环，在部件取下的方向对试验指甲施加 30N 拉力，模拟扣的动作，持续 10s。

部件应不成为可拆卸的，而且应保持其在被锁定的位置上。

第三节 对机械强度的防护要求

一、检测要求

机械强度检测的试验目的是确保产品和其零部件有足够的机械强度，保证产品在储存运输中免遭损坏，在使用过程中安全可靠。机械强度检测是模拟产品正常使用经受各类可预见的冲击刮划时，可能产生的变形、破裂以及绝缘破损等情况，并考虑这些情况进一步引起其他危害的可能性，对这些危害加以限制和要求。

（1）在标准 GB 4706.1—2005《家用和类似用途电器的安全 第 1 部分：通用要求》中，标准中相关机械强度的条款规定如下：

21.1 器具应具有足够的机械强度，并且其结构应经受住在正常使用中可能会出现的粗鲁对待和处置。

用弹簧冲击器依据 IEC 60068-2-75 的 Ehb 对器具进行冲击试验，检查其符合性。

器具被刚性支撑住，在器具外壳每一个可能的薄弱点上用 0.5J 的冲击能量冲击 3 次。

如果需要，对手柄、操作杆、旋钮和类似部件以及对信号灯和它的外罩也可施加冲击试验，但只有当这些灯或外罩凸出器具壳体外缘超过 10mm 或它们的表面积要超过 4cm² 时，才对它们进行冲击试验。器具内的灯和它的罩盖，只有在正常使用中可能被损坏时，才进行试验。

注：对一个可见灼热电热元件的防护罩施加释放锥头时，注意不要让

穿过防护罩的锤头敲击电热元件。

试验后，器具应显示出没有本部分意义内的损坏，尤其是对 8.1、15.1 和 29 章的符合程度不应受到损害。在有疑问时，附加绝缘或加强绝缘要经受 16.3 的电气强度试验。

外表面涂层损坏所产生的不会使爬电距离和电气间隙减少到低于第 29 章的规定值的小凹痕，以及不会显著影响对触及带电部件的防护或防潮的小碎片可忽略。

如果一个装饰性的外壳由内罩进行保护，而且其内罩能够经受住该试验，则装饰性外壳的破裂可忽略。

如果怀疑一个缺陷是否由先前施加的冲击所造成的，则忽略该缺陷，接着在一个新样品的同一部位上施加三次为一组的冲击，新样品应能承受该试验。

裸眼看不见的裂纹、用增强纤维模制的或是类似材料的表面裂纹可忽略。

21.2 固体绝缘的易触及部件，应有足够的强度防止锋利工具的刺穿。

对绝缘进行下述试验，以检查其符合性。如果附加绝缘厚度不小于 1mm，并且加强绝缘厚度不少于 2mm，则不进行该试验。

绝缘温度上升到在第 11 章测得的温度。然后，使用坚硬的钢针对绝缘表面进行剐蹭，其针头端部为 40° 的圆锥形，尖端周围半径为 0.25mm±0.02mm。保持针头与水平面的角度呈 80°~85°，施加 10N±0.5N 的轴向力。针头沿绝缘表面以大约 20mm/s 的速度滑行，进行剐蹭。要求进行两行平行的剐蹭，其间要保证留有足够的空间不致互相影响。其覆盖长度约达到绝缘总长度的 25%，转 90° 再进行两行与之相似的剐蹭，但它们与前两行剐蹭不可相交。

用图 7 所示的试验指甲以大约 10N 的力于已被剐蹭的表面进行试验，不出现如材料分离之类的进一步损坏。试验后，绝缘应经受住 16.3 的电气强度试验。

然后，使用坚硬钢针施加一个 30N±0.5N 的垂直力于绝缘表面的一个未剐蹭部位。以该钢针为一个电极对绝缘进行 16.3 的电气强度试验。

（2）在标准 GB 7000.1—2015《灯具 第 1 部分：一般要求与试验》中，相关机械强度的条款规定如下：

4.13 机械强度

4.13.1 灯具应有足够的机械强度，其结构应使灯具在正常使用中承受可以预料的粗野操作后仍是安全的 。

使用 IEC 60068-2-75 规定的弹簧冲击试验装置，或用能得到相同结果的其他适当的装置，对试样实施冲击来检验其合格性。

注：由不同试验方法得到的相同冲击能量未必得出同样的试验结果。

弹簧冲击锤应是这样的，压缩量（单位：mm）与施加的力（单位：N）的乘积是 1000，弹簧压缩量约为 20mm。调整弹簧使冲击锤产生表 5-3-1 所示的冲击能量和压缩量进行冲击。

表 5-3-1 冲击能量和弹簧压缩量

灯具类型	冲击能量（Nm）		压缩量（Mm）	
	易碎部件	其他部件	易碎部件	其他部件
嵌入式灯具、固定式通用灯具和 1 墙壁安装可移式灯具	0.20	0.35	13	17
可移式落地灯和台灯、照相和电影灯具	0.35	0.50	17	20
投光灯具、道路和街路照明灯具、游泳池灯具、庭园用的可移式灯具和儿童用可移式灯具	0.50	0.70	20	24
恶劣环境用灯具、手提灯和灯串	其他试验方法			

注：灯库和其他部件，只有当他们凸出到灯具外形投影以外时才进行试验。灯座的前端不必试验，因为灯具正常工作时该部分被光源遮挡。

易碎部件是指仅提供防尘防固体异物和防水的玻璃和半透明罩、陶瓷以及凸出外壳 26mm 以内或表面积不超过 4cm^2 的小部件。

根据 4.21 要求设的防护屏被视为易碎部件。

半透明罩，既不提供防触电和（或）紫外线防护，也不是防尘、防固体异物和防水或灯的组成部件的，不必做试验。

样品如正常使用安装或支承在一块硬木板上，电缆入口处敞开，敲落孔也敞开，罩盖固定螺钉和类似螺钉用表 4.1 规定扭矩的三分之二拧紧。

在可能的最薄弱处冲击 3 次，特别注意包围带电部件的绝缘材料以及绝缘材料的衬套，如有的话。为了找到最薄弱的点，可能需要附加的样品，如有疑问的话，要用新样品重新试验，对新样品只冲击 3 次。

试验后，样品应无损坏，特别是：

a）带电部件不应变为可触及；

b）绝缘衬垫和挡板的作用不能减弱；

c）样品应能继续保持与其分类相一致的防尘防固体异物和防水的等级；

d）应能拆下和更换外部罩盖，其间罩盖或其绝缘衬垫不被损坏。

如果拆下外壳不危及安全，则外壳允许损坏。

如果有疑问的话，附加绝缘或加强绝缘应进行第 10 章规定的电气强度试验。

涂层损坏、不会使爬电距离和电气间隙变小而低于第 11 章规定值的小凹痕、对防触电保护以及防尘或者防潮无有害影响的小缺口可忽略不计。

4.13.2 罩住带电部件的金属部件应有足够的机械强度。

合格性由 4.13.3~4.13.5 适宜的试验来检验。

4.13.3 使用笔直无接头的试验指，其尺寸与 IEC 60529 规定的标准试验指尺寸相同。试验指对表面施加 30N 的力。

试验期间，金属部件不应触及带电部件。

试验后，外壳应无过度变形，并且灯具应继续符合第 11 章的要求。

4.13.4 恶劣条件下使用的灯具，其防尘、防固体异物和防水等级应至少达到 IP 54。

合格性由目视和 9.2.0 适宜的试验检验。

恶劣条件下使用的灯具应有足够的机械强度，并且正常使用时可能预期的情况下不能倾倒。此外，连接灯具的支架的固定装置应有足够的机械强度。

合格性由下述 a）~d）的试验检验。

a）恶劣条件使用的固定式灯具和恶劣条件使用的可移式灯具（非手提灯）

3 个灯具样品的每一个应承受 3 次单独的冲击，冲击点通常在暴露表面的最薄弱处。样品不装光源按正常使用安装在坚固的支承表面上。

一个直径 50mm 质量 0.51kg 的钢球从高度 H（1.3m）处落下来产生冲击，如图 21 所示，产生 6.5Nm 的冲击能量。

室外使用的灯具，3 个样品中的每一个还要冷却到－5℃±2℃，并在此温度保持 3h。

在此温度下 3 个灯具样品承受上述规定的冲击试验。

b）手提灯

使灯具从 1m 高度落到混凝土地面上 4 次。跌落从 4 个不同的水平起始位置进行，每次跌落之间灯具绕其轴转 90°。试验时卸下光源，但保护玻璃（如果有的话）不卸下。

在 4.13.4 a）或 4.13.4 b）试验后，灯具应无危及安全和继续使用的损坏。保护光源防止损坏的部件不应松动。

注：这些部件可能变形。如果玻璃或半透明罩不是保护光源防止损坏的唯一措施的话，保护玻璃或半透明罩的碎裂可忽略。

c）交货时带支架的灯具

试验前卸下所有光源。

与垂线成 6°时，灯具和支架不应倾倒。

灯具应能承受 4 次与垂线最大成 15°倾倒所产生的冲击。

灯具支架的固定装置应能在最不利的方向承受 4 倍灯具质量的力。

试验期间，如果灯具在与垂线成 15°的平面上倾倒的话．进行 12.5.1 试验时应将灯具放在水平面上试验，灯且应置于可预期的最不利的倾倒位置。

d）临时安装而且适合于安装在支架上的灯具

灯具应能承受下述试验产生的 4 次冲击。

试验前卸下光源。

灯具沿混凝土墙或砖墙悬挂在一根铝棒上。铝棒长度应为在安装说明上规定可能的支架的长度。

将灯具提起，直到铝棒达到水平面的位置，然后朝墙自由落下。

试验后，应无有害于安全的损坏。

4.13.5 不使用。

4.13.6 插头式镇流器/变压器和电源插座安装的灯具应有足够的机械强度。

合格性由下述试验检验，试验在如图25所示的滚桶内进行。

滚筒以每分钟5圈的速度转动，每分钟跌落10次。

样品从高度50cm处落到一块3mm厚的钢板上，落下的次数为：

——样品质量不超过250g   50次

——样品质量超过250g   25次

试验后样品应无本部分意义上的损坏，但不需要考核它是否可工作，玻璃泡壳的损坏可忽略不计。只要防触电保护没有受到影响，从样品上折断的小件可忽略不计。

不会使爬电距离和电气间隙低于第11章规定值的插销的变形、涂层损坏和小凹痕可以忽略不计。

（3）在标准 GB 8898—2011《音频、视频及类似电子设备 安全要求》中，相关机械强度的条款规定如下：

12 机械强度

12.1 完整设备

设备应当具有足够的机械强度，而且其结构应当能承受在预期使用时可以预计到的这种处置。

设备的结构应当能防止诸如无意间拧松螺钉而使危险带电零部件与可触及导电零部件，或与可触及导电零部件导电连接的零部件之间的绝缘发生短路。

通过 12.1.1，12.1.2，12.1.3，12.1.4 和 12.1.5 的试验来检验是否合格，但与电源插头形成一体的装置除外。

注：与电源插头形成一体的装置要承受 15.4 规定的试验。

12.1.1　撞击试验

质量超过7kg的设备要承受下列试验：

设备放置在水平的木支承板上，使该木支承板从5cm高处跌落到木质台上，跌落50次。

试验后，设备不得出现本标准意义上的损伤。

12.1.2　振动试验

对预定要作为乐器的音频放大器使用的可运输式设备、便携式设备以及有金属外壳的设备，应当按GB/T 2423.10的规定，承受扫频振动耐久性处理。

将设备按其预定使用的位置用捆绑带绕设备固定在振动台上，振动方向为垂直方向，振动严酷度为：

持续时间：30min；

振幅：0.35mm；

频率范围：10Hz～55Hz～10Hz；

扫描速率：约1oct/min。

试验后，设备不得出现本标准意义上的损伤，特别是其松动可能会危害安全的连接处或零部件不得发生松动。

12.1.3　冲击试验

设备紧靠在钢性支架上，用事先加有0.5J动能的、符合GB/T 2423.55要求的弹簧冲击锤，对保护危险带电零部件的和可能是薄弱的外壳的每一点，包括通风区域、处于拉开状态的抽屉、把手、操纵杆、开关旋钮等，通过向表面垂直按压释放锥，使设备承受三次冲击。

如果窗口，透镜片，信号灯及其外罩等突出外壳5mm以上，或者单个表面区域的平面投影面积超过1cm²，则也要对它们进行本冲击锤试验。

此外，保护危险带电零部件的外壳无通风孔的实体区域应当承受表5-3-2规定的单次冲击。

表5-3-2规定的冲击应当由一个直径（50±1）mm质量约500g的实心、光滑钢球，按图8所示，从静止位置通过垂直距离自由落下，沿垂直

于外壳表面的方向，以规定的冲击能量击打外壳。

但是，对于摄影用电子闪光设备，附录 L. 12 附加要求：闪光管的窗口不进行钢球冲击试验。

表5-3-2　在设备外壳上的冲击试验

外壳零部件	冲击/J
便携式设备或桌面设备的顶面、侧面、背面和正面	
固定安装式设备的所有暴露面	
落地式设备的顶面、侧面、背面和正面	

注1：为了施加所要求的冲击能量，用公式 $h = E/(g×m)$ 计算正确的高度，式中：

　　　h——垂直距离，单位为米（m）；

　　　E——冲击能量，单位为焦耳（J）；

　　　g——重力加速度，$9.81 m/s^2$；

　　　m——钢球质量，单位为千克（kg）。

注2：对显像管的机械强度和防爆炸影响，见第18章。

试验后，设备应当承受10.3规定的抗电强度试验，而且不得出现本标准意义上的损伤；特别是：

——危险带电零部件不得变成可触及；

——绝缘隔板不得出现损坏；

——承受冲击锤试验的那些零部件不得出现可见裂纹。

注3：不会使电气间隙和爬电距离减小到小于规定值的饰面损伤、小凹痕、肉眼看不到的裂纹、增强纤维模压件上的表面裂纹等忽略不计。

12.1.4　跌落试验

质量等于或小于7kg的便携式设备要承受跌落试验。用一个完整设备的样品，以可能产生不利结果的位置，从1m高的距离跌落到水平表面上，样品应当承受三次这样的冲击。

水平表面由安装在两层胶合板上厚度至少为13mm的硬木组成，胶合板每一层的厚度为19mm～20mm，然后全部放在一个水泥基座上或等效的无弹性的地面上。

在每次跌落时，应当撞击在试验样品表面不同的位置。当适用时，样品要装有制造厂商规定的电池一起跌落。

试验结束后，设备不需要仍能工作，但应当能承受 10.3 规定的抗电强度试验，特别是：

——危险带电零部件不得变成可触及，

——绝缘隔板不得损坏，以及

——爬电距离和电气间隙不得减小。

本试验判据不适用于显像管屏面的破口。

12.1.5 应力消除试验

对模压或注塑成形的热塑性塑料外壳，其结构应当确保外壳材料在释放由模压或注塑成形操作所产生的内应力时，该外壳材料的任何收缩或变形均不会暴露出危险零部件。

由完整设备构成的样品或由完整外壳连同任何支撑框架一起构成的样品放入气流循环的高温箱内承受高温试验，高温箱温度要比在 7.1.3 的试验时在外壳上测得的高温度高 10K，但不低于 70℃，试验时间为 7h，试验后使样品冷却到室温。

对大型设备，如果对完整外壳进行试验不现实，则允许用外壳的一部分进行试验，这一部分外壳在厚度和形状上，以及包括任何机械支撑件在内，要能代表整个装置的外壳。

试验后，危险运动零部件或危险带电零部件不得变成可触及件。

注：当对外壳的一部分进行试验时，作为完整外壳的代表部分，可能需要重新装到设备上，以确定是否合格。

12.2 驱动件的固定

对驱动件，诸如旋钮，按钮、键钮和操纵杆，其结构及其固定应当确保它们的使用不会损害防电击保护。

通过下列试验来检验是否合格。

紧固螺钉，如果有，将其拧松，然后用表 20 规定力矩的 2/3 拧紧，后拧松 1/4 圈。

然后，驱动件要承受相当于沿周边方向施加 100N 力的力矩，但不大于 1Nm，持续 1min，然后再承受 100N 的轴向拉力，持续 1min。如果设备的质量小于 10kg，则拉力限制在相当于设备的质量，但不小于 25N。

对在预期使用时仅承受压力，而且突出设备表面不大于 15mm 的诸如按钮、键钮等驱动件，拉力限制在 50N。

试验后，设备不得出现本标准意义上的损伤。

12.3 手持遥控装置

预定要手持的而且含有危险带电零部件的遥控装置的零部件应当具有足够的机械强度，而且其结构应当能承受可以预计到的这种处置。

通过下列试验来检验是否合格：遥控装置及其软电线（如果有）截短到 10cm，按 GB/T 2423.8 程序 2 的规定进行试验。

如果遥控装置的质量小于或等于 250g，则滚桶转动 50 次；如果质量大于 250g，则转动 25 次。

试验后，遥控装置不得出现本标准意义上的损伤。对预定无须手持的有电缆连接的遥控装置的零部件，要按有人看管的设备的一个零部件来进行试验。

12.4 抽屉

预定要从设备中局部拉出的抽屉应当有一个具有足够机械强度的止挡，以防危险带电零部件变成可触及。

通过下列试验来检验是否合格：

抽屉以预定的方式拉出，直到止挡阻止抽屉进一步移动。然后，沿不利的方向施加 50N 的力持续 10s。

试验后，设备不得出现本标准意义上的损伤，特别是危险带电零部件不得变成可触及。

12.5 安装在设备上的天线同轴插座

安装在设备上的，而且装有将危险带电零部件与可触及零部件隔离的零部件或元器件的天线同轴插座，或装有与保护接地电路或其他连接端子隔离的元器件或零部件的天线同轴插座，其结构应当能承受在预期使用时可以预计到的这种机械应力。

通过下列试验，按规定的顺序进行来检验是否合格。

在这些试验后，设备不得出现本标准意义上的损伤。

1）耐久性试验

图9所示的试验插头对插座进行插拔100次，要注意在插拔试验插头时不要故意去损伤插座。

2）冲击试验

图9所示的试验插头插入插座，然后用符合GB/T 2423.55的弹簧冲击锤连续冲击三次，冲击锤事先加有动能，以不利的方向对插头的同一点，施加0.5J的冲击能量。

3）力矩试验

图9所示的试验插头插入插座，然后沿垂直于插头轴线方向施加50N的力，持续10s，但力不要猛然施加，该径向力的施加应当能使插座上可能是薄弱的那些部位承受应力。作用力的确定要使用例如利用试验插头上的孔连接的弹簧秤来进行。

本试验进行10次。

注：当对不同于IEC 60169-2的天线同轴插座进行试验时，要使用同样长度的相应试验插头来进行试验。

12.6 伸缩或拉杆天线

伸缩或拉杆天线的末端应当装有直径至少为6.0mm的拉钮或拉球。

伸缩或拉杆天线应当装有护板或挡板，以确保一旦天线或其任何零部件受到损坏，能防止天线的任何零部件或其安装附件不至于落入设备内并触及危险带电零部件。

安装附件仅指用来安装天线的或在使天线活动时要承受应力的零部件。

12.6.1 物理固定

天线末端拉件和伸缩天线各节的固定方式应当能防止其脱开。

通过下列试验来检验是否合格。

天线末端拉件应当承受沿天线主轴方向20N的力持续1min。另外，如果天线末端拉件用螺纹来连接，则对另外5个样品的末端拉件施加拧松力矩。力矩用固定杆逐渐施加。当到达规定力矩时，保持该力矩的时间不大于15s。对任何一个样品，该力矩的保持时间不得小于5s，而且5个样品的平均保持时间不得小于8s。

力矩值见表5-3-3。

表5-3-3 末端拉件试验的力矩值

末端拉件直径/mm	力矩/Nm
<8.0	0.3
≥8.0	0.6

18 显像管的机械强度和防爆炸影响

显像管应当符合18.1的要求。

18.1 一般要求

对屏面大尺寸超过16cm的显像管，其自身应当能防爆炸影响和防机械撞击，或者设备的外壳应当对该显像管爆炸影响有足够的防护。

对附着在显像管屏面上、作为防爆系统一部分的保护膜，应当由设备的外壳将其所有边缘覆盖住。

自身不防爆的显像管应当装有一个不能手动拆除的有效的保护屏。如果采用分离的玻璃屏，则该玻璃屏不得与显像管的表面相接触。

通过检查、测量以及下列规定的试验来检验是否合格：

——对自身防爆的显像管，包括有整体保护屏的显像管，采用GB 27701规定的试验；

——对自身不防爆的显像管，采用18.2规定的试验。

注1：如果在显像管正确安装时无须附加防护，则认为该显像管是自身防爆炸影响的显像管。

注2：为了简化试验，显像管制造厂商可以指出被试显像管的薄弱的部位。

18.2 自身不防爆的显像管

将安装有显像管及保护屏的设备置于高出地面 75cm±5cm 的水平支架上，或者如果设备是落地式设备，则直接放置在地面上。

按下述试验方法，使显像管在设备外壳内部爆炸：

用下述方法使每只显像管的外壳上产生裂纹：

用金刚钻划针在每只显像管的侧面部位或正面部位划痕（图 12），并用液氮和类似物反复冷却该部位，直至出现破裂。为了防止冷却液流出该试验部位，应当用泥塑小坝或类似物来阻隔。

试验后，应当无大于 2g 的碎片飞过放在地面上离管面投影处 50cm、高 25cm 的挡板，而且应当无任何碎片飞过放在 200cm 处的同样挡板。

（4）在标准 GB 4943.1—2011《信息技术设备 安全 第 1 部分：通用要求》中，相关机械强度的条款规定如下：

4.2 机械强度

4.2.1 基本要求

设备应当具有足够的机械强度，而且在结构上应当能保证在承受可以预料到的操作时不会产生本部分含义范围内的危险。

如果外壳提供了机械防护，对于为满足 4.6.2 要求而提供的内部挡板、罩或类似物则不要求进行机械强度试验。

机械防护外壳应当做得十分完备，使得由于发生故障或其他原因而可能从运动零部件上松脱、分离或甩出的零部件能被挡住或使其转变方向。

注：可能需要这种防护的设备的示例包括：转速超过 8000r.p.m 的 CD-ROM 或 DVD 驱动器。

通过结构检查和所提供的数据以及必要时通过 4.2.2 至 4.2.7 规定的有关试验来检验其是否合格。

对手柄、操纵杆、旋钮、阴极射线管的屏面（见 4.2.8）或指示装置或测量装置的透明或半透明罩子，如果卸下手柄、操纵杆、旋钮或这种罩子，用图 2A 的试验指（2.1.1.1）不会触及带危险电压的零部件，则不进行本试验。

在进行 4.2.2、4.2.3 和 4.2.4 试验期间，接地的或不接地的导电外壳不得桥接那些之间存在危险能量等级的零部件，还不得和可能带有危险电压的裸露零部件接触。在带有危险电压的零部件和外壳之间，如果电压超过1000V交流或1500V直流，接触是不允许的，应当具有空气间隙。该空气间隙应当具有的最小长度等于2.10.3（或附录G）规定的基本绝缘的最小间隙或者承受5.2.2相关的抗电强度试验。

在进行4.2.2到4.2.7的试验后，样品应当连续符合2.1.1、2.6.1、2.10、3.2.6和4.4.1的要求，而且不得出现会影响安全装置（例如热断路器、过流保护装置或联锁装置）正常工作的迹象。如有怀疑，则还应当对附加绝缘或加强绝缘按5.2.2的规定进行抗电强度试验。

如果装饰层损伤、龟裂、凹痕和掉落碎片不会对安全造成不利影响，则忽略不计。

注：如果单独采用一个外壳或采用一个外壳的一部分进行试验，则可能需要将这些部件重新装到设备上，以便检验其是否合格。

4.2.2 10N的恒定作用力试验

除了作为外壳（见4.2.3和4.2.4）用的零部件以外的组件和零部件应当承受10N±1N的恒定作用力。

合格判据见4.2.1。

4.2.3 30N的恒定作用力试验

安装在操作人员接触区内的并由满足4.2.4要求的罩或门来保护的外壳零部件应当承受30N±3N的恒定作用力持续5s。该作用力通过图2A（见2.1.1.1）的无关节直式试验指施加到设备上的或内部的零部件上。

合格判据见4.2.1。

4.2.4 250N的恒定作用力试验

外部防护罩应当承受250N±10N的恒定作用力持续5s。该作用力通过一直径为30mm的圆形平面试验工具依次施加到已安装在设备上的防护外壳的顶部、底部和侧面上。但是，该试验不施加到质量超过18kg的设备外壳的底部。

合格判据见4.2.1。

4.2.5 冲击试验

除4.2.6规定的设备外，如果设备外壳的外表面损坏会触及危险零部件，则应当按下列规定进行试验：

样品可取完整的外壳或能代表其中未加强的、面积大的部分，该样品应当以其正常的位置支撑好。用一个直径约50mm、质量500g±25g、光滑的实心钢球，使其从距样品垂直距离（H）为1.3m（见图5-3-1）处自由落到样品上（垂直表面不进行本试验）。

此外，为了施加水平冲击力，将该钢球用线绳悬吊起来，并使其像钟摆一样，从垂直距离（H）为1.3m处摆落下来（水平表面不进行本试验）。另一种方法是将样品相对于该样品每个水平轴面转角90°，用钢球跌落作为垂直冲击试验。

如果操作手册中允许外壳底部成为外壳顶部或侧面的使用方向，那么外壳底部也要进行试验。

试验不施加到下述部位：

——平板显示屏；

——阴极射线管的表面（见4.2.8）；

——设备的玻璃压板（如复印机上的玻璃压板）；

——安装后不可触及并受到保护的驻立式设备包括内装式设备的外壳的表面。

合格判据见4.2.1。

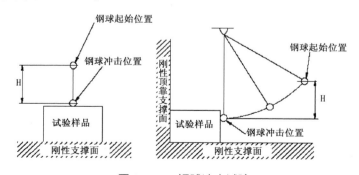

图5-3-1 钢球冲击试验

4.2.6 跌落试验

如下的设备应当承受跌落试验：

——手持式设备；

——直插式设备；

——可携带式设备；

——质量等于或小于 5kg 并预定和如下任一种附件一同使用的台式设备：

·软线连接的电话听筒；

·其他手持的有传音功能的有线附件；或

·耳机；

——在预定的使用时，需要操作人员举起或搬运的可移动式设备。

注：这种设备的举例如安置在废纸容器上的碎纸机，需要移开以倒空该废纸容器。

为了确定是否合格，用一完整设备样品，以可能对其会造成不利结果的位置跌落到水平表面试验台上，样品应当承受三次这样的冲击。

跌落的高度应当为：

——对于上述的台式设备为 750mm±10mm；

——对于上述的可移动式设备为 750mm±10mm；

——对手持式设备，直插式设备和可携带式设备为 1000mm±10mm。

水平表面试验台应当是由至少 13mm 厚的硬木安装在两层胶合板上组成，每一层胶合板的厚度为 19～20mm，然后放在一水泥基座上或等效的无弹性的地面上。

合格判据按 4.2.1。

4.2.7 应力消除试验

模压或注塑成形的热塑性塑料外壳的结构，应当能保证外壳材料在释放由模压或注塑成形所产生的内应力时，该外壳材料的任何收缩或变形均不会暴露出危险零部件，也不会使爬电距离和电气间隙减小到低于 2.10（或附录 G）规定的值。

通过下述试验程序或者检查外壳的结构和检查所提供的试验数据来检验其是否合格。

将由完整设备构成的一个样品，或由完整外壳，连同任何支撑框架一起构成的一个样品，放入气流循环的烘箱（按照 IEC 60214-4-1）内承受高温试验，烘箱温度要比在进行 4.5.2 试验时在外壳上测得的高温度高10K，但不低于 70℃，试验时间为 7h，试验后使样品冷却到室温。

经制造厂商同意，允许增加上述的持续时间。

对大型设备，如果无法对整个外壳进行试验，则可以采用外壳的一部分进行试验，这一部分外壳在厚度和形状上以及包括的任何机械支撑件要能代表整个装置的外壳。

注：在本试验期间，相对湿度不必保持在一个特定值。

如果进行上述试验，4.2.1 的合格判据适用。

4.2.8 阴极射线管的机械强度

如果装在设备上的阴极射线管大屏面尺寸超过 160mm，则该阴极射线管或正确安装该阴极射线管的外壳应当符合 GB 8898 第 18 章中对阴极射线管的机械强度要求。

通过检查、测量以及必要时按 GB 8898 第 18 章的有关要求和试验来检验其是否合格。

4.2.9 高压灯

高压灯的机械防护外壳应当具有足够的强度，能挡住高压灯的爆炸物，以便在正常使用或操作人员维修时，减少对设备附近的操作人员或其他人员造成危险的可能。

就本部分而言，高压灯是指在冷态时其灯内压力超过 0.2MPa，或者在工作时其灯内压力超过 0.4MPa 的一种灯。

通过检查来检验其是否合格。

注：在有些情况下 2.10.3.5 可能也适用。

4.2.10 墙上或天花板上安装的设备

预定安装在墙上或天花板上的设备，其安装装置应当是可靠的。

通过检查结构和检查所提供的数据，或者必要时通过如下的试验来检验其是否合格。

设备应当按安装说明进行安装。然后通过设备的重心向下施加一个除设备重量外的力，持续1min。该附加的力应当等于设备重量的三倍但不小于50N，设备和它相关的安装装置在试验期间应当保持在位。试验后，设备、包括任何相关的安装板不得有损坏。

二、检测仪器

1. 冲击试验装置

锤击试验在标准 GB/T 2423.55—2006（idt IEC 60068-2-75：1997）《电工电子产品环境试验 第2部分：试验方法 试验 Eh：锤击试验》中规定了三种等效方法，即弹簧锤冲击试验、摆锤冲击试验和垂直落锤冲击试验，锤击试验是用不同的锤对产品进行撞击，模拟产品在使用、保存、运输中可能经受的机械应力。在经受锤击试验后，还须依据不同产品标准的要求，对产品进行触电带电部件的防护、防水、电气间隙爬电距离、电气强度等测试，以考核产品是否有标准意义内的损坏。

在电子产品、照明产品、家用电器产品中被广泛应用的锤击试验为弹簧锤冲击试验和落锤冲击试验。

1）弹簧锤冲击试验装置

撞击元件由锤头、锤杆和操作手柄组成。只要有足够的空间，弹簧锤可在任何位置使用，弹簧锤试验广泛应用于 GB 4706.1《家用和类似用途器具的安全通用要求》、GB 8898《音频、视频及类似电子设备 安全要求》等标准。图5-3-1为弹簧锤的外观及尺寸要求：

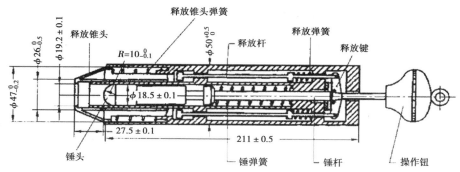

图 5-3-2　弹簧锤外观及尺寸

　　在进行弹簧锤冲击试验时，我们要注意，产品应在冲击方向上被刚性支撑［确保冲击部位的对应面（器具外壳）上被刚性支撑］，冲击时，锤头的冲击方向应与冲击表面呈水平垂直，应避免竖立冲击时锤头自身重量对冲击表面的影响。

　　（2）落锤试验装置

　　落锤试验的锤由一个基本的撞击元件组成，撞击元件与摆锤相同。撞击元件可由一根可忽略约束的管子引导。撞击元件由静止状态垂直地下落到样品的水平表面。约束的管子不应与样品接触，并能保持锤体自由下落。跌落高度、锤的等效质量选择与摆锤试验表格内容相同。在电子产品、照明产品、家用电器产品的相关标准中一般直接用一个实心钢球对受试样品进行冲击，如 GB 8898—2011《音频、视频及类似电子设备 安全要求》中第 18 条显像管的机械强度试验，又如 GB 4706.26《家用和类似用途器具的安全 离心式脱水机的特殊要求》21.101 用橡胶半球体，对机盖中央进行跌落冲击。

　　2. 耐压测试仪

　　见第三章第三节中的二、检测仪器 1（1）。

3. 划痕试验机

划痕试验机（见图5-3-3）用来进行21.2条测试，其具备一个与平面呈规定角度的钢针，钢针通过负重对被测样块提供规定的轴向力，机器可设定刮划距离和刮划次数，并可以控制试验仓体内的温度。

图5-3-3　划痕试验机

试验方法：测定绝缘样块所在部位在11章发热测试中的温升，将绝缘样块固定在测试台面上，根据试验仓体内当前的初始温度和之前测定的温升设置仓内温度，根据样块长度设定刮划距离及次数，待温度达到设定温度并稳定后，开始刮划测试，测试后，使用试验指甲以大约10N的力对刚蹭表面进行试验，不应出现如材料分离之类的进一步损坏并能经受住规定的电气强度试验。试验后使用如图5-3-4所示的坚硬钢针施加一个30N±0.5N的垂直力于绝缘表面的一个未刚蹭部位。以该钢针为一个电极对绝缘再次进行规定的电气强度试验。

图5-3-4　坚硬钢针

4. 试验指甲

见第五章第二节中的二、1内容。

5. 振动试验台

振动试验台如图 5-3-5 所示。

图 5-3-5　振动试验台

设备要求：

（1）特性要求

由功率放大器、激振器、试验夹具、样品和控制系统组成完整的振动系统要求的特性。

（2）基本运动要求

理想上应为时间的正弦函数，样品各固定点应基本同相并沿平行直线运动。实际试验中，由于样品对振动台体的影响，各固定点所产生的正弦振动波形往往不同相，各固定点的运动轨迹不是直线和不平行，这些都将影响试验结果的精度和再现性。

（3）横向运动要求

垂直与规定振动轴线的检测点上的最大振幅。要求的横向运动（振幅）如下：

——f≤500Hz 时：不大于规定振幅的 50%；

——f>500Hz 时：不大于规定振幅的 100%；

——小样品：可以规定为不大于25%；

——大而复杂的样品：允许大于100%。

上述这些要求，是指振动台装上样品（包括夹具）后，在检测点上的要求；而振动台技术条件和检测方法标准中的要求，仅指空载或刚性负载下的要求。在实际试验中，如检测点上的横向运动达不到要求，可通过改用大推力振动台、或改进夹具和安装方法达到要求。

（4）信号容差要求

信号应在参考点上对加速度信号容差进行测量（5000Hz或5倍驱动频率，取小者），除非另有规定，加速度容差不应超过5%。对于大而复杂的样品，在某一段频率不满足要求时，信号容差应记录在报告中。

（5）振幅容差要求

检测点和控制点上的实际幅值与试验所需幅值之间的容差。对再现性要求较高的试验，幅值容差（包括仪器误差）要求如下：

——控制点：±15%；

——检测点：当频率到500Hz时为±25%；当频率超过500Hz时为±50%；

——对于大而复杂的样品，采用较宽容差或替代的方法试验。

（6）频率容差要求

在检测点或控制点上测量均可，规定要求如下：

1）扫频耐久：

——到0.25Hz：±0.05Hz；

——从0.25Hz到5Hz：±20%；

——从5Hz到50Hz：±1Hz；

——高于50Hz：±2%。

2）定频耐久：

——固定频率：±2%；

——近固定频率：同扫频耐久。

在确定危险频率点、或比较耐久试验前后危险频率是否变化时，对频

241

率精度要求较高：

——到 0.25Hz：±0.05Hz；

——从 0.25Hz 到 5Hz：±10%；

——从 5Hz 到 50Hz：±0.5Hz；

——高于 50Hz：±0.5%。

扫频应是连续的，1oct/min 时的容差规定为 10%。

试验方法：

以 GB 8898—2011《音频、视频及类似电子设备 安全要求》中的振动试验为例：

（1）预处理：消除或部分消除试验样品以前经历的各种状态，在试验前所做的处理（GB 2421.1）；

（2）初始检测：按有关规范的规定，对样品进行外观及功能检查；

（3）固定方式：将设备按其预定使用的位置用捆绑带绕设备固定在振动台上；

（4）振动方向：垂直方向；

（5）试验时间：30min；

（6）振幅：0.35mm；

（7）频率范围：10Hz～55Hz～10Hz；

（8）扫频速率：1oct/min；

（9）最后检测：按有关规范的规定，对样品进行外观及功能检查。

第四节　检测案例分析

案例 1

对液体加热器进行稳定性试验时，应在容器为空以及装有不超过额定容积的任何水量状态下进行试验，器具在每个试验中都不允许翻倒。

同样的，在对带有门的器具进行稳定性试验时，应在门关闭以及打开的任何可能的角度时重复试验，并且在产品的每个方向进行试验时都不允许翻倒。

案例 2

图 5-4-1 为某企业生产的吸油烟机，其导油板可通过 22.11 条款规定的试验取下，取下后，B 型试验探棒可触及叶轮，不符合 20.2 条款要求。

图 5-4-1　某品牌吸油烟机

案例 3

某品牌手持式电风扇如图 5-4-2 所示。

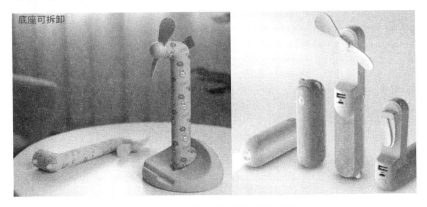

图 5-4-2　某品牌手持式电风扇

该手持式电风扇的扇叶没有防护性网罩，因此我们需要依据标准 GB 4706.27 中第 20.101 条款要求考核扇叶是否存在安全隐患，20.101 条要求如下：

除那些安装在较高位置上使用的风扇外，风扇的扇叶应加以保护。扇叶的边缘和前端平滑而且符合下述条件之一时可不需要防护：

——扇叶材料硬度小于 D60 肖氏；

——当风扇在额定电压下运行时，扇叶外部边缘的线速度小于15m/s；

——当风扇在额定电压下运行时，输出功率小于2W。

注：半径不小于0.5mm的边缘被认为是平滑的。

器具通过视检和测量来确定其是否合格。

经检验，该风扇的扇叶边缘半径为0.7mm，按照标准要求可以被认定为是平滑的，随后又使用肖氏硬度计对其硬度进行测试，结果小于D60，三条满足一条即可，故该扇叶是安全的，可以不设置防护性网罩。

进行GB 4706.27中第20.101条时，我们需要用到以下设备：

（1）肖氏硬度计

肖氏硬度计如图5-4-3所示。

图5-4-3　肖氏硬度计

肖氏硬度是指材料硬度的一种测试和表示方法。测试原理是将规定的金刚石冲头从固定的高度落在试样的表面上，冲头弹起一定高度，记录弹起高度与下落高度之比用以计算肖氏硬度。例如结果假设为51HSD，那么51表示测得的肖氏硬度值，测量时用的是D型（指示型）硬度计。C则为目测型硬度计。

（2）转速表

转速表大致可分为机械式转速表、接触式电子转速表和光电式转速表几类，由于机械式转速表和接触式电子转速表会影响被测物的旋转速度。试验时通常使用光电转速表（见图5-4-4），光电传感器属于数字式传感器，测得的转速信号是脉冲信号，可以利用单片机对其进行处理，并在LCD上直接地显示转速值。光电元件的动态特性较好，测量值准确度高。

图 5-4-4　光电转速表

测试方法：先测量风扇的直径，在风扇的最外侧粘贴一块铝箔胶带，便于光电元件测量；打开风扇，将光电转速表对准粘贴铝箔胶带的位置测量转速，通过测得的转速与风扇的半径计算风扇扇叶的线速度。

案例 4

某嵌装式烤箱，进行 GB 4706.22 标准中 21.101 烤架的机械强度试验时，烤架上放置规定重量的负载重物，按规定进行推拉烤架试验，推拉过程中，烤架滑脱跌落，不符合标准要求。

案例 5

某企业生产的手持式吸尘器带有一个充电座，充满电后可手持吸尘器工作，使用完毕后可长时间置于充电座上。吸尘器充完电使用时属于手持式器具，不需进行稳定性测试。但是吸尘器在存放或者充电时需要放置在充电座上，此时的状态应属于便携式器具，需要进行稳定性测试。测试中，器具翻倒，不符合标准要求。所以，我们在做检测时，要对产品的实际使用状态了解清楚，应在正常使用中每个可能的状态下进行考核。

案例 6

对冰箱进行稳定性测试，如果冰箱的稳定性由开着的门提供，则该门应设计为可提供支撑。20.102 条要求将器具断电并水平放置，在门搁架上放满直径 80mm，质量 0.5kg 的圆柱体重物，在能放牛奶瓶的位置放两个重物，只能放蛋类的搁架处不放重物，但如果蛋架可被取下，则应取下蛋架放上重物。门上如设有液体容器，则充水到最高水位标记处。对于带一个门的器具，打开约 90°，把一个质量为 2.3kg 的重物放在距门铰链最远边缘 4cm 的门顶上。如果带有多个门，则取最不利组合的任意两个门，打开约 90°。关闭的门搁架不放重物，把一个质量为 2.3kg 的重物放在距门铰链最远的边缘 4cm 的门顶上。按上述步骤在打开约 180°，或在门的止开位置上重复试验，取其较小角度打开。详见图 5-4-5。

图 5-4-5　冰箱门搁架配置重物试验示意图

20.103 条对带有滑动抽屉的器具进行模拟。每个抽屉带有均匀分布的负载，按 0.5kg/L 装载。带有三个滑动抽屉的器具，取最不利结果的一个抽屉拉到最不利位置或止开位置。带有超过三个抽屉的，取最不利结果的两个不相邻抽屉进行试验。如图 5-4-6 所示。

图 5-4-6　滑动抽屉中放入负载的试验示意图

上述试验后，冰箱不应翻倒（超过 2° 的倾斜被认为是翻倒），不应影响其符合 GB 4706.1—2005 中的第 8 章、第 16 章和第 29 章的要求。

"最不利情况"是一种很抽象的说法，对各种器具的各个试验项目，都有不同的解释。通常经验丰富的测试工程师可以依据经验判断，较快地找到这一点。如果缺乏某种器具或某个项目的经验，或者遇到特殊情况，就只有逐一试验，加以比较。

案例 7

对电磁灶的灶面板进行 GB 4706.29—2008 标准中第 21.101 条机械强度试验，电磁灶按第 11 章规定的条件工作。当达到稳定状态时，使电磁灶断电，并将一个装有重物的容器（容器的底部是铜或铝制的，平底部分直径为 120mm±10mm，边缘的圆直径至少为 10mm。容器内均匀地放置至少为 1.3kg 的沙或粒状物，以使总质量达到 1.80kg±0.01kg）从 150mm 的高度跌落到烹饪区域 10 次。移开容器并使器具在额定输入功率下达到稳定状态。将 $1_0^{+0.1} L$ 的约 1% 的氯化钠（NaCl）溶液稳定地倒在器具表面上。然后器具断开电源。15min 后清除所有剩余的水，并允许器具冷却到接近为室温。同样的氯化钠（NaCl）溶液再次倒在已清除水的电磁灶表面。电磁灶表面不应破裂并且器具应能承受 16.3 的电气强度试验。不合格示例如图 5-4-7 所示。

图 5-4-7 试验后灶面板破裂的不合格示例

第六章

材料耐热和耐燃的
安全防护要求

所有电器产品的安全标准都会涉及绝缘材料的耐热、阻燃性能，但是在评价材料的这些性能时，由于各种标准编制的出发点不同、标准起源的国家不同、考虑的因素及侧重点不同，甚至编制的人员不同，都会造成在方法（包括设备）上和参数上有一定的差异。检测人员在检测时应该根据产品的种类、未来使用的地域、场合及检测客户的需求合理选用标准。在此我们以我国的GB标准为主，结合目前一些通用的国际标准如 IEC、UL 标准，总结了比较通用的检测方法，从检测要求、试验设备、试验程序及实际案例等方面进行介绍。

　　目前在国内和国际通行的电子电器产品安全标准中，对材料耐热性能的评价方法主要为球压、维卡试验；对材料着火性能的评价方法主要为灼热丝、针焰、水平垂直燃烧和泡沫塑料的水平燃烧试验。

第一节　对球压测试的防护要求

一、检测要求

球压试验是用来检验非金属材料、绝缘材料的耐热性能的一种方法，在 GB 2099、GB l9212、GB 4706、GB 4943、GB l5092、GB 7000、IEC 60335 等标准中都得到了采用。

以 GB 4706.1—2005 标准为例，标准要求：对于非金属材料制成的外部零件、用来支撑带电部件（包括连接）的非金属材料零件以及提供附加绝缘或加强绝缘的材料的热塑材料零件，其恶化可导致器具不符合本标准，应充分耐热。

本要求不适用于软线或内部布线的绝缘或护套。

通过按 IEC 60695-10-2 对有关的部件进行球压试验确定其是否合格。

该试验在烘箱内进行，烘箱温度为 40℃±2℃ 加上第 11 章试验期间确定的最大温升，但该温度应至少：

——对外部零件为：75℃±2℃。

——对支撑带电部件的零件为：125℃±2℃。

然而，对提供附加绝缘或加强绝缘的热塑材料零件，该试验在 25℃±2℃ 加上第 19 章试验期间确定的最高温升的温度下进行（如果此值是较高的话）。只要 19.4 的试验是通过非自复位保护装置的动作而终止的，并且必须取下盖子或使用工具去复位它，则不考虑其 19.4 的温升。

二、检测仪器

1. 球压试验装置

（1）试验温度控制

试验温度是球压试验中一个最重要的条件，试验温度的高低直接影响样品上试验压痕的大小，而试验温度由加热箱来控制，试验箱温度容差在±2℃范围内。在一般情况下，加热箱的指示温度与箱内样品附近的实际温度不一致。因此，在实际试验中要用热电偶来监控箱内的实际温度，尤其是样品附近的温度，有条件还可以用曲线来反映加热箱内样品附近的温度变化情况。

如图6-1-1所示，通常加热箱的热平衡都是在设定的温度附近以波动的形式趋于平衡，尤其在刚达到试验温度时表现最为突出，它的波动振幅最大，之后以消波减振的形式趋于试验温度。利用曲线来监控加热箱温度的好处在于它能反映加热箱内样品附近的温度变化情况；温度波动振幅不应大于±2℃。为达到这一标准要求，我们试验时，试样的放置应在尽可能短的时间内完成，不超过30s，使下降温度尽可能地小，同时也减小达到试验温度时上冲的温度，试验箱应在5min内恢复到指定的温度（±2℃）且过冲不超过5℃。加热箱和样品支架应在试验温度下保持至少3小时或直到热平衡。

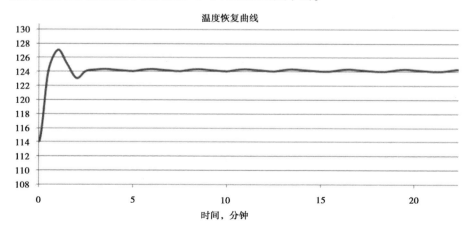

图6-1-1　加热箱典型温度恢复曲线

（2）球压装置

图 6-1-2 是典型的球压试验装置图，球压装置由一个直径为 5±0.05mm 的压力球连接砝码系统构成，其被设计成可施加一个垂直向下的作用力。包含压力球的质量相当于 20N±0.2N 的负载。

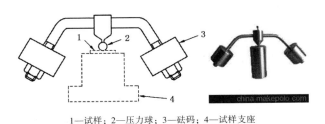

1—试样；2—压力球；3—砝码；4—试样支座

图 6-1-2　球压试验装置

试验支座应能：

a）将试样刚性支撑在水平位置；

b）有足够的强度支撑负载装置；

c）有平滑的表面；

d）有足够大的质量，以防止在烘箱内放置和取出试样时，出现试验装置温度明显降低的情况。

注：在试样支座中心表面下方约 3 mm 处安装一个单独的热电偶，以检查试样支座的温度是否与试验温度有明显偏差。

（3）试验样品

试样从成品上切取，厚度≥2.5mm，且上下平面应大致平行。如有必要，只要试验前各表面之间没有明显的移动，可叠加两个或多个部件以达到这个厚度，如果无法切割具有平行表面的试样，应小心支撑压力球正下方的试样表面；试验样品应为边长≥10mm 的正方形或直径≥10mm 的圆形表面，厚度应为（3.0±0.5）mm。如果无法在产品上切取试样，则可使用相同材料的样块作为试样。

（4）试验后的处理及压痕测量

球压装置应保持在试样上 60^{+2}_{0}min，移走球压装置后：

a）在 l0s 内将试验样品放在 20℃±5℃的水中（浸没），然后，

b）试样保持浸没在水中 6 min±2 min，然后，

c）从水中取出后，去除所有可见的水痕迹，在 3 min 内测量压痕尺寸 d。

尺寸 d 是测量出从压痕的一端清晰边界到另一端清晰边界的最大距离，尺寸 d 应排除任何向上的变形。测试部位如图 6-1-3 示例。

测量仪器应至少具有 10 倍的光学放大倍率，并与经过校准的一个分辨率不超过 0.1 mm 的网格或十字线测量台一起使用。

从材料的耐热性能来看，这样测得的结果明显降低了其耐热性能。根据 IEC 60695-10-2 中规定的测量压痕的位置来看，压痕的测量应从压力球和样品表面相切点处进行测量，测量时应扣除材料变形部分的尺寸。图 6-1-4 是两个实际测量的实例，箭头线表示选择测量点的位置应该是与压球相切的点，而不是材料变形产生的扩展的边界。

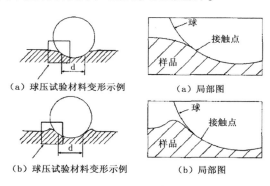

图 6-1-3　压痕示例

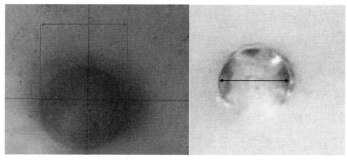

实例 1　　　　　　　　实例 2

图 6-1-4　压痕测量示例

2. **试验步骤**

（1）试验设备

—— 球压装置；

—— 样品支座；

—— 加热试验箱；

—— 影像测量仪／带刻度的放大镜（放大倍数：10×至20×）；

—— 温度记录仪；

—— 恒温恒湿箱；

—— 计时器。

（2）试验程序

1）样品制备

从产品上切割试验样品，尽量使上下表面大致平行、厚度至少为2.5mm（如必要，可用叠加两个或更多部件获得这个厚度）。

2）样品预处理

除非另有规定，试验样品在温度15℃～35℃之间、相对湿度在45%～75%之间至少放置24小时，一般设定恒温恒湿箱温度为25℃，湿度为65%。

（3）试验操作过程

1）开启加热试验箱，设定试验箱温度为球压试验的温度，即125℃。

2）开启温度记录仪，对加热试验箱及试样支座的温度进行监控。

3）当加热试验箱内温度达到设定温度125℃后，使球压装置和试样支座在此温度下保持至少3小时或更长时间，以达到热平衡为准。打开试验箱门，将试验样品放置在样品支座上大约中心的位置，样品表面保持水平。轻轻地将球压装置放在试验样品大约中心位置。整个操作过程应在30s内完成。（在操作及测试过程中，注意周围环境振动引起的误差。）

（4）试验后的处理

球压试验时间为 60^{+2}_{0} min，完毕后从试验样品上移去球压装置，并在 10 秒内将试验样品浸入准备好的温度为 20℃±5℃ 的水中，保持 6min±2min，从水中取出并去除水迹。

（5）测量与判定

1）从水中取出试验样品 3min 之内，使用光学测量装置（如显微镜等）或带刻度的放大镜，完成球压压痕尺寸 d 的测量。测量点选取在如图 6-1-5 所示的拐点之间。

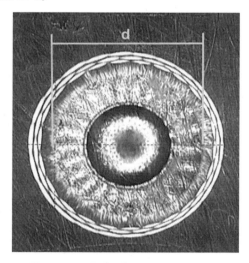

图 6-1-5　影像测量仪下的测量示例

2）读取测量结果，测量结果保留至 1 位小数。

3）判定，如果尺寸 d 没有超过 2.0mm，该试验结果为通过。

第二节　对维卡软化点的防护要求

一、检测要求

一般情况下，热塑性塑料在常温下呈玻璃态。但随着温度的提高，逐渐向高弹态转变，逐渐失去了它原有的刚性，变得柔软，在较小的外力作用下，就会产生较大的变形。

在标准 GB/T 1633—2000 热塑性塑料维卡软化温度（VST）的测定中规定了四种测定热塑性塑料维卡软化温度（VST）的试验方法：

A_{50}法——使用 10N 的力，加热速率为 50℃/h；

B_{50}法——使用 50N 的力，加热速率为 50℃/h；

A_{120}法——使用 10N 的力，加热速率为 120℃/h；

B_{120}法——使用 50N 的力，加热速率为 120℃/h。

维卡软化点温度 VST 原理为：在一定条件下（试样升温速率、压针横截面积、施加于压针的静负荷、试样尺寸等），压针头刺入试样 1mm 时的温度为维卡软化点温度，以"℃"表示。

标准 GB 8898—2011《音视频及类似电子设备 安全要求》第 7 章要求，为了确定具体的热塑性材料的软化温度，应当使用 GB/T 1633 试验 B50 确定的软化温度。如果是一种未知的材料，或者如果是零部件实际温度超过软化温度，则应当使用修改后的条件：

（1）在单独的样品上，按 GB/T 1633 规定的条件，加热速率为 50℃/h，以及按如下修改的条件来测定材料的软化温度：

——压透深度为 0.1mm；

——先施加 10N 的总推力，然后将表盘刻度调零或记下初始读数。

（2）确定温升所考虑的温度限值如下：

—— 在正常工作条件下，低于软化温度 10K；

—— 在故障条件下，即为软化温度。

（3）如果在预期使用时，与电网电源导电连接的零部件承载的稳态电流大于 0.2A，而且会由于接触不良而大量发热，则支撑这些零部件的绝缘材料应当是耐热的。绝缘材料的软化温度应当至少为 150℃。

二、检测仪器

1. 仪器主要组成部分

（1）负载杆。装有负荷板，固定在刚性金属架上，能在垂直方向上自由移动，金属架底座用于支撑负载杆末端压针头下的试样（见图 6-2-1）。

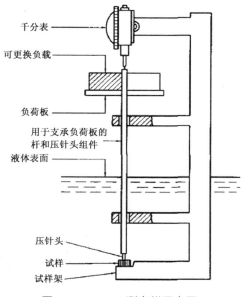

图 6-2-1　VST 测定仪示意图

（2）压针头。最好是硬质钢制成的长为 3 mm，横截面积为 $1.000 \text{mm}^2 \pm 0.015 \text{mm}^2$ 的圆柱体。固定在负载杆的底部，压针头的下表面应平整，垂直于负载杆的轴线，并且无毛刺。

（3）千分表。已校正的千分表（或其他适宜的测量仪器），能够测量压针头刺入试样 1mm±0.01 mm 的针入度，并能将千分表的推力记为试样所受推力的一部分（GB 8898 要求压透深度为 0.1mm）。

（4）负荷板。装在负载杆上，中央加有适合的砝码，使加到试样上的总推力，对于 A_{50} 和 A_{120} 达到 10 N±0.2N，对于 B_{50} 和 B_{120} 达到 50 N±1N。负载杆、压针头、负荷板千分表弹簧组合向下的推力应不超过 1N。

（5）加热设备。盛有液体的加热浴，加热设备应装有控制器，能按要求以 50℃/h±5℃/h 或 120℃/h±10℃/h 匀速升温。在试验期间，每隔 6min 温度变化分别为 5℃±0.5℃或 12℃±1℃，应认为加热速率符合要求。调节仪器使其在达到规定的压痕时，自动切断加热器并发出警报。加热浴盛有试样浸入的液体，并装有高效搅拌器，试样浸入深度至少为 35 mm；确定选择的液体在使用温度下是稳定的，对受试材料没有影响，例如膨胀或开裂等现象。当使用加热浴时，将测得靠近试样液体的温度作为维卡软化温度（VST）。

（6）测温仪器。加热浴，部分浸入型玻璃水银温度计或测量范围适当的其他测温仪器，精度在 0.5℃以内。图 6-2-2 为维卡测试仪。

图 6-2-2　维卡测试仪

2. 试验步骤

本示例按照标准 GB 8898—2011《音视频及类似电子设备 安全要求》第 7 章要求，按 GB/T 1633 规定的条件，加热速率为 50℃/h，压透深度为 0.1mm，施加 10N 的总推力进行。

（1）试验仪器

—— 负载杆；

—— 压针头；

—— 千分表；

—— 负荷板；

—— 加热设备；

—— 测温仪器。

（2）试验程序

1）样品制备

每个受试样品使用至少两个试样，试样为厚 3~6.5 mm，边长 10 mm 的正方形或直径 10 mm 的圆形，表面平整、平行、无飞边。试样应按照受试材料规定进行制备。如果没有规定，可以使用任何适当的方法制备试样。

——如果试样厚度超过 6.5mm，应根据 ISO2818 通过单面机械加工使试样厚度减小到 3~6.5 mm，另一表面保留原样。试验表面应是原始表面。

——如果板材厚度小于 3mm，将至多 3 片试样直接叠合在一起，使其总厚度在 3~6.5mm 之间，上片厚度至少为 1.5mm。厚度较小的片材叠合不一定能测得相同的试验结果。

2）试验过程

①将试样水平放在未加负荷的压针头下。压针头离试样边缘不得少于 3mm，与仪器底座接触的试样表面应平整。

②将组合件放入加热装置中，启动搅拌器，在每项试验开始时，加热装置的温度应为 20℃~23℃。当使用加热浴时，温度计的水银球或测温仪器的传感部件应与试样在同一水平面，并尽可能靠近试样。如果预备试验表明在其他温度开始试验对受试材料不会引起误差，可采用其他起始温度。

③5min 后，压针头处于静止位置，将足量砝码加到负荷板上，以使加在试样上的总推力为 10N±0.2N。然后，记录千分表的读数（或其他测量压痕仪器）或将仪器调零。

④以 50℃/h±5℃/h 的速度匀速升高加热装置的温度；当使用加热浴时，试验过程中要充分搅拌液体。

⑤当压针头刺入试样的深度与规定的起始位置相差 0.1mm±0.01 mm 时，记下传感器测得的油浴温度即为试样的维卡软化温度。

⑥受试材料的维卡软化温度以试样维卡软化温度的算术平均值来表示。如果单个试验结果差的范围超过 2℃，记下单个试验结果，并用另一组至少两个试样重复进行一次试验。

3）测量与判定

①按 GB/T 1633 规定，A_{50}、A_{120}、B_{50} 和 B_{120} 压针头刺入试样 1mm 时的温度为维卡软化点温度，以℃表示。

②按照标准 GB 8898—2011《音视频及类似电子设备 安全要求》第 7 章要求，按 GB/T 1633 规定的条件，加热速率为 50℃/h，施加 10N 的总推力，压透深度为 0.1mm 的温度为维卡软化点温度。

a）确定温升所考虑的温度限值如下：

—— 在正常工作条件下，低于软化温度 10K；

—— 在故障条件下，即为软化温度。

b）如果在预期使用时，与电网电源导电连接的零部件承载的稳态电流大于 0.2A，而且会由于接触不良而大量发热，则支撑这些零部件的绝缘材料应当是耐热的。绝缘材料的软化温度应当至少为 150℃。

典型的测量曲线如图 6-2-3 所示。

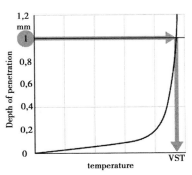

图 6-2-3　典型的测量曲线

（3）注意事项

1）在试验进行中，若因意外情况而停止试验，则此实验不能继续进行，须油温降到室温后更换试样重新开始试验，否则数据不准确；

2）在试样安装或取出时，不要将试样掉入油池中，若掉入一定要取出，否则会损坏仪器，油池中禁止有任何杂物；

3）注意使用油的闪点，试验温度距闪点温度要有 40℃以上间隔；

4）仪器周围 5m 的直径范围内不可有明火；

5）砝码应经常擦拭，保持清洁，防止锈蚀，使用一段时间后用天平检查砝码和负载重量，必要时进行调整；

6）试验过程中人员禁止离开试验机。

第三节　对灼热丝试验的防护要求

一、检测要求

测量电工电子产品着火危险的最好方法，是真实再现实际使用场景。在电器内部容易使火焰蔓延的绝缘材料或其他固体可燃材料的零件可能会由于灼热电线或灼热元件而起燃，因此采用灼热丝（glow wire）试验方法对非金属材料的阻燃、点燃性能进行评价是行业内公认的方法。

灼热丝试验是利用模拟技术评定灼热元件或过载电阻之类热源在短时间内造成热应力硬性的着火危险性，是一种无火焰引燃源着火试验方法。灼热丝试验分为成品灼热丝试验（GB/T 5169.11—2017）、材料灼热丝试验（即灼热丝可燃性指数 GWFI，GB/T 5169.12—2013）及材料的灼热丝起燃性试验（即灼热丝起燃温度 GWIT，GB/T 5169.13—2013）。

电子电器产品通常采用成品灼热丝试验，但如果其材料的灼热丝可燃性指数、灼热丝起燃温度高于成品灼热丝要求（如温度点、材料厚度等），可以免于试验。

标准 GB 4706.1—2005 第 30.2 条要求：非金属材料零件，对点燃且火焰蔓延应是具有抵抗力的。

a）金属材料部件经受 GB/T 5169.11—2006 的灼热丝试验，该试验在 550℃的温度下进行。

b）对有人照管下工作的器具，支撑载流连接件的非金属材料部件，以及这些连接件 3mm 距离内的非金属材料部件，经受 GB/T 5169.11 的灼热丝试验：

试验的严酷等级应为：

——对于正常工作期间其载流超过 0.5A 的连接件，750℃；

——其他连接件，650℃。

c）工作时无人照管的器具按 30.2.3.1 和 30.2.3.2 的规定进行试验：

30.2.3.1 支撑正常工作期间载流超过 0.2A 的连接件的绝缘材料部件，以及距这些连接处 3 mm 范围内的绝缘材料，其灼热丝的燃烧指数［按 GB/T 5169.12（idt IEC 60695-2-12）］至少为 850℃，该试样不厚于相关部件。

30.2.3.2 支撑载流连接的绝缘材料部件，以及距这些连接处 3mm 范围内的绝缘材料部件，经受 GB/T 5169.11（idtI EC 60695-2-11）灼热丝试验。但是，按 GB/T 5169.13（idtI EC 60695-2-13）其材料类别的灼热丝至少达到下列起燃温度值的部件，不进行灼热丝试验：

——对于正常工作期间其载流超过 0.2A 的连接件，775℃；

——其他连接件，675℃。

试验样品不应厚于相关部件。

当进行 GB/T 5169.11（idtI EC 60695-2-11）的灼热丝试验，温度如下：

——对于正常工作期间其载流超过 0.2 A 的连接件，750℃；

——其他连接件，650℃。

耐燃试验如图 6-3-1 所示。

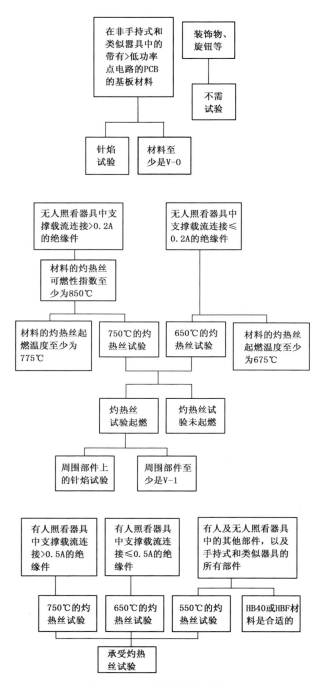

图 6-3-1　耐燃试验步骤图

二、检测仪器

1. 试验装置

（1）灼热丝

灼热丝应用标称直径为 4mm 的镍/铬（>77%/20±1%）丝制成，按图 6-3-2 所示将灼热丝成型为环。

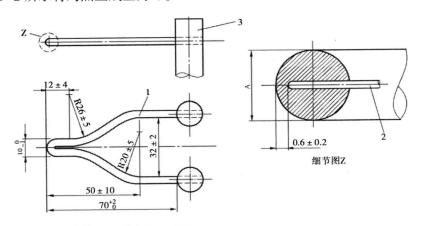

说明：1—灼热丝；2—热电偶；3—螺栓。

灼热丝材料：镍/铬（>77% Ni/20±1% Cr）。

直径：4.0mm±0.07mm（弯曲前）。

尺寸 A：（弯曲后）见 5.1。

加工灼热丝时，注意避免在顶部出现细小裂纹。

注：退火是适用于防止顶部出现细小裂纹的工序。

图 6-3-2 灼热丝和热电偶的位置

试验装置应使灼热丝保持在一个水平面上，且在使用时灼热丝对试验样品施加 0.95N±0.1N 的力。灼热丝或试验样品在水平方向相对移动时应保持此压力值。灼热丝顶端进入并穿透试验样品的深度应限定在 7mm±0.5mm 内。

试验装置的设计应使从试验样品上落下的燃烧或灼热颗粒能够无阻碍地滴落在规定的铺底层上。

（2）试验电路和连接

图6-3-3为一个简单的灼热丝加热电路，没有维持温度的反馈装置或反馈电路。灼热丝加热装置的电源应为一个稳定电压源（±2% rms），试验电路应包含一个电流测量装置，指示真实有效值的最大误差在1%范围内。由于大电流的存在，灼热丝的电气连接应能确保通过大电流而不影响电路的性能或长期稳定的能力。顶端加热到960℃所需的典型电流在120A～150A。

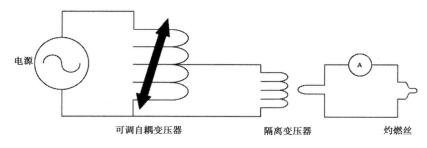

图6-3-3 试验电路

（3）温度测量系统

灼热丝顶部的温度应使用带有1级标准（见 IEC 60584-2）矿物绝缘金属铠装细丝的热电偶加以测量。热电偶丝的标称直径应为1.0mm，例如镍铬或镍铝合金丝（K型）（见 IEC 60584-1），热电偶应适合在温度960℃的条件下连续运行。焊点应位于铠装套内并尽可能地靠近顶部。铠装套应由金属制成，能耐受在温度至少为1050℃的条件下连续工作。

（4）规定的铺底层

除非另有规定，在一块最小厚度为10mm的光滑木板上表面紧裹一层包装绢纸，置于灼热丝施加到试验样品处下面的200mm±5mm处。按 ISO 4046-4：2002 中4.215的规定，包装绢纸是一种柔软而强韧的轻质包装纸，单位面积质量为12 g/m^2～30 g/m^2。

（5）试验箱

试验箱应在无通风环境下运行，其容积还应满足以下条件：

——试验期间，氧气的损耗不会明显影响试验结果，且

——试样可安装在距离试验箱各表面至少100mm处。

试验箱容积至少为0.5m³；在试验位置上，试样受光（不算灼热丝的）不超过20lx，该数据由照度计在试样的位置，面对试验箱后部测得。

每次试验后，应将含有试验样品分解物的空气安全地排出试验箱。

（6）计时装置

计时装置应有<0.2s的分辨率。

灼热丝试验仪如图6-3-4所示。

图6-3-4　灼热丝试验仪

2. 试验装置的校验

（1）灼热丝端部的校验

每一系列试验之前，必须测量和记录图6-3-2和放大图Z所示的尺寸"A"来检查灼热丝顶部。当该尺寸降低到最初读数的97.5%时，就应更换灼热丝。

每次试验完成后，如有必要，需要清除灼热丝顶部所有前次试验材料的残留物，例如用钢丝刷清洁，然后检查灼热丝顶部是否有裂纹。如果不破坏灼热丝就无法清洁其顶部（例如，当灼热丝上有熔融玻璃纤维残留物时），则应更换灼热丝。

（2）温度测量系统的校验

应周期性地校验。温度测量系统的持续准确性能和校准可将一片纯度至少为99.8%、面积约为2mm²、厚度约为0.06mm的银箔放置在灼热丝顶部的上表面来完成灼热丝温度的单点校验。灼热丝以适合的低加热速率进行加热，当银箔开始熔化时，温度计应显示960℃±10℃。校验完成后，应在灼热丝还热的时候，立即清除所有银残留物，以减少熔成合金的可能性。如有争议，应采用银箔校验方法。

3. 试验步骤

1）试验仪器

——灼热丝试验仪；

——能够观察试验样品且容积至少为0.5m³的试验箱。

2）试验程序

1）试验样品的选取：试验样品应是一个完整的成品。或如果试验不能在完整的成品上进行，则采取在需要检验的部件中切下一块等方法进行取样。

2）预处理：在试验开始前，将试验样品、木板和绢纸放置在温度为15℃~35℃、相对湿度为45%~75%（一般取25℃、65%的环境）的大气环境下至少24h。

3）测量和记录图6-3-2和放大图Z所示的尺寸"A"来检查灼热丝顶部。当该尺寸减少到最初读数的97.5%时就应替换灼热丝。

4）将预处理完毕的样品加装在灼热丝试验仪样品支架上，并在样品底部铺好预处理好的绢纸，调整两者的距离为200mm±5mm。

5）打开灼热丝仪试验仪，在未加热的状态，启动仪器，带样品的小车前行并和灼热丝接触，调整好刺入样品的深度为7mm，对仪器进行复位，小车回退。

6）设定好灼热丝的施加时间30S，开启灼热丝的加热功能，缓慢调节灼热丝的加热电流，直到灼热丝到指定的温度（这里取650℃），并达到稳定（该温度在 60s 时间内，变化小于 5K）。

7）启动仪器，带样品的小车前行，样品与加热的灼热丝环接触，进行灼热丝试验，到达指定时间后，灼热丝自动切断电源，小车回退。

（3）结果判定

除非另有规定，试验样品如果没有起燃，或满足以下所有条件，则认为能经受本试验：

1）灼热丝顶部移开试样后，试样有焰和/或无焰燃烧的最长持续时间（tR）不超过 30s；

2）试样未被烧尽；以及

3）绢纸未起燃。

第四节　对针焰试验的防护要求

一、检测要求

在设备内部容易使火焰蔓延的绝缘材料或其他可燃材料可能会由于故障元件产生的火焰而起燃。针焰试验是利用模拟技术评定设备内部由于故障条件所造成小火焰的着火危险性。

GB 4706.1—2005 中第 30.2 条要求：

a）可经受 GB/T5169.11（idt IEC 60695-2-11）灼热丝试验，但在试验期间产生的火焰持续超过 2s 的部件，进行下述附加试验。对该连接件上方直径 20 mm、高 50 mm 的圆柱范围内的部件，进行附录 E 的针焰试验。但用符合针焰试验的隔离挡板屏蔽起来的部件不需进行试验。

在试样不厚于相关部件的情况下，材料类别按 GB/T 5169.16（idt IEC 60695-11-10）划分为 V-0 或 V-1 的部件不进行针焰试验。

b）对于印刷电路板的基材，进行附录 E 的针焰试验。将印刷电路板按照正常使用时的方位进行放置，火焰施加于板上正常使用定位时散热效果最差的边缘。

GB 7000.1—2015 中第 13.3.1 要求，固定载流部件就位的绝缘材料部件应经受针焰试验。

二、检测仪器

1. 试验装置

（1）燃烧器

产生试验火焰的燃烧器是由长至少 35mm、内径 0.5mm±0.1mm 和外径不超过 0.9mm 的管子所构成。ISO 9626 规定的管材（标准壁厚或薄壁 0.8mm）能够满足本标准规定的内径 0.5mm±0.1mm 和外径不超过 0.9mm 的要求。

（2）气体供应

燃烧器使用丁烷气或丙烷气，其纯度不低于 95%。燃烧器内不允许有空气进入。

（3）试验箱

试验箱的内部容积应至少为 0.5m³。试验箱应提供无通风的环境，而允许正常的热循环空气通过试验样品。试验箱应允许观察正在进行的试验。试验箱各内表面应为暗色。如有争议，应使用照度计测量，其光照度应小于 20 lx。为了安全和方便起见，需要为（可能是完全封闭的）外壳装备一个排风装置，例如排风扇，去除可能有毒的燃烧产品。试验时排风装置应关闭，在试验后立即打开排出燃烧产物。需要一个强制关闭的挡风装置。

（4）规定的铺底层

为了评定（例如从试验样品落下来的燃烧或灼热颗粒）火蔓延的可能性，在试验样品底下放一层铺底层，一层通常围着或在试验样品之下的材料或元件作为铺底层放在试样下面，它们之间的距离等于在正常使用安装时的试验样品与周围材料或元件的距离。如果试验样品是设备的部件或零件，并进行单独试验时，除有关规范另有规定外，在厚约 10mm 的平滑木板上紧裹一层包装绢纸作铺底层，并置于施加针焰的试验样品位置下面 200mm±5mm 处。ISO 4046-4 中 4.215 规定的包装绢纸是一种柔软而强韧的轻质包装纸，单位面积质量为 $12g/m^2 \sim 30g/m^2$。

如果试验样品是一个完整的壁挂式设备，应把它固定在盖有绢纸的木板上方 200mm±5mm 处的正常位置。可能需要采取办法，将试验样品和燃烧器固定在适当的位置上。

（5）计时装置

计时装置的分辨率应不超过 0.5 秒。

2. 试验装置的温度确认及火焰施加

（1）试验火焰温度的确认

在燃烧器沿垂直位置放置时，调节供气火焰高度应为 12mm±1mm（见图 6-4-1 1a）。将铜块移动到火焰正上方 6±0.5mm 处（见图 6-4-2），应使铜块尽量保持静止，测量铜块温度从 100℃±5℃ 升到 700℃±3℃ 的时间应为 23.5s±1.0s。

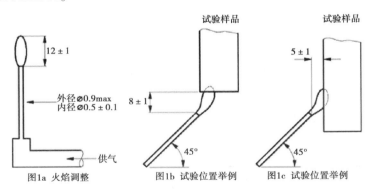

图 6-4-1　针焰燃烧的火焰高度及燃烧位置

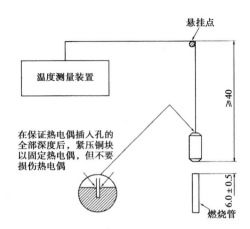

图6-4-2　温度确认试验装置

（2）试验火焰的施加

试验火焰应施加在试验样品易受火焰影响的表面部位，该火焰由正常使用或故障条件所导致的。火焰试验位置的例子见图6-4-1 1b和1c。

施加试验火焰的持续时间应按照有关规范及标准中的规定。试验火焰被定位在火焰尖端与试验样品表面接触的位置。达到规定要求时间之后将火焰移开。

如果在施加火焰时试验样品滴下熔化或有焰的材料，燃烧器可与垂线成45°角度以防止材料跌落到燃烧器的管内，燃烧器的顶端中心与另一部分的试验样品剩余部分底端保持8mm±1mm（见图6-14-1 1b），或者燃烧器的顶端中心与另一部分的试验样品剩余部分侧面保持5mm±1mm（见图6-4-1 1c），忽略熔化的材料丝。

当有关标准要求在同一试验样品上进行多于一个点的试验时，必须注意确保先前的试验造成的劣化不会影响后面试验的结果。

3. 试验步骤

（1）试验仪器

——针焰试验仪；

——能够观察试验样品且容积至少为0.5m³的试验箱（见图6-4-3）。

图6-4-3　针焰试验仪试验箱内部

（2）试验程序

1）试验样品选取

除非有关标准另有规定，试验样品应安放在正常使用时最可能发生燃烧的位置进行试验。试验样品的固定方法不应对试验火焰或火焰蔓延效应产生影响，应和正常使用条件下的情况一致。

如果可能，试验样品应该是完整的设备、部件或元件。必要时，拆掉部分外壳或截取适当的部分进行试验，但必须注意确保试验条件在形状、通风条件、热应力效应和可能产生的火焰，以及燃烧或灼热颗粒落到试验样品附近等方面与正常使用时出现的情况无显著的差别。如果试验样品是从一个大的整体上截取的适当部分，必须注意确保在这种特殊场合下，正确施加试验火焰，例如不要将试验火焰施加到由于切割所产生的边缘上。

如果试验无法在设备里的部件或元件上进行时，可在从设备上拆下的试验样品上进行。

2）预处理

除非有关标准另有规定，在试验开始前，应将试验样品、木板和绢纸放置在温度为15℃～35℃、相对湿度为45%～75%的大气环境下至少24h。

3）将预处理完毕的样品夹持到针焰试验仪上，并在样品底下铺好绢纸，调整两者的距离为200mm±5mm。

4）将试验仪在未点火的状态下，启动仪器，试运行，调整好试验针头的角度以及与试验样品之间的距离（这里取8±1 mm）。

5）将试验仪复位，点燃火焰，使用火焰测量规，调整其火焰的高度为 12mm±1mm，设定火焰施加的时间为 30s（以家用电器产品为例）。

6）启动仪器，使火焰的针头前移，对试验样品施加火焰，达到设定时间后，仪器自动切断气源，火焰熄灭，针头后移。

（3）结果的判定

除非有关标准另有规定，如果试验样品符合下列情况之一，可认为能耐受针焰试验。

1）试验样品无火焰和灼热，并且规定的铺底层或包装绢纸没有起燃。

2）在移开针焰后，试验样品和其周围部件的火焰或灼热在 30s 之内熄灭，而且周围的零部件没有继续完全燃烧；规定的铺底层或包装绢纸没有起燃。

第五节　对水平垂直燃烧的防护要求

一、检测要求

所有电工电子产品的设计都需要考虑着火风险和潜在的着火危险。对元件、电路和产品的设计以及材料的筛选目的在于，在正常操作条件下，以及在合理可预见的异常使用、故障和失效时，将潜在的着火风险降低到可以接受的水平。

塑料的水平垂直燃烧性能试验仪适用于塑料表面火焰传播试验的测定。按一定的火焰高度和一定的施焰角度对呈水平或垂直状态的试样定时施燃若干次，以试样点燃、灼热燃烧的持续时间和试样下铺垫的引燃物是否引燃来评定其燃烧性。

对材料的可燃性分级，对材料点燃后的燃烧特性和熄灭能力的鉴别可参考两个标准。当按照 GB/T 5169.16 进行试验时，这些材料可划分等级

为 V-0、V-1、V-2、HB 、HB40、HB75 级材料；当按照 GB/T 5169.17
进行试验时，这些材料可划分等级 5VA、5VB 级材料。具体参考标准
如下：

（1）燃烧等级 V-0，V-1，V-2

GB/T 5169.16—2017《电工电子产品着火危险试验 第 16 部分 试验火
焰 50W 水平与垂直火焰试验方法 试验方法 B 垂直燃烧》；

GB/T 5169.22—2015《电工电子产品着火危险试验 第 22 部分 试验火
焰 50W 火焰装置和确认试验方法》。

（2）燃烧等级 HB40、HB75

GB/T 5169.16—2017《电工电子产品着火危险试验 第 16 部分：试验
火焰 50W 水平与垂直火焰试验方法 试验方法 A 水平燃烧》；

GB/T 5169.22—2015《电工电子产品着火危险试验 第 22 部分 试验火
焰 50W 火焰装置和确认试验方法》。

（3）燃烧等级 5VA、5VB

GB/T 5169.17—2017《电工电子产品着火危险试验 第 17 部分 试验火
焰 500W 火焰试验方法》；

GB/T 5169.15—2015《电工电子产品着火危险试验 第 15 部分：试验
火焰 500W 火焰 装置和确认试验方法》。

二、检测仪器

1. 试验装置

水平垂直燃烧试验包括 50W 水平垂直火焰试验方法和 500W 火焰试验
方法两种，一般试验装置包括以下组成部分。

（1）燃烧器

实验室燃烧器应符合图 6-5-1 、图 6-5-2 的要求。

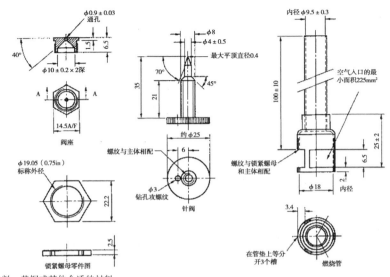

材料：黄铜或其他合适的材料。

除非另有说明，否则线性尺寸的公差为：

    ××（如20）采用±0.5mm；

    ××.×（如20.0）采用±0.1mm。

除非另有说明，否则角度尺寸的公差为：

    ×（如45）采用±30′。

图6-5-1　燃烧器零件图

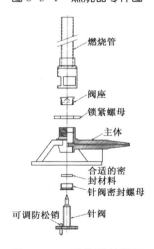

图6-5-2　燃烧器总装图

（2）流量表

1）对于50W火焰试验装置：流量表应适用于在测量23℃、0.1MPa
条件下流量为105mL/min的气体，且精确到±2%。

2）对于500W火焰试验装置：流量表应适用于在测量23℃、0.1MPa条件下流量为965mL/min的气体，且精确到±2％。

（3）压力表

压力表应适用于测量 0 kPa~7.5kPa 范围的压力测量。也可用读数范围 0 kPa~7.5kPa 的水压表（见图6-5-3）。

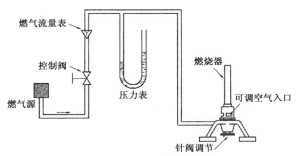

注：为了保持要求的背压，需将压力表与质量流量表连接。
流量表与燃烧器连接的管内径尺寸应适合于最小化压力降。

图6-5-3　燃烧器供气系统

（4）控制阀

控制阀能将气体流量限定在规定的容差内（见图6-5-3）。

（5）校准铜块

对于50W火焰试验装置，在完成整个机械加工但未钻孔的情况下，铜块直径为5.5mm，质量为1.76±0.01g。如图6-5-4所示。

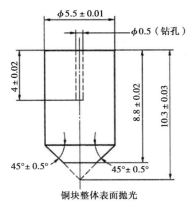

材料：高导电率电解铜 Cu-ETP USN C11000（见 ASTM-B187/B187M-06）。
质量：钻孔前 1.76g±0.01g。
除非另有说明，否则公差为：±0.1、±30′（角度）。

图6-5-4　50W 校验铜块（单位：毫米）

对于 500W 火焰试验装置，在完成整个机械加工但未钻孔的情况下，铜块直径为 9mm，质量为 10.00±0.05g。如图 6-5-5 所示。

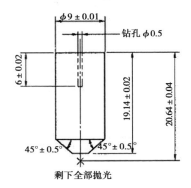

除非另有说明，公差为±0.1、±30′（角度）。
材料：高导电率电解铜 Cu-ETP USN C11000（见 ASTM-B187）。
质量：钻孔前 10.00g±0.05g。

图 6-5-5　500W 校验铜块（单位：毫米）

（6）热电偶

带有绝缘结点的一级矿物绝缘金属铠装细丝的热电偶，用于测量铜块的温度，其标称直径应为 0.5mm，有位于铠装套内的焊接点。铠装套应由金属制成，适合在温度至少为 1050℃ 的条件下连续工作。热电偶的容差应符合一级标准。

（7）温度/时间显示/记录装置

应适用于测量铜块由 100℃±2℃ 加热到 700℃±3℃ 的时间，并且时间测量容差为±0.5s

（8）燃气

燃气应是纯度不低于 98% 的甲烷气体。

（9）铁丝网

铁丝网应是 20 目（即每 25mm 约有 20 个孔眼）用直径 0.40mm ~ 0.45mm 的钢丝制成，然后裁成约 125mm×125mm 的正方形。

（10）棉垫

棉垫应由指定为"100%"的棉或"纯棉"的脱脂棉制成。

（11）干燥箱

干燥器应装有无水氯化钙或其他干燥剂，能将温度维持23℃±2℃，相对湿度不超过20%。

（12）空气循环烘箱

空气循环烘箱应能将烘箱处理温度调节到70℃±2℃（相关规范另有规定时除外），每小时换气应不少于5次。

（13）状态调节箱

状态调节箱应能保持温度在23℃±2℃，相对湿度50%±10%。

（14）试验支架

试验支架应有可调节试验样品位置的夹具或类似装置（见图6-5-6）。

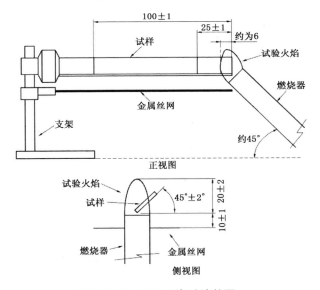

图6-5-6　水平燃烧试验装置

（15）支持夹具

HB支持夹具应用于检测非自撑型试验样品。

（16）燃烧器固定台

燃烧器固定台将燃烧器定位至垂直轴线呈20°±2°。

（17）实验室通风柜/试验箱

1）对于50W火焰试验装置：实验室通风柜/试验箱的容积应至少

为 0.5m³ ;

2）对于 500W 火焰试验装置：实验室通风柜/试验箱的容积应至少为 0.75m³。

试验箱应允许观察试验的进程并且应是无通风环境，允许燃烧期间试验样品周围空气的正常热循环。试验箱的内表面应是深色的。将一个照度计放在试验火焰的位置面向试验箱后壁时，显示的照度应小于 20 lx。为了安全和方便起见，试验箱应装有排气装置，以便排除可能有毒的燃烧产物，排气装置在试验期间应关闭。

2. 试验火焰确认试验方法

（1）50W 火焰确认试验

1）火焰的产生：按照图 6-5-3 所示的燃烧器供气装置，确保连接处无气体泄漏，将燃烧器置于实验室通风柜/试验箱内；使燃烧器中心轴线垂直，将燃烧器放在远离试验样品的地方，点燃气体将气体流量调节至 105mL/min，调节针阀设定气体流量，调节火焰高度为 20mm±2mm ，并且是对称的，调节空气入口直到火焰没有焰心，完全是蓝色的。等待至少 5min 使燃烧器条件达到稳定。

2）火焰的确认：使用 50W 校验铜块确认火焰时，铜块温度从 100℃±2℃ 上升到 700℃±3℃ ，所需的时间应为 44s±2s。

产生火焰时，燃烧器远离铜块，以免火焰影响铜块。

使温度/时间显示/记录装置处于运行状态，重新调整铜块下方燃烧器的位置，使铜块处于燃烧器正上方 10mm±1mm 处，如图 6-5-7 所示。测量铜块从 100℃±2℃ 上升到 700℃±3℃ 的时间，如果该时间为 44s±2s，将铜块在空气中自然冷却到 50℃以下，重复两次该步骤直到连续的 3 次测量均满足该时间值。如果期间有一次测量不满足 44s±2s ，调节火焰达到稳定，重新进行火焰确认。

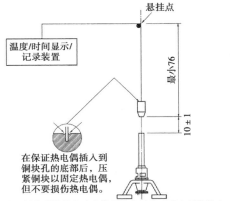

悬挂点

温度/时间显示/
记录装置

最小76

10±1

在保证热电偶插入到
铜块孔的底部后，压
紧铜块以固定热电偶，
但不要损伤热电偶。

注：铜块悬挂的方式应使铜块在试验时基本保持静止。

图 6-5-7 50W 火焰 确认试验装置（单位：毫米）

（2）500W 火焰确认试验

1）火焰的产生：按照图 6-5-3 所示燃烧器供气装置，确保连接处无气体泄漏，将燃烧器置于实验室通风柜/试验箱内；使燃烧器中心轴线垂直，将燃烧器放在远离试验样品的地方，点燃气体将气体流量调节至 965mL/min，调节针阀设定气体流量，调节火焰高度约 125mm 并且是对称的，调节空气入口直到蓝色焰芯高度为 40mm±2mm。等待至少 5min 使燃烧器条件达到稳定。

2）火焰的确认：使用 500W 校验铜块确认火焰时，铜块温度从 100℃±5℃上升到 700℃±3℃所需的时间应为 54s±2s。

产生火焰时，燃烧器远离铜块，以免火焰影响铜块。

使温度/时间显示/记录装置处于运行状态，重新调整铜块下方燃烧器的位置，使铜块处于燃烧器正上方 55mm±1mm 处（如图 6-5-8 所示），测量铜块从 100℃±5℃上升到 700℃±3℃的时间，如果该时间为 54s±2s，将铜块在空气中自然冷却到 50℃以下，重复两次该步骤直到连续的 3 次测量均满足该时间值。如果期间有一次测量不满足 54s±2s，调节火焰达到稳定，重新进行火焰确认。

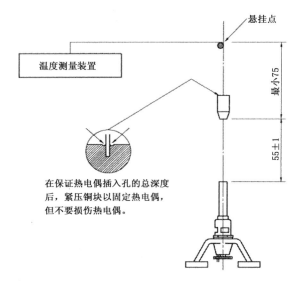

在保证热电偶插入孔的总深度后，紧压铜块以固定热电偶，但不要损伤热电偶。

注：铜块悬挂的方式应使铜块在试验时基本保持静止。

图 6-5-8　500W 燃烧试验火焰确认装置（单位：毫米）

3. 试验步骤

（1）HB 级材料可燃性试验（水平燃烧试验）

1）试验仪器

试验火焰 50W 火焰装置。

2）试验样品

①试验样品选取。样品取条形，尺寸为：长 125mm±5mm、宽 13.0mm ±0.5mm，并应提供常用的最小和最大厚度，厚度不应大于 13.0mm，棱边应光滑，边角半径不应超过 1.3mm（GB 4943.1—2011 要求样条取使用时最薄的有效厚度）。样品数量至少为 6 条。

②试样的"标准状态"调节。将两组每组为 3 个条形试样放在温度 23± 2℃、相对湿度为 50% ±10% 的条件下处理至少 48h，样品从状态条件箱中取出后，应在 30min 内完成试验。

3）火焰的产生和确认

采用 50W 火焰的确认试验方法，产生一个符合规定的 50W 标准试验火焰。

4）试验程序

①试验样品夹装。

应测试 3 个试样，每块样品都在距被引燃端 25mm±1mm 和 100mm±1mm 处标记两条与样条长轴垂直的直线。

在距 25mm 标记最远的那一端夹住试验样品，使样品的长轴呈水平放置，短轴倾斜成 45°±2°（见图 6-5-6），将金属网水平放在试样下方夹紧，使试样最低的棱边和铁丝网的距离为 10mm±1mm，自由端与铁丝网一边齐平。前次试验残留在网上的任何材料都要烧尽，或每次试验都使用新金属丝网。

如果试样自由端下垂，则应使用支持夹具，将支持夹具水平放置铁丝网上支撑夹具，支撑夹具的加长部分距试验样品自由端 10mm±1mm，在试样的被夹持端留出足够间隙，以便支持夹具能自由横向移动。

②火焰的施加。

将燃烧器放在一个远离试验样品的地方，且使燃烧器管的中心轴线垂直，调整燃烧器产生一个高度为 20mm±2mm ，并且是对称的火焰，调节空气入口直到火焰没有焰心，完全是蓝色的。等待至少 5min 使燃烧器条件达到稳定。采用 50W 火焰的确认试验方法确认火焰符合要求。

使燃烧器中心轴线与水平面成 45°±2°，斜向试验样品自由端，燃烧器中心轴线与试验样品的底边在同一垂直平面，对试验样品自由端的最低棱边施加火焰，燃烧器的放置位置应使样品自由端深入火焰中约 6mm。如使用支持夹具，则随着火焰前沿沿着试验样品推移，以大致相同的速度抽出支持夹具，防止火焰烧到支持夹具，对火焰或试验样品的燃烧产生影响。

在不改变其位置的情况下施加火焰 30s±1s，或者在试验样品的火焰前沿到达 25mm 标记就移开试验火焰。在火焰前沿到达 25mm 标记时启动计时装置。在撤去火焰后试验样品继续有焰燃烧的情况下，如果火焰前缘从 25mm 标记蔓延过 100mm 标记，则要把损坏长度 L 记录为 75mm，并记录由 25mm 标记蔓延至 100mm 标记的经过时间 t（以 s 为单位）；如果火焰前沿越过 25mm 标记但未通过 100mm 标记线，则要记录经过时间 t（以 s 为单位）和 25mm 标记与火焰前沿停止处之间的损坏长度 L（以 mm 为单位）。

对另两块样品进行同样的试验。每次试验结束后应排出实验室通风橱内的物质。

5）试验结果的判定

试验计算公式如下：

$$v = \left(\frac{L}{t}\right) \times \left(\frac{60\,\text{s}}{\text{min}}\right)$$

使用下式计算线性燃烧率：

v——线性燃烧速率，单位 mm/min；

L——损坏长度，单位 mm；

t——燃烧时间，单位 s。

分类：如果第一组 3 条样条其中有一件不满足分类要求，则另取一组 3 个样品进行试验，只有当第二组中所有样品均满足分类要求时，才能将该材料分类。

①HB 级。

划分到 HB 类的材料应符合下列之一的指标：

——移开引燃源后不应有明显的有焰燃烧。

——如果移开引燃源后样品继续有焰燃烧，则火焰前缘不应到达 100mm 标志线。

——如果火焰前缘到达 100mm 标志线，试样厚度为 3.0mm～13.0mm 的线性燃烧速率不应超过 40mm/min，或试样厚度小于 3.0mm 的线性燃烧速率也不超过 75mm/min。

——如果试样厚度为 1.5mm～3.2mm 的线性燃烧速率不超过 40mm/min，则应自动认为测试厚度直至最小厚度 1.5mm 范围都满足 HB 级。

②HB40 级。

划分到 HB40 类的材料应符合下列之一的指标：

——移开引燃源后不应有明显的有焰燃烧。

——如果移开引燃源后样品继续有焰燃烧，则火焰前沿不应到达 100mm 标志线。

——如果火焰前沿到达 100mm 标志线，线性燃烧速率不应超过 40mm/min。

③HB75 级。

——移开引燃源后不应有明显的有焰燃烧。

——如果移开引燃源后样品继续有焰燃烧，则火焰前沿不应到达 100mm 标志线。

——如果火焰前沿到达 100mm 标志线，线性燃烧速率也不应超过 75mm/min。

（2）V-0、V-1、V-2 级材料可燃性试验（垂直燃烧试验）

1）试验仪器

试验火焰 50W 火焰装置。

2）样品

①试验样品选取。

应取条形，尺寸为：长 125mm±5mm、宽 13.0mm±0.5mm，并应提供常用的最小和最大厚度，厚度不应大于 13.0mm，棱边应光滑，圆角半径不应大于 1.3mm（GB 4943.1—2011 要求样条取使用时最薄有效厚度）。数量至少为 20 条。

②试样在"标准状态"调节和在烘箱中的状态调节方法。

应将两组 5 个条形试样在温度 23±2℃，相对湿度为 50% ±10% 的条件下处理至少 48h，样品从处理箱中取出后，应在 30min 内完成试验。

应将两组每组为 5 个条形试样在空气循环烘箱内进行 70±2℃的老化处理 168h±2h，并在氯化钙干燥器中冷却至少 4h。工业层压板可在 125±2℃下调节 24h 以取代该调节方法。样品从干燥箱中取出后，应在 30min 内完成试验。

③样品夹装。

利用试验样品上端6mm 的长度夹住试验样品，长轴垂直，以便使试验样品的下端在水平棉垫以上 300mm±10mm，棉垫的尺寸约为 50mm×50mm× 6mm（未经压实），最大质量为 0.08g。

3）火焰的产生和确认

采用 50W 火焰的确认试验方法，产生一个符合规定的 50W 标准试验火焰。

4）试验程序

保持燃烧器中心轴线垂直，把试验火焰施加在试验样品底边中心，燃烧器顶端在样品底边中点下 10mm±1mm 处，并在这一距离保持 10s±0.5s，随着试验样品的位置或长度的改变，必要时可在该垂直面内移动燃烧器。

如果在施加火焰期间是试验样品落下熔融滴落物，将燃烧器倾斜 45°，刚好足以从试验样品下面移开，以免材料落入燃烧器的燃烧管中，同时将燃烧器燃烧口中心与试验样品剩余部分之间的距离保持为 10mm±1mm，在对试验样品施加火焰 10s±0.5s 后，立即移开燃烧器，同时使用计时装置开始测量余焰时间 t_1（单位 s）。观察并记录 t_1 以及是否有颗粒或熔融滴落物，如果有，是否引燃棉垫。

在试验样品余焰终止后，立即把试验火焰放在试验样品下方原来的位置上，燃烧器管的中心轴线维持在垂直位置，燃烧器顶端在样品残余底棱之下 10mm±1mm，维持 10s±0.5s，如有必要，如前段所述移动燃烧器避开下落材料。

在第二次对试验样品施加火焰 10s±0.5s 后，移开燃烧器，同时使用计时装置开始测量试验样品的余焰时间 t_2（单位 s）和余灼时间 t_3。同时记录：

a）是否有颗粒或熔融滴落物，如果有，是否引燃棉垫；以及

b）试样是否烧至夹持夹具。

重复该程序，直到两种预处理方式的 10 个样品全部试验完毕。

5）结果判定

①计算：

对经过两种状态条件的每组 5 个试样，计算每组的总余焰时间 t_1。计算公式如下

$$t_f = \sum_{i=1}^{5} (t_{1,i} + t_{2,i})$$

t_f——总余焰时间，单位 s；

$t_{1,i}$——第 i 个样品的第一次余焰时间，单位 s；

$t_{2,i}$——第 i 个样品的第二次余焰时间，单位 s。

②分类：

根据试验样品的特性，按表 6-5-1 的判别标准进行分类：

表 6-5-1　不同材料分级评判标准

评判标准	材料分级		
	V-0	V-1	V-2
单个试样的余焰时间（t_1、t_2）	≤10 s	≤30 s	≤30 s
对于任何处理过的 5 个试样，总余焰时间 t_f	≤50 s	≤250 s	≤250 s
单个试样在施加了第二次火焰后的余焰时间加上余灼时间（t_2+t_3）	≤30 s	≤60 s	≤60 s
任一试样的余焰和/或余灼是否蔓延至夹持夹具	否	否	否
燃烧颗粒或滴落物是否引燃棉垫	否	否	是

如果一组 5 个试验样品中，有 1 件样品不符合一种类别的所有判别标准，则应对接受过同一状态调节的另外一组 5 个试验样品进行试验。

对于余焰时间 t_f 的判别标准来说，如果余焰时间的总和，V-0 类在 51～55s，V-1 和 V-2 类在 251～255s 的范围内，则要增补一组 5 个试验样品进行试验。

第二组的所有试验样品均应符合该类规定的所有判别标准。

（3）5V 级材料可燃性试验

1）试验仪器

500W 火焰装置。

2）试验样品

①试验样品选取。

条形试验样品尺寸为：长 125mm±5mm、宽 13.0mm±0.5mm，并应提供常用的最小厚度，厚度不应大于 13.0mm（GB 4943.1—2011 要求样条取使用时最薄有效厚度），棱边应光滑，圆角半径不应大于 1.3mm。数量至少为 20 条。

板形试验样品尺寸为：长 150mm±5mm、宽 150mm±5mm，厚度应是常用的最小厚度，厚度不应大于13.0mm。数量至少为12件（如果要求5VA类，必须测试板形试验样品，对5VB类的测定，不需要测试板形试验样品）。

②试样在"标准状态"调节和在烘箱中的状态调节方法。

应将两组每组为5个条形试样和3个板型试样，在温度为23±2℃，相对湿度为50%±10%的条件下处理至少48h，样品从处理箱中取出后，应在30min内完成试验。

应将两组每组为5个条形试样和3个板型试样，在空气循环烘箱内进行70±2℃的老化处理168h±2h，然后在氯化钙干燥器中冷却至少4h，样品从干燥箱中取出后，应在30min内完成试验。

③样品的夹装。

条形试验样品：使用试验支架，施加与条形试验样品纵轴垂直的力在试验样品上部6mm之处夹住条形样品，长轴垂直，以便使试验样品的下端在水平棉垫以上300mm±10mm，棉垫的尺寸约为50mm×50mm×6mm（未经压实），最大质量为0.08g。

板形试验样品：使用试验支架，使样品保持在水平位置。

3）火焰的产生和确认

采用500W火焰的确认试验方法，产生一个符合规定的500W标准试验火焰。

4）试验程序

①使条形试验样品的窄边面对燃烧器，使燃烧器火焰与垂直面成20°±5°（见图6-5-9），施加在试验样品的前下角，使蓝色焰芯的顶部刚好触及试样。施加火焰5.0s±0.5s，然后移开火焰5.0s±0.5s，重复操作，使条形样品经受5次试验火焰。在每次施加火焰之后，立即充分移开燃烧器，使试样不受影响。

如果在试验期间条形试验样品滴下颗粒、蜷缩、变形或伸长，则要调整燃烧器位置，使蓝色焰心的顶端与和燃烧器最近的条形试样边角之间为0～3mm，忽略任何熔融材料。

在对条形试验样品施加第5次火焰后，立即移开燃烧器，同时使用计时装置开始测量并记录余焰时间 t_1 和余灼时间 t_2。重复该程序直到全部样品试验完毕。

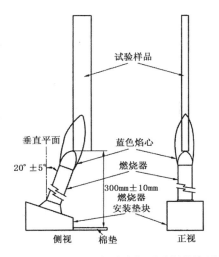

图 6-5-9 500W 燃烧试验条形试样燃烧试验

②板形试验样品：将燃烧器的火焰施加在该板形试验样品底面的中心，燃烧器火焰与垂直面成 20°±5° （见图 6-5-10），使蓝色锥形焰心的尖端刚好与板形试样接触。

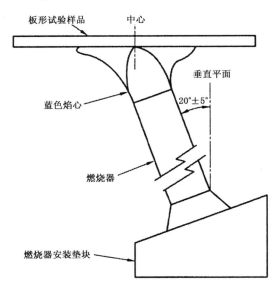

图 6-5-10 500W 燃烧试验板形试样燃烧试验

施加火焰 5.0s±0.5s，然后移开火焰 5.0s±0.5s，重复操作，使条形样品经受 5 次试验火焰。在每次施加火焰之后，立即充分移开燃烧器，使试样不受影响。在对试验样品施加第 5 次火焰后，立即移开燃烧器，观察火焰是否烧穿试验样品。重复该程序直到全部样品试验完毕。

因暴露在试验火焰中而使试样出现孔洞则认为试样被烧穿，如以下情况之一：

a）试验期间，能在试样火焰施加面的背面看见火焰；或

b）试验结束后，试样冷却了至少 30s，试样上出现超过 3mm 的开孔。

5）结果判定

根据试验样品的特性，按表 6-5-2 的判别标准进行分类：

表6-5-2　不同材料分级评判标准

评判标准	分级	
	5VA	5VB
对于每个条形试样，在第五次施加火焰后，其余焰时间加上余灼时间（t_1+t_2）	≤60 s	≤60 s
任一条形试样的燃烧颗粒或滴落物引燃棉垫（见6.10）	否	否
符合 IEC 60695-11-10 的 V-0 或 V-1 分级	是	是
——任何一个板形试样发生烧穿现象，或 ——未对板形试样进行试验	否	是

归入 5VA 类或 5VB 类的材料，同一条形试验样品厚度，还应符合 V-0、V-1 或 V-2 类材料指标。

经过规定预处理的样品如果只有 1 件样品不符合一种类别的所有判别标准，则应对接受过同一处理的另外一组试验样品进行同样的试验。第二组的所有试验样品均应符合该类规定的所有判别标准。

图 6-5-11 为水平垂直燃烧试验仪。

图 6-5-11 水平垂直燃烧试验仪

第六节 对软体和发泡材料耐燃试验的防护要求

一、检测要求

GB 4706.1—2005 30.2.1 要求"对于不能进行灼热丝试验的部件,例如由软材料或发泡材料做成的,应符合 ISO 9772(GB/T 8332)对 HBF 类材料的规定,该试样不厚于相关部件"。

《泡沫塑料燃烧性能实验方法 水平燃烧法》(GB/T 8332—2008)中分级指标如表 6-6-1 所示。

表 6-6-1 分级指标

材料性能	等级		
	HF-1	HF-2	HBF
线性燃烧速率 V/(mm/min)	不适用	不适用	40
每个试样续燃时间/s	5 个中 4 个≤2, 5 个中 1 个≤10	5 个中 4 个≤2, 5 个中 1 个≤10	不适用
每个试样阴燃时间/s	≤30	≤30	不适用
指示棉花被燃烧颗粒或滴落物阴燃情况	无	有	不适用
每个试样损毁长度(Ld+25)/mm	≤60	≤60	≥60

1. HF-1 和 HF-2 级材料

如果一组 5 个试样因以下原因之一不符合表 6-6-1 中的 HF-1 和 HF-2 级材料要求：

1）仅一个试样燃烧超过 10s；或

2）两个试样燃烧超过 2s 但不到 10s；或

3）一个试样燃烧超过 2s 但不到 10s，同时另一个试样超过 10s；或

4）一个试样不符合表 6-6-1 中其他指标。

以同样的条件重新试验 5 个试样。

只有第二组所有试样都符合表 6-6-1 中要求时，才能将该厚度和密度的该材料定级为 HF-1 或 HF-2。

2. HBF 级材料

当一组 5 个试样中仅有一个不符合表表 6-6-1 中 HBF 级材料要求时，以同样的套件重新试验 5 个试样。

只有第二组所有试样都符合表 6-6-1 中要求时，才能将该厚度和密度的该材料定级为 HBF-1。

二、检测仪器

1. 实验室通风橱

内部体积不小于 $0.5m^3$，通风良好，内部为暗色。光照度不超过 20lx。

2. 本生灯

按照 ISO 10093：1998 的规定，筒身长 100mm±10mm，内径 9.5mm±0.3mm。

3. 本生灯翼顶

翼顶开口的内部长度为 48mm±1mm，内部宽度为 1.3mm±0.05mm。本生灯翼顶见图 6-6-1。

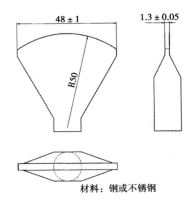

图6-6-1　本生灯翼顶（单位：毫米）

4. 托网

长约215mm，宽约75mm，顶部弯成直角，高度13mm，如图6-6-2所示。托网上带有由直径0.8mm的不锈钢丝织成的边长6.4mm的网格。

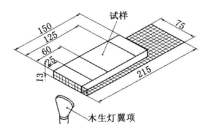

图6-6-2　试样与托网（单位：毫米）

5. 托网支架

由两个铁架组成，带有可调节至所需角度与高度的夹具。或者是如图6-6-3所示的由铝或钢织成的满足以下条件的托网支架：

——托网的轴向水平度应在1°范围之内；

——试样最前端应在本生灯翼顶上方13mm±1mm处；

——试样上、下方空间不应堵塞；

——有合适的装置使本生灯能放置到相对于试样的合适位置，首选滑动装置与制动器，使得本生灯能快速靠近与离开试样；

——试样托网与箱体前、后、两边的距离相同，位于箱体底部上方

293

175mm±25mm 处。

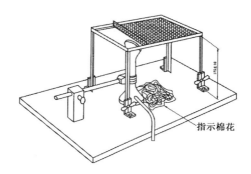

指示棉花

图 6-6-3　托网支架（单位：毫米）

火焰与本生灯翼顶：试样与试样托网的相对位置如图 6-6-4 所示。

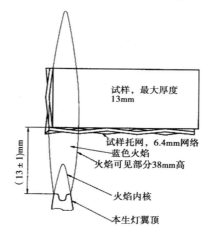

试样，最大厚度 13mm

（13±1）mm

试样托网，6.4mm 网络
蓝色火焰
火焰可见部分 38mm 高

火焰内核

本生灯翼顶

图 6-6-4　火焰与本生灯翼顶、试样与试样托网的相对位置详图

6. 两个计时装置

精确到秒。

7. 量具

最小刻度 1mm。

8. 气源

工业级甲烷纯度不低于 98％，热值为（37±1）MJ/m³，带调节器与压力表。

9. 压力计与气体流量计

根据所使用的燃气进行校准并且能读出表 6-6-2 的值。

燃气	大致热值 MJ/m³	流速 mL/min	输送压力 mmH₂O
甲烷	37±1	965±30	50±10
丙烷	94±2	380±15	25±10

10. 指示棉花

由干燥的 100% 脱脂棉制成，质量不超过 0.08g。

11. 干燥器

含无水氯化钙或其他干燥剂，能确保在温度（23±2）℃下相对湿度不超过 20%。

12. 状态调节室或恒温恒湿室

能保持温度（23±2）℃及相对湿度 50%±5%。

13. 空气循环烘箱

换气次数不小于每小时 5 次，并能保持（70±2）℃。

14. 测微计

用于测量试样厚度，带一个面积为 650mm² 的测量头，压力为（0.175±0.035）kPa。

三、试验步骤

（1）试验仪器
——水平燃烧试验仪（含本生灯翼顶）；

——游标卡尺；

——秒表。

（2）试样制备

所有试样应从材料有代表性的样品上切割，去除表面灰尘，切割边缘平整。

标准试样为（150±1）mm 长，（50±1）mm 宽。超过 13mm 厚的材料应制成（13±1）mm，一边带表皮。不少于 20 块样品。

在距离试样一段 25mm、60mm 和 125mm 的整个宽度上各划一条标线。

（3）状态调节

试样在制作完成 24h 后进行状态调节。

在温度（23±2）℃和相对湿度 50%±5% 环境下，调节两组每组各 5 个试样不小于 48h。

在（70±2）℃调节两组各 5 个试样（168±2）h，随后放入干燥器不少于 4h 冷却至室温。

所有试样应在 15℃～35℃、相对湿度 45%～75% 的实验室条件下试验。

棉花状态的调节：试验前放置在干燥状态下不少于 48h.

（4）试验程序

1）火焰调节

确认通风橱风扇已关。

调节气源，在远离试样的位置调节带翼顶的本生灯，以提供高度为（38±2）mm 的蓝色火焰。

2）试样支撑架的调节

将一个干净的试样架托网放在支撑架上，使试样的下表面处于本生灯翼顶端面上方（13±1）mm 处。翼顶的中心应在试样的中心线下。

3）指示棉花的放置

将 0.08g 棉花摊薄至大约 75mm×75mm 区域，倾斜未压缩最大厚度为 6mm，放置在试样托网向上部分的下方。

4）试样的放置

将有划线的一面朝上；将靠近 60mm 标线远的一端与试样托网向上弯

曲 13mm 的部分接触；轴向与托网轴向平行。

（5）燃烧步骤

迅速将本生灯放置在试样托网前端向上部分的下方并同时开启第一个计时装置。

立即关闭通风橱窗面板（如果未关），仅沿着面变底部留下一个小的空气缝。

点火 60s，移开本生灯至离试样 100mm 或更远处。

无论燃烧发生在试样的底部、顶部或边缘，当火焰或阴燃前沿到达 25mm 标线时开始第二个计时器。

当火焰或阴燃前沿到达 60mm 标线时，或当试样在 60mm 标线前停止燃烧或阴燃时，停止第一个计时器。

当试样火焰或阴燃前沿达到 125mm 标线时，或当试样在 125mm 标线前停止燃烧或阴燃时，停止第二个计时器。

观察指示棉花是否被火焰滴落物引燃。

开启通风橱风扇，排空烟雾后，取出试样与托网。

（6）测量

1）燃烧距离（Ld）：指 25mm 标线到火焰或余辉燃烧前沿停止的位置，以 mm 表示。如果火焰在 25mm 标线前熄灭，记录 Ld=0。

2）燃烧时间（tb）：由第二个计时器测量的时间，以秒表示。从火焰或余辉燃烧前沿通过 25mm 标线到火焰或余辉燃烧前沿通过 125mm 标线。

3）自熄时间（te）：当火焰或余辉燃烧前沿未通过 60mm 标线时，由第一个计时器测量的时间，以秒表示，指的是施加 60s 火焰后的持续燃烧或余辉燃烧时间。是余焰时间和余辉时间的总和。

（7）计算

如果火焰越过 125mm 标线，$\nu = 6000/tb$；

如果火焰未燃烧至 125mm 标线，但是通过 60mm 标线，$\nu = 6000Ld/tb$。

第七节　检测案例分析

1. 球压测试不合格案例

某家电的外壳非金属材料要经受标准条款30.1的球压试验，试验后压痕如图6-7-1所示，压痕直径d明显大于4mm，为不合格。

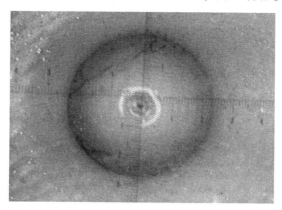

图6-7-1　球压试验不合格案例

2. 维卡软化点不合格案例

直插式电源适配器，按照GB 8898—2011测试，支撑pin脚的塑料件，需要满足维卡要求。支撑pin脚的塑料件，按照加热速率为50℃/h，施加10N的总推力进行试验。该塑料件在油浴温度达到80℃时，压透深度超过0.1mm，软化温度为80℃，不满足标准"与电网电源导电连接的零部件承载的稳态电流大于0.2A，而且会由于接触不良而大量发热，则支撑这些零部件的绝缘材料应当是耐热的。绝缘材料的软化温度应当至少为150℃"的要求。试验结果如图6-7-2所示。

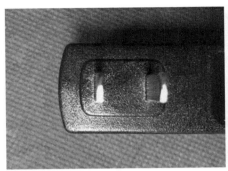

图6-7-2　维卡试验不合格案例

3. 灼热丝试验不合格案例

某家电的非金属材料（支撑正常工作期间载流超过0.2A的连接件的绝缘材料部件）经受30.2.3.1的试验。如图6-7-3所示，灼热丝施加温度850℃，试验中滴落物引燃绢纸，不满足判定条件，为不合格。

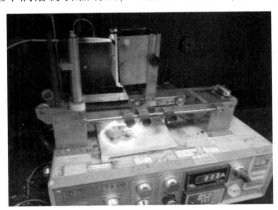

图6-7-3　灼热丝试验不合格案例

4. 针焰试验不合格案例

某家电的非金属材料要经受附录E的针焰试验。如图6-7-4所示，试验样品燃烧超过30s，且滴落物引燃底部宣纸，为不合格。

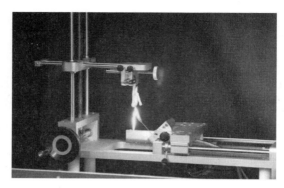

图 6-7-4　针焰试验不合格案例

5. 水平燃烧不合格案例

按照 GB 4943.1—2011，外壳材料厚度为 2.0mm，需要满足至少 HB 75 级材料燃烧要求。移开引燃源后样品继续有焰燃烧，火焰前沿到达 100mm 标志线，线性燃烧速率超过 75mm/min，样品不符合 HB 75 级材料燃烧等级。试验结果如图 6-7-5 所示。

图 6-7-5　水平垂直燃烧案例

6. HBF 不合格案例

某冰箱的非金属材料要经受 GB 4706.1—2005 标准 30.2.1 中的 HBF 试验，数据如图 6-7-6 所示，根据试验记录描述，判为不合格。

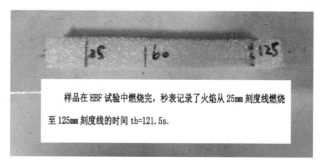

图 6-7-6　HBF 不合格案例

第七章

对辐射危险的
安全防护要求

第一节　对光的防护要求

光由波长从短到长分别称为伽马射线、X射线、紫外线、可见光（紫蓝青绿黄橙红）、红外线、微波（雷达微波）、无线电波、工频电源。光一般分为可见光和不可见光两种。光的可见与不可见与光的波长有关系，如图7-1-1所示，人眼能看到的电磁波的波长范围是400～760nm，400nm左右的是紫色光，小于这个波长，人肉眼看不到的就是紫外线。760nm左右的是红色光，大于这个波长，人眼也看不到的就是红外线。

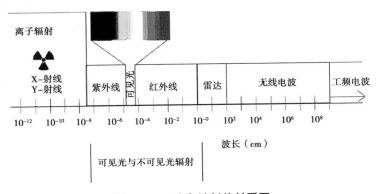

图7-1-1　光与波长的关系图

一、检测要求

（一）对激光辐射的检测要求

对于含有激光单元和激光系统的设备，其设计和结构上应保证产品在正常工作条件和故障条件下能提供对激光辐射的人身防护。

1. 在标准GB 8898—2011《音频、视频及类似电子设备 安全要求》中6.2章，对产品激光防护的要求如下：

含有激光系统的设备的结构在正常工作条件和故障条件下能提供对激

光辐射的人身防护。

含有激光系统的设备，如果满足下列要求，则免除本条所有进一步的要求：

——制造厂商按 GB 7247.1 第 4 章、第 8 章和第 9 章的分类表明，设备在工作、维护、维修和故障的所有条件下可达发射水平［可达发射极限（AEL）］不超过 1 类；并且

——设备不含有 GB 7247.1 规定的封闭激光器。

设备应当按故障条件下测得的可达发射水平来进行分类和标记，但对不超过 GB 7247.1 中 5.2 规定的 1 类的设备不适用。

对通过手动或用诸如工具或硬币的任何物体从外部可调节的所有控制件，以及对未用可靠方法锁定（例如焊接或漆封）的那些内部调节件或预调装置，将其调节到能给出最大的辐射。

对 1 类激光系统，不测量 GB 7247.1 的 3.32 提到的与规定光路有偏离的漂移激光辐射。

通过检查是否满足 GB 7247.1 规定的有关要求以及下列修改要求和补充要求来检验是否合格。

（1）正常工作

a）设备在正常工作条件下应当满足 GB 7247.1 中表 4 规定的 1 类可达发射限值。该类别的时间基准为 100s。

通过进行 GB 7247.1 中 9.2 规定的有关测量来检验是否合格。

b）如果设备含有一个在正常工作条件下符合 1 类可达发射限值的激光系统，则 c）项和 d）项规定的要求不适用。

c）应当采取适当措施来防止手动打开任何盖子而接触超过 1 类限值的激光辐射。

通过检查和测量来检验是否合格。

d）如果安全依赖于机械安全联锁装置正确动作，则该联锁装置应当是具有失效保护的联锁装置（在失效状态下能使设备不工作或无危险），或者在施加正常工作条件下的电流和电压时，应当能承受 50000 次循环操作的开关试验。

通过检查或试验来检验是否合格。

（2）单一故障条件下工作

a）当设备在 GB 8898—2011 中 4.3 章规定的故障条件下工作时，设备可达发射水平在 400～700nm 波长范围外不得大于 3R 类，在 400～700nm 波长范围内不得超过 1 类限值的 5 倍。

通过进行 GB 7247.1 中 9.2 章规定的有关测量来检验是否合格。

b）如果设备含有一个在故障条件下能满足 a）给出的可达发射限值的激光系统，则 c）项和 d）项规定的要求不适用。

c）应当采取适当措施来防止手动打开任何盖子而接触超过 a）给出的限值的激光辐射。

通过检查和测量来检验是否合格。

d）如果安全依赖于机械安全联锁装置正确动作，则该联锁装置应当是具有失效保护的联锁装置（在失效状态下能使设备不工作或无危险），或者在施加正常工作条件下的电流和电压时，应当能承受 50000 次循环操作的开关试验。

通过检查或试验来检验是否合格。

2. 在标准 GB 4943.1—2011《信息技术设备 安全第 1 部分：通用要求》中 4.3.13.5 章，对产品激光防护的要求如下：

含有激光（包括发光二极管 LEDs）的设备的设计应当能减少辐射对人体的有害影响以及对起安全作用的材料的破坏。

除了下述允许的以外，含有激光（包括发光二极管 LEDs）的设备应当按 GB 7247.1，IEC 60825-2 和 IEC 60825-12 的适用情况进行分类和标识：

设备是固有的 1 类激光产品。即设备不含有更高级别的激光或发光二极管，不需要有激光警告标记或其他激光声明。

上述例外适用时，激光或 LED 元器件的数据应当确保这些组件符合按 GB 7247.1 测量时 1 类可达发射极限。数据可以从元器件制造厂商处获得，可以仅与元器件有关或在设备中的预期使用有关。激光或 LED 只能产生波长在 180nm 至 1mm 范围内的辐射。

注：通常符合要求的 LEDs 的应用示例如：

——指示灯；

——红外装置，例如用于家庭娱乐装置中的红外装置；

——用于数据传输的红外装置，例如用于计算机和计算机外围设备之间的红外装置；

——光电耦合器；

——其他类似的低功率装置。

通过检查、评估制造厂商提供的数据以及必要时按照 GB 7247.1 进行试验来检验其是否合格。

如果安全依赖于安全联锁装置正确动作，则该联锁装置应当符合 GB 4943.1—2011 中 2.8 章关于安全联锁装置的要求（包括防护要求、防意外复位、失效保护动作等）。

通过检查或试验来检验是否合格。

3. 标准 GB 7247.1—2012《激光产品的安全 第 1 部分：设备分类、要求》给出了激光产品设备的分类测量与安全要求。

（1）激光产品的分类测量与计算

为保护人员免受波长范围为 180nm 至 1mm 激光辐射的伤害，产生激光的产品或采用激光实现其功能的产品均应按 GB 7247.1—2012 进行测试和分类，以确保产品的标记和警告使用正确。

在进行辐射测量以确定产品分类或符合 GB 7247.1-2012 的其他适用要求之前，得先确定激光的这些参数：发射波长（一个或多个不同波长或光谱分布，可从制造商处获得或通过测量获得）、工作模式［是指能量发射方式，激光器发射一种是连续波辐射，另一种是脉冲辐射（单脉冲、Q 开关、重复脉冲或锁模模式）］、合理可预见的单一故障条件、测量不确定度、伴随辐射和产品配置等。依据产品的已知或测量参数可进行 AEL（可达发射极限）和测量条件的计算。此外应分析增加危险的故障条件，然后，产品的发射测量（或几个不同的测量）将确定发射是否处于所考虑的 AEL 类别之内。GB 7247.1—2012 中表 1～表 4 提供了 AEL，表格的列为发射持续时间，行为波长范围，在每一格中有一个或多个公式包含了表 1～表 4 的注解定义的参数。

通过以上信息可以找到标准中包含适用公式的表1~表4的行和列，公式中使用的参数将确定其他需要被确定的参数，主要包括表观光源尺寸（或等效的对向角α）以及适用于可见光化学危险的测量接收角γ_p。一般情况下，只陈述简单扩展光源，如果不知道表观光源的大小，将光源视为小光源并设定$C_6 =$ 1是一种保守的评估。下一步，应确定测量条件（GB 7247.1—2012中9.3和表10）。对于脉冲激光，应评估GB 7247.1—2012中8.3f)给出的条件以确保所有的条件都在AEL之内。一旦确定了AEL，就可对输出数据进行评估。如果输出数据由制造商提供，应核实其测试方法符合GB 7247.1—2012中第9章的规定，如果可达发射小于AEL，可将此激光器指定为该类别。如果可达发射不小于AEL，应选择更高一级的AEL进行评估。重复该步骤直至可达发射不超过AEL或者激光产品被指定为4类。

还应依据标准对系统（如整机产品）进行评估，以确保合理可预见的单一故障不会导致激光器发射辐射超过指定类别的AEL。如果满足该判据，就可以得出激光器的分类。

（2）激光器的分类

激光产品的类别分为1类激光产品（无危害的照射）、1M类激光产品（间接照射会对人眼造成伤害）、2类和2M类激光产品（持续暴露在激光束前会损伤眼睛）、3R类激光产品（直接或间接照射会对人眼造成伤害）、3B类激光产品（直接或瞬时暴露在激光束前都将对眼睛或皮肤造成伤害）和4类激光产品（不仅直接或瞬时暴露在激光束前会损伤眼睛和皮肤，被激光束的杂散光，反射光照到也会损伤眼睛和皮肤，还有潜在的火灾隐患）。各类激光产品在工作期间，在其相应波长和发射持续时间内，人员接触的激光辐射不允许超过相应类别可达发射极限（AEL)。

（3）激光产品的标记要求

激光产品都要求带有标记。在使用、维护和检修期间，标记按其目的必须耐用，永久固定，字迹清楚，明显可见。标记应放置在人员不受到超过1类AEL的激光辐射照射就能看到的位置。标记的边框及符号应在黄底面上涂成黑色，但1类激光产品可不用此颜色组合。如果激光产品的尺寸或设计不可能在产品上标记，则标记应附在使用说明书中或包装箱上。

1 类和1M 类激光产品，应具有说明标记（见图7-1-2）：

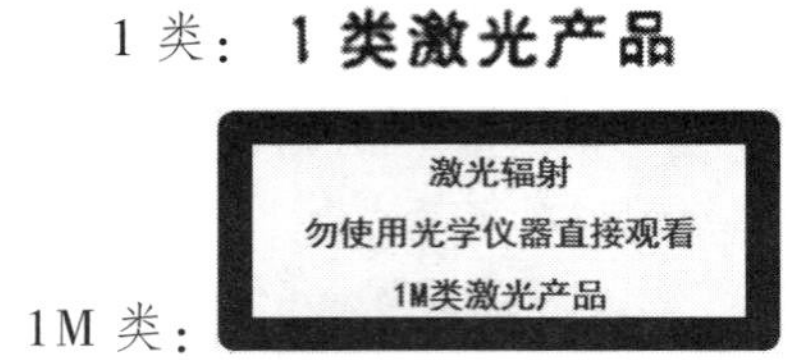

图 7-1-2　1 类和1M 类激光产品标记

2 类和2M 类激光产品，应具有警告标记及说明标记（见图7-1-3）：

图 7-1-3　2 类和2M 类激光产品标记

3R 类和3B 类激光产品，应具有警告标记及说明标记（见图7-1-4）：

图 7-1-4　3R 和3B 类激光产品标记

4 类激光产品，应具有警告标记及说明标记（见图7-1-5）：

图 7-1-5　4 类激光产品标记

（二）对蓝光危害的检测要求

对蓝光危害的防护要求是照明器具安全标准中非常重要的考核项目之

一，此项目是为了防止在日常使用或维修时蓝光对人的视网膜产生危害。

照明器具或光源依据标准 IEC/TR 62778《应用 IEC 62471 评估光源和灯具的蓝光危害》进行测试，测得其蓝光危害等级，并根据其危害等级进行相应的防护。

GB 7000.1—2015《灯具 第 1 部分 一般要求与试验》中规定对灯具产品的视网膜蓝光危害的限制，标准通过第 3 章标记和第 4 章结构的要求，使灯具产生的蓝光危害不会达到危害安全的程度：

3.2.23 根据 IEC/TR 62778 分类为具有阈值照度 E_{thr} 的可移式和手持式灯具，应有"不要注视亮着的光源"的警告符号（见图 7-1-6）。这个标记的可见性应按 3.2 c）和表 3.1 的规定。而且，符号应处于辨识它的同时不会看到亮着的光源的位置。这个要求只适用于达到 E_{thr} 时与灯具间的距离超过 200mm 的情况。

根据 IEC/TR 62778 分类具有阈值照度 E_{thr} 的固定式 LED 灯具，当 X m 是出现 E_{thr} 条件的距离，那么随灯具一起提供的制造商的说明书中应提供下述文字。这个要求只适用于当达到 E_{thr} 时离灯具的距离超过 200mm 的情况。

"灯具的安装位置应使其不会长时间在小于 X m 的距离被盯着看。"

注：根据 IEC/TR 62778，X m 是光源与观察者眼睛之间的距离 d_{thr}，而且它是根据灯具照明分布测量的计算得到的。

另外，灯具含有根据 IEC/TR 62778 分类为具有 E_{thr} 条件 LED 光源，而且该光源在灯具维护期间可以直接看到的，应标记"不要注视亮着的光源"的警告符号（见图 7-1-6）。这个标记的可见性应按 3.2 a）和 3.2.c）的规定。

不要盯着光源看……………………………………

图 7-1-6　符号

4.24.2 视网膜蓝光危害

使用了安全标准中不免除视网膜蓝光危害评估的光源的灯具，应根据 IEC/TR 62778 进行评估。

不宜使用蓝光危害类别大于 RG2 的光源。对这类光源的管理要使用附加的更复杂的要求。

注1：使现在需要考虑蓝光危害的光源类型只有：LED、金属卤化物灯和一些特殊的卤钨灯。

注2：使用 RG3 光源的灯具的要求还没有开发，因为这种产品在市场还没有。如果需要将来会开发。

灯具使用按 IEC/TR 62778 为 RG0 无限制或 RG1 无限制等级的光源具，或当完整装配使用的灯具蓝光危险组别估为 RG0（无限制）或 RG1（无限制）时，在相同条件下，视网膜蓝光危害的要求不适用。

对按照 IEC/TR 62778 评估具有阈值照度 E_{thr} 的灯具，应使用下述要求：

a）对固定式灯具，要按 IEC/TR 62778 进行附加的评估来找到灯具和 RG2 与 RG1 间边界的距离 X m。灯具应按 3.2.23 标记和说明。

b）在 200mm 处按 IEC/TR 62778 进行评估超过 RG1 的可移式灯具和手持式灯具，要按 3.2.23 的规定标记。

注3：按光源安全标准的要求，适用时，提供蓝光危害的信息。

注4：一些灯具的设计，例如带有整体式 LED 光源，需要对灯具整体进行试验。

注5：制造商声称的灯具光度数据可以作为"a"项具体评估的基础。

GB 7000.4 覆盖的儿童用可移式灯具，以及 GB7000.212 覆盖的电源插座夜灯，按 IEC/TR 62778 在 200mm 处不应超过 RG1。

注6：将来修订 GB 7000.4 和 GB 7000.212 时将循此修改。

二、检测仪器

1. 激光功率测量设备

激光功率测量设备如图 7-1-7 所示。

图 7-1-7　台式激光功率计+探测器（光电二极管传感器）

激光功率测量需要用到的测量和防护设备有：激光功率计和探测器、光栅光谱仪；防护装备有：激光防护眼镜（对应不同波长的护眼镜也不一样）和防护服及防护手套等。检测需要在暗室中进行，测试人员穿戴上防护装备，按照标准要求的距离放置探测器对准光输出，测量值从激光功率计中读取。

2. 蓝光危害的测试仪器

设备基本均为成套的设备，包含轨道、光谱仪、照度计、辐亮度计、测试探头、系统软件等，见图 7-1-8。

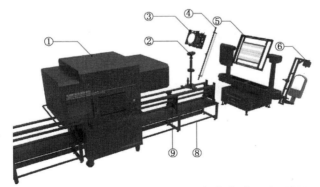

①可移式操作平台；②小灯支撑夹具（探头座小车）；③④⑤⑥测试灯具夹具（可换）；
⑧光学导轨支撑承台；⑨精密光学导轨。

图 7-1-8　光辐射危害测定系统

进行蓝光危害成套测试设备测试，试验方法如下：

①将样品安装到样品夹具上，尽量保证灯具最亮的发光面正对着测试探头，可以使用激光对准仪进行对准。

②移动探头或样品，使成像亮度计的探头与光源像的距离（即像距）达到200mm。例如：发光面为透明的玻璃或塑料灯罩时，此距离应为探头到光源的发光面之间（安装完成后的状态见图7-1-9）。

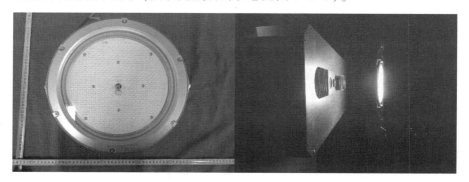

图7-1-9　安装完成后移动探头使像距达到200mm

③样品通电：额定电压下正常工作。

④样品达到稳定状态后才可测试。使用照度探头监测灯具的照度变化，当每分钟的变化小于5‰时判定其发光稳定。

⑤操作设备系统进行测试。

⑥对准：测试样品，调整亮度计焦距，使探头内画面达到最清晰状态，测试光源尺寸，以判断是否为小光源。当尺寸小于2.2mm时为小光源。

⑦使用光谱仪测试光谱。

⑧使用辐亮度计测试辐亮度。

⑨测试软件将测得结果带入编辑好的公式内计算得出最终的测试结果。

⑩当测得结果为RG0无限制或RG1无限制时（见图7-1-10），关闭样品电源，测试完成。

蓝 光 危 害 测 试 报 告
依据标准 IEC/TR 62778 安全等级为：
RG1 Unlimited

危害 等级	蓝光 Lb W/m2/sr	危害 分级
RG0 UnLimited	< 100	
RG1 UnLimited	< 10000	√
Ethr	——	

编号	尺寸 mm	测试视场角 (mrad)	测试距离 d(mm)	测试照度 E(lx)	直径 D(mm)	测试亮度 Lv(cd/m2)	蓝光危害 Lb(W/m2/sr)	最大允许 照射时间(s)	色温 (K)	Eb (W/m2)
[1]	17	11.0	200	101206	2.2	1.585e+006	1.173e+003	852	5413	7.493e+001

编号	CIE-x	CIE-y
[1]	0.3345	0.3453

图 7-1-10　蓝光危害测试报告

⑪当测得结果为 RG2 时，记录其阈值 Ethr。

⑫测试灯具的辐照度，移动测试探头，当辐照度值达到阈值 Ethr 时，测量探头与光源像的距离，此距离即为该样品达到 RG1 的距离为 d。

⑬如测试设备导轨长度无法满足辐照度值达到阈值 Ethr 的距离时，测量灯具的光分布，将测得的阈值 Ethr、最大光强值 I 和最大光强角 a 带入下面的公式中，求得距离值 d。

$$E_{thr} = \frac{I \cdot \cos \alpha}{d^2}$$

⑭测试结果为 RG2，达到 RG1 的距离为 dmm。则根据 GB 7000.1—2015 的第 3.2.23 和第 4.24.2 条款的要求，在铭牌上增加不能直视光源的警告标识，并在说明书中注明实际使用是人的眼睛距离光源的距离，此距离不得小于测得的距离值 d。建议说明书中注明的距离信息应比测得值稍大一些。

⑮关闭样品电源，测试完成。

第二节　对电磁波的防护要求

一、检测要求

在电子产品、照明产品和家用电器产品标准中对于电磁波的安全防护要求极少，比较有代表性的产品就是微波炉，该产品在工作中会产生微波，微波是典型的电磁波中的一种，在《家用和类似用途电器的安全　微波炉，包括组合型微波炉的特殊要求》（GB 4706.21—2008）中，对于微波的要求如下：

微波炉不应产生过量的微波泄漏。

通过下述试验来检查是否合格。

将一个薄壁的直径约为 85mm 的硼硅玻璃容器放置在搁架中心，容器内放入 275g±15g、温度为 20℃±2℃ 的饮用水作负载，微波功率控制器调整到最大位置。微波泄漏是通过仪器对微波能量密度的测量来确定的，在接受阶梯式输入信号时，该仪器在 2s~3s 内迅速达到其稳定值的 90%。仪器天线在微波炉外表面上移动，以找到最大微波泄漏的位置，应特别关注炉门和门封处的微波泄漏。

距微波炉外表面 50mm 或以上的任一点处，微波泄漏应不超过 $50W/m^2$。

注：如果由于水温偏高而对试验结果产生怀疑，则应换上新负载重复上述试验。

二、检测仪器

1. 微波漏能仪

微波漏能仪如图 7-2-1 所示。

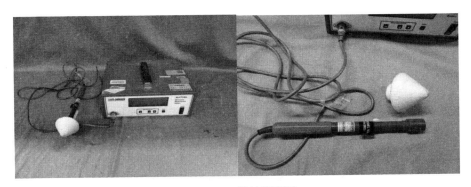

图 7-2-1　微波漏能仪

试验方法：

（1）准备好微波泄露测试装置，按照说明书要求连接好各个部件以及设备实验前相关准备。

（2）工程师穿好防辐射服，按照标准要求，准备好被测微波炉。

（3）启动微波炉，并将设备探头距离微波炉外表面50mm处移动（该仪器探头处有一个模仿鼻尖的50mm装置），重点针对炉门附近，并观察仪器示值。

（4）试验结束，记录好数据，并收拾好设备与测试样品。

第三节　检测案例分析

案例1：激光投影机的检测

激光投影机的工作原理是把单色光或红、绿、蓝三色激光束在机器内经过相应的光学组件和处理芯片（DMD）的扩束后，透射到X棱镜将三束激光整合，再由投影物镜将整合后的激光透射到投影幕布上。对于这种直接输出激光的产品，整机除了输出激光的那面，其余侧面均不能有激光的输出与泄漏，并结合其内部激光单元分类给出警告标志和说明。示例：图7-3-1给出机内激光单元为2类激光的警告和说明，图中的最大激光功率和波长可以是制造商给出值（需要测量验证）或测量值。

图 7-3-1　投影机 2 类激光警告和说明示例

我们以一台发射红、绿、蓝三波长激光光源的激光投影机为例来介绍激光产品的激光功率与分类测量。该激光投影机的基本参数为：通过光珊光谱仪测得发射波长为 B：455nm，G：540nm，R：620nm；工作模式为连续波；发射持续时间大于等于 0.25s，测量流程如图 7-3-2 所示。从投影机的工作方式可知其表观光源对向角比较大，按扩展源（8.3 c）进行评估，查标准 GB 7247.1—2012 表 10 得 C6＝αmax／αmin＝66.7（α＞αmax），依据标准 GB 7247.1—2012 表 5 和表 6 算出激光功率限值如表 7-3-1 所示（常见的激光投影机多为 2 类，所以下面功率限值只给到 2 类的）：

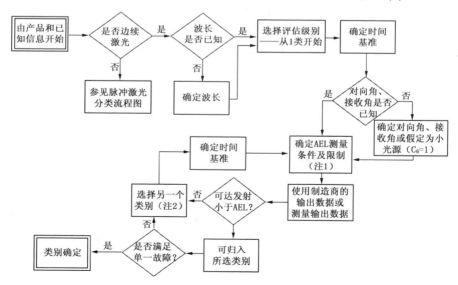

图 7-3-2　连续波激光器分类流程图

表 7-3-1　激光功率限值表

AEL 的计算	辐射功率（mW）	类别，使用修正系数
可达发射极限	<0.39	1 类
	<66.7	2 类（400 nm ~ 700 nm）

激光功率的测量：播放红、绿、蓝三种颜色中其中一种的背景图，分别在条件 1（孔径光阑直径为 50mm，与镜头距离 2m）、条件 2（孔径光阑直径为 7mm，与镜头距离 7cm）、条件 3（孔径光阑直径为 7mm，与镜头距离 10cm）下测量激光束的功率值。大量测试表明一般情况下：条件 1 的测量值小于条件 2 和条件 3 的测量值，测量位置一般在正对镜头的光束和边缘光束测量较有代表性，每个条件下在所有测量位置中取测量值最大的值作为这种颜色的最终测量结果。分别播放其他两种颜色背景图，重复以上步骤。

单一故障条件下重复上述试验步骤，取值方式一样。以上所有测试条件中激光投影机除了光输出那面，其他的侧面均没有光输出，即激光功率值接近于 0W，小于 1 类限值。

以上正常工作条件下和故障条件下的测量结果见表 7-3-2：

表 7-3-2　激光功率测量结果

测量条件	波长 nm/颜色	辐射功率（mW）		
		条件 1	条件 2	条件 3
正常工作	B：455	1.2	19.8	16.5
	G：540	3.2	28.9	25.7
	R：620	0.8	16.7	13.2
单一故障	B：455	5.6	25.9	23.8
	G：540	8.8	33.6	30.1
	R：620	2.3	18.2	16.1

从表 7-3-2 的测量结果发现所有的测量值均小于 2 类的 AEL 光输出功率，那么此激光投影机光输出被指定为 2 类。

案例2：激光打印机的检测

激光打印机在正常工作（如打印、复印、扫描等）时不应有激光的输出与泄漏，在打开上盖放置复印/扫描原件时，其安全联锁装置应能动作并切断激光光源的电源，使得此时没有激光的输出与泄漏，也就是说在正常工作和打开上盖这两种状态时激光打印机都应符合1类激光分类要求。安全联锁装置依据整机标准对其保护功能、防意外复位、失效保护和动作耐久性等进行考核。激光组件为单一波长光源，测量方法和步骤同激光投影机（仅测量一个波长即可，三色投影机是三个波长）。激光打印机结合其内部激光单元分类给出警告标志和说明，图7-3-3给出机内激光单元为2类激光的警告和说明示例。

图7-3-3　激光打印机2类激光警告和说明

案例3：嵌入式灯具的检测

某嵌入式灯具（见下图7-3-4），输入功率为40W，非用户替换光源，灯具配有透镜进行束光。此灯具的光源类型为非用户替换光源，考核蓝光危害时不能仅考虑灯具完整状态的情况，还须测试在更换光源时的LED光源的蓝光危害情况，如两种状态下测试均达到了RG1类别，则判定符合标准要求。如两种状态下测试结果不同时，则选其中危害等级最高的结果作为该样品的测试结果，如有达到RG2的情况出现，还必须测试其安全使用距离，并依据第3.2.23条款的要求进行标记，以保证维修人员的安全。

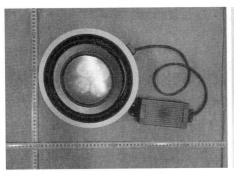

图 7-3-4　某嵌入式灯具

案例 4：吸顶灯的检测

某吸顶灯（见下图 7-3-5），使用了三款不同供应商的 LED 光源，须进行蓝光危害评估。

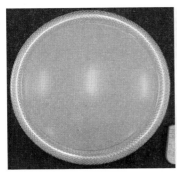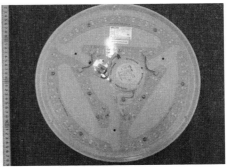

图 7-3-5　某吸顶灯

照明器具使用不同供应商的 LED 灯珠、封装或 COB 光源等，不同供应商之间设计和生产的光源之间使用的 LED 颗粒、荧光粉等是不同的，因此蓝光危害结果是无法直接覆盖的，只能通过测试结果来判断，因此使用不同供应商的 LED 光源的各个情况是均需要测试的。如果均为 RG1 或 RG0 类，则无特殊要求，如有其中任何一家达到 RG2 或 RG1 边界，则该产品就要按照标准要求增加相应的标识警告和说明。

另外，一个照明器具或不同的照明器具使用了相同的 LED 光源，需核查光源的使用实际情况，选用单科最大的 LED 光源进行测试；如照明器具使用了相同供应商不同规格的 LED 光源，如不同规格的 LED 光源仅是色温值不同，

则在相同的使用条件下（相同的电参数）测试最高色温即可以覆盖低色温的
LED 光源；如是使用的不同规格 COB 的 LED 光源，其差异仅为尺寸和功率不
同，则可以进测试最大功率的 LED 光源型号覆盖低功率的型号。

　　案例 5：微波泄露测试

　　试验时实验人员应穿上防护服（见图 7-3-6），将一个薄壁直径约为
85mm 的硼硅玻璃容器放置在搁架中心，容器内放入 275g±15g、温度为
20℃±2℃的饮用水作负载，微波炉以额定电压工作，微波功率控制器调整
到最大位置。接通仪器电源选择合适的微波炉档位，使用探测器在距离微
波炉 50mm 或以上的任何位置对微波炉进行整体测量，应特别关注炉门和
门封处的微波泄漏，微波泄漏应不超过 50W/m^2。如果微波炉已经经历过
19 章的试验，则微波泄漏的限定值增大到 100W/m^2。

图 7-3-6　实验人员进行微波泄露测试

第八章

化学危险的安全防护要求

第一节　对有害气体的防护要求

吸入少量臭氧对人体有益，但若臭氧浓度超标，会刺激和损害眼睛、呼吸系统等黏膜组织，对人体健康产生负面作用。部分电器类产品有对应的产生臭氧装置（例如空气净化器、消毒柜等），其在工作过程中可能会产生臭氧。

一、检测要求

对于空气净化器而言，GB 4706.45 对臭氧浓度有较为明确的检测要求，在空气净化器额定电压工作 24h 后，2.5m（长）×3.5m（宽）×3.0m（高）的空间内电离装置产生的臭氧浓度百分比不得超过 0.05ppm。

对于消毒柜，GB 17988 中要求，工作周期内以及工作结束后 10min 内，平均臭氧浓度不应该超过 $0.2mg/cm^3$。

二、检测仪器

臭氧分析仪（见图 8-1-1）是采用紫外线吸收法的原理，用稳定的紫外灯光源产生紫外线，用光波过滤器过滤掉其他波长紫外光，只允许波长 253.7nm 通过。该波光紫外光经过样品光电传感器及臭氧吸收池后，到达采样光电传感器。通过样品光电传感器和采样光电传感器电信号比较，再经过数学模型的计算，就能得出臭氧浓度大小。

空气净化器检测方法：将臭氧房（见图 8-1-2）中温湿度保持在 25℃，相对湿度 50%，将空气净化器放在距离地面 75cm 的房间中央。先用臭氧分析仪测空气净化器空气出口 50mm 处的臭氧浓度，为本底值。而后，额定电压下运行 24 小时，再次测量同一位置中臭氧的浓度。最终检测结果为测量值中最大浓度减去本底臭氧浓度。

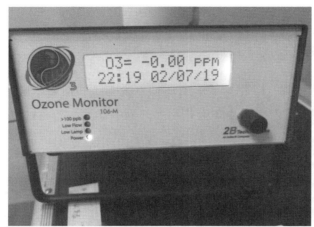
图 8-1-1 臭氧分析仪

图 8-1-2 臭氧房

消毒柜检测方法：将臭氧房中温湿度保持在 23℃±2℃，相对湿度 50%±10%，将消毒柜放在距离地面 75cm 的房间中央。先用臭氧分析仪测室内的初始臭氧浓度，为本底值。而后将消毒柜以额定电压供电，在工作周期内以及工作结束后 10min 内，在距离柜体表面 20cm 处，每 2min 记录一次数据。此段时间记录的平均臭氧浓度（减去本底值）不应该超过 0.2mg/cm^3。

第二节 对有害物质的防护要求

一、检测要求

随着越来越多的国家开始限制使用电子电器产品中有毒有害物质，中国也开展了相关的法律法规的制定工作。2016 年 1 月，工业和信息化部、国家发展改革委、科技部、财政部、环境保护部、商务部、海关总署、国家质检总局等 8 部委联合发布了《电器电子产品有害物质限制使用管理办法》，在管控范围上与欧盟 RoHS 做到了一致。中国目前现行的限值标准为 GB/T 26572—2011《电子电气产品中限用物质的限量要求》，检测标准为 GB/T 26125—2011 电子电气产品六种限用物质（铅、汞、镉、六价格、多溴联苯和多溴二苯醚）的测定。其中 GB/T 26572—2011 中对材料中的限制使用物质的要求见表 8-2-1：

表 8-2-1　限用物质限量要求

有害物质	限量标准（ppm）
铅（Pb）	1000
镉（Cd）	100
汞（Hg）	1000
六价铬（Cr6+）	1000
多溴联苯（PBB）	1000
多溴联苯醚（PBDE）	1000

中国 RoHS 关注的有毒有害物质与欧盟 RoHS 基本相同，唯一的不同点是对金属镀层的要求，欧盟的要求是低于 1000ppm，而中国 RoHS 要求为不得检出。

中国 RoHS 没有实施强制性产品认证制度，而是采取编制达标目录的方式。达标目录采取"成熟一个，放入一个"的思路，放入达标目录中的产品应当满足相关标准要求，按照相关合格评定制度进行管理。目前首批达标目录首批产品包含了 12 种产品，这 12 种产品材料必须满足 GB/T 26572 的要求。当然，类似欧盟"豁免条例"，达标目录也有自己的限用物质应用"例外清单"。在例外清单中的产品，其限值以清单规定为准，而不是仅仅考虑 GB/T 26572 的要求。

RoHS 的检测方法及基本流程见图 8-2-1。

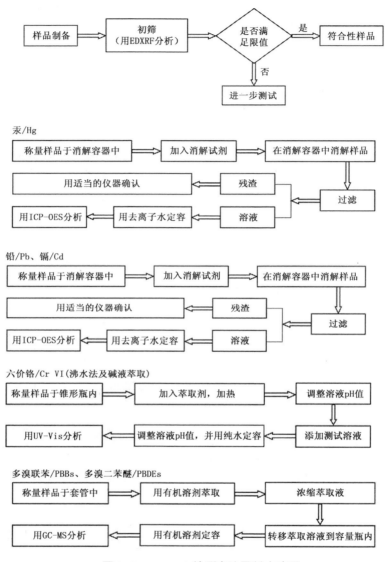

图 8-2-1　RoHS 检测方法及基本流程

由于 RoHS 检测是对材料级别进行限制，而电子电器产品由各种不同的材料组成，所以实验上机之前，必须要经过样品制备，确保样品达到能正常上机的水平。常见的拆分用工具有螺丝刀、内六角扳手、剥线器、顶切钳、壁纸刀、老虎钳、扳手、手锯、扳钳、剪刀、锤子、镊子、钻孔机、塑料袋和热焊枪、烙铁、吸锡线等。当拆分归类有矛盾时，应本着先归类出均质材料，而后金属镀层，最后无法拆分的小部件（小于等于 4mm³ 的器件）的原则。

以下为归类的一些具体原则及注意事项：

（1）机械拆分可从以下几个层次进行：

1）整机；

2）模块或部件；

3）元器件；

4）原材料。

（2）应采用适当的机械工具将拆分对象拆分至均质检测单元。当适用机械方式无法实施拆分或拆分对象质量或尺寸太小难以继续拆分的，可作为非均质检测单元提交化学检测。

（3）相同功能、同规格参数、同一厂家生产的多个可拆卸单元、部件、元件，可归为一类，从中选取代表性样品进行拆分。同一材料、同一颜色的检测单元可作为同一类提交化学检测。

（4）当相当对象小于一定的质量，又没有其他相同来源时，为了确保化学分析结果的准确，可作为最小拆分质量，不进行拆分，直接提交化学分析。

（5）在拆分镀层材料时，若材料面积小于最小拆分面积，且又无相同材料可合并时，不进行拆分，直接提交化学检测。

（6）当拆分对象的体积小于最小拆分体积时，不进行拆分，直接提交化学检测。

（7）对于在拆分过程中自然形成的小于最小检测需求量的单元，在确保检测结果有效性的前提下，可将同种材料进行归并，以满足化学分析的最小检测需求量的要求。

（8）在拆分时应注意识别被列入有关规定豁免清单的部件、元件或检测单元，确认属于豁免单元的，应予记录，可不提交化学检测。

（9）镀层应尽量与集体分离。对于确实无法分离的，可对镀层进行初筛（如斑点法或 XRF 等），筛选合格则不拆分；筛选不合格，将使用非机械方法拆分（如使用能溶解镀层而不能溶解基体材料的化学溶液来溶解镀层）。

（10）涂层（如外壳油漆、绝缘漆、油墨和阻焊膜等）应采用刮削等方式与基体分离，刮削时应注意不要将基体材料刮至取用材料中。

二、检测仪器

1. X 射线荧光光谱仪（XRF）的使用

原理：不同元素的特征 X 射线能量和波长各不相同，因此通过对 X 射线的能量或者波长的测量即可知道它是何种元素发出的，进行元素的定性分析。同时样品受激发后发射某一元素的特征 X 射。线强度与该元素在样品中的含量有关，因此测出它的强度就能进行元素的定量分析。因此，X 射线荧光光谱仪有两种基本类型：波长色散型（WDXRF）和能量色散型（EDXRF）（见图 8-2-2）。

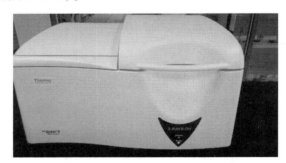

图 8-2-2　X 射线荧光光谱仪 EDXRF

由于能量色散型 XRF 具有仪器结构简单、射线利用率高、对样品位置和形状要求低、反应速度更快等优点，是市场上常见的设备。本书所介绍的 XRF，专指能量色散型设备（EDXRF）。

EDXRF 只能对元素进行定性及半定量，针对 RoHS 法规中所限制的物质，其检测出的种类为铅、镉、汞、总铬、总溴。XRF 只能检测出元素的含量，却不能区分出元素的具体价态。当检测材料经过 XRF 的筛选，不含有以上五种元素时，这五种元素对应的任何一种具体的存在方式也不会存在，则该材料满足 ROHS 法规限值要求。由于 XRF 方法在68%的置信区间的不确定度为30%，当这五种元素被筛选出有一定的数据时，则应仔细分析数据的风险性，尤其是总铬及总溴，其对应的六价铬及多溴联苯、多溴二苯醚都应有对应的系数加以考核。

XRF的校准有两种主要办法：

一种是基本参数法，其主要是用数个给定基体组分的标准物质进行标准曲线绘制，并以此来校准。一般该设备厂家出厂时已经建立多组的标准曲线，比如PE材料中五种元素的标准曲线、铜锌合金中铅的标准曲线等。每日开机并按照设备操作规程热机之后，应用标准样品对需要用到的标准曲线进行比对，当测出的数值与标准样品证书中数值相差较大时，应注意设备性能是否发生变化，必要时对标准曲线进行重新标定。

另外一种是经验系数法，其主要是利用已经获得的数学模型来计算，该设备校准时应采用一组与待测样品基体比较匹配的标准物质进行校准。

由于样品的均匀度以及样品平整度都会影响检测结果的准确性，所以针对不同样品，应注意以下方面：

（1）均质样品的检测

聚合物类材料和金属制品类材料可用X射线荧光光谱仪直接测定。样品切割成直径10～40mm大小且适合放入仪器的样品杯中，样品表面要求平整光滑。

液体试样要加在一特定的以塑料薄膜为底的塑料杯里，高度大于5mm，塑料杯上应有塑料盖盖住。需要注意的是塑料膜必须经过验收，不含有5种元素中任何一种。

（2）非均质样品的检测

电子元件、集成线路板和其他非均质样品需经粉碎机（或类似设备）粉碎成小于1.0mm的颗粒，混匀，再取一定代表性样品经压片机在一定压力下制成压片试样。对于无法压片的液体试样要加在一特定的以塑料薄膜为底的塑料杯里，高度大于5mm。

样品的基体匹配也会较大程度影响检测结果。在检测样品时，应尽量选用相近的基体绘制出的标准曲线。例如测铜合金中的铅含量，使用基本参数法的应尽量使用铜合金基体标定出来的标准曲线，而不能采用其他合金基体所标定出来的曲线；使用经验系数法的，则应用铜合金标准物质校准后再进行未知样品检测。基体不匹配可能带来数倍乃至几十倍的偏差，尤其需要注意。

相对来说，完全均一的样品中，五种元素的不确定度相对较小，而非均质材料则因为材料的不均匀性，不确定度巨大。针对非均质材料，应时刻保持警惕，如果需要应进一步采取其他确证手段。

2. 聚合物、金属、电子件中汞含量的测试

汞含量测试，标准中涉及的设备比较多，包括冷蒸汽原子吸收光谱法（CV-AAS）、冷蒸汽原子荧光光谱法（CV-AFS）、电感耦合等离子体发射光谱法（ICP-OES）、电感耦合等离子体发射质谱法（ICP-MS）等。

其中 ICP-OES 由于一次实验可以出多种元素的数据，实验耗时短，数据稳定，是使用最多的方法之一；本节主要介绍 ICP-OES 检测方法。

前处理：由于我们平时检测的样品多为固体，而 ICP-OES 进样必须为液体，所以在进样之前，样品必须经过前处理，转化为均质液体，而后进样。前处理在很大程度上决定了样品中有害物质转入液体的程度，对检测结果影响很大。在消解之前，应先进行机械处理，让样品可以达到消解的要求。机械处理同 XRF 前处理一样，应先进行手动剪切，而后进行粗磨、碾碎，最后进行细磨。机械处理之后，可以进行湿法消解或者微波消解。

（1）湿法消解

对于金属或者容易消解的电子件，建议用湿法消解，但是当金属中含有较为大量的难消解元素（例如 Si、Zr、Hf、Ti、Ta、Nb、W 等）时，则最好使用微波消解。

湿法消解具体流程如下：称取样品（0.5～1.0）g，精确到1mg，置于锥形瓶中，加入3mL水、3mL硝酸，盖上表面皿，等待反应平息。如果样品有残留，补加2mL硝酸，加装回流冷凝装置（见图8-2-3），至电热板上温热，温度不超过90℃，直至样品完全溶解。如遇硝酸仍不能溶解的金属或合金，可补加（5～10）mL浓盐酸，继续加热，直至样品尽可能地完全溶解。冷却至室温后，如果溶液不清亮或有沉淀产生，用0.45μm的过滤膜过滤或多管路取样器抽滤，残留的固态物质用15mL、5%硝酸冲洗2次，所得到的溶液全部合并转移至100mL的容量瓶中。视需要加入一定量的内标溶液（Sc或者Y溶液），用水定容至刻度。每个样品做两次平行测定，同时做试剂空白实验。为避免目标元素缺失，残留的固态物质可使用灰化法和高温碱熔融法处理。样品溶液配置好后，应尽快测试，以防止溶液中汞元素流失。

图8-2-3 冷凝回流装置

对于尺寸比较大的灯管类，也需要用湿法消解。有两种处理方法，一种是将硝酸加入灯管中消解；一种是将灯管打碎，用硝酸浸没。

第一种：将灯管侧切一个小口，将1:1的硝酸倒入其中，并保证不会溢出。让硝酸遍及整个灯内部，当灯内部的荧光粉不再掉落时，用温度箱或者其他手段加热至约80℃，保持40分钟。待冷却至室温后，将内部溶液倒至烧杯，并用同样浓度的硝酸再次清洗灯管内壁，将清洗液体倒入烧杯中。将烧杯中溶液转移至容量瓶中，并加入一定量的内标溶液（Sc或者Y溶液），定容待测。

（2）微波消解

对于较难消解的聚合物以及含有难消解元素的（Si、Zr、Hf、Ti、Ta、Nb、W）金属，前处理可使用微波消解仪（见图8-2-4）。

图 8-2-4　微波消解仪

微波消解作为最重要的消解手段之一，消解耗时低，效果好，被很多企业作为第一选择。

称取 0.1g 左右经过磨碎的样品（过多的样品可能会造成消解不完全，或者微波消解仪内压力过大），放入消解罐中，并将 5mL 的浓硝酸，1.5mL 的过氧化氢（质量分数 30%）以 1.5mL 及硼氟酸（50% 质量分数）放入微波消仪中进行消解。

按照消解仪固定程序完成消解后，待消解罐冷却至室温，将消解仪中澄清溶液倒出至 25mL 容量瓶中，用 5% 的硝酸润洗消解罐，清洗液倒出容量瓶中，入一定量的内标溶液（Sc 或者 Y 溶液）后，用水定容。

对应的试剂空白，应同以上流程进行，只是过程中不加入任何样品。

若消解中有部分的样品难以消解，可以采用灰化法、高温碱熔融法等手段处理，或者残渣经过其他手段（如 XRF）检测不含有目标检测物质后，不再考虑其中含量。

（3）ICP-OES 检测

标准曲线的绘制：将购买的有证标准溶液用 5% 的硝酸进行稀释，应至少配置 3 个浓度的标准溶液。用 1.5% 的硝酸溶液作为空白，进行标准曲线绘制。标准曲线绘制好，其线性回归曲线相关系数不得低于 0.998，且标准物质与赋值偏差不得大于 20%。标准曲线绘制好以后，进样测试，检测结果须落在校准曲线范围内，如果未能落入，则将样品溶液用 1% 硝酸稀释之后再次进行测定（汞元素波长选择 194.227nm）。ICP-DES 如图 8-2-5 所示。

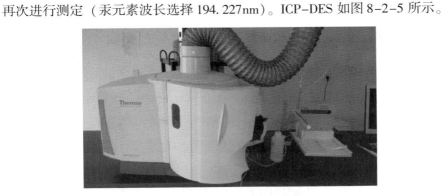

图 8-2-5　电感耦合等离子体发射光谱仪 ICP-OES

在 ICP-OES 的操作界面中将标准品信息及样品信息（称样重量、定容体积等）依次输入，按照编辑好的方法依次进样，最终可以直接输出结果。

3. 聚合物、金属、电子元器件中铅、镉的测定

（1）前处理

如同测试汞元素一样，测定样品中的铅和镉前，也需要将样品进行机械处理。处理之后的样品，根据样品类型可以使用密闭容器法（压力罐消解法或者微波消解法）。

1）密闭容器法（压力罐消解法或者微波消解法）

聚合物（聚四氟乙烯除外）和部分电子元件及难消解金属（含 Si、Zr、Hf、Ti、Ta、Nb、W 等难消解元素），可采用高温压力密封消解罐进行样品处理。

称取样品（0.2~0.5）g，精确到 1mg，置于高温压力密封消解罐中（见图 8-2-6），加入 8mL 浓硝酸，2mL 30% 过氧化氢，对于玻璃、陶瓷等硅质较多的材料，需补加 5mL 氢氟酸（或四氟硼酸溶液）。盖上聚四氟乙烯盖子，拧紧不锈钢外套，置于烘箱中，在（180±5）℃加热 4h，待高温压力密封消解罐冷却至室温后，将消解液转移至 100mL 塑料容量瓶中，用水稀释至刻度。如果溶液不清亮或有沉淀产生，样品液用 0.45μm 的过滤膜过滤或多管路取样器抽滤，残留的固态物质用 15mL 5% 硝酸冲洗 4 次，

所得到的溶液全部合并转移至 100mL 的容量瓶中，必要时加入内标物，用水稀释至刻度。

图 8-2-6　高温压力密封消解罐

每个样品做两次平行测定，同时做试剂空白实验。为避免目标元素缺失，残留的固态物质可选用其他消解方法（如酸湿式消解法、灰化法、高温碱熔融法等）处理。

也可以采用微波消解法，程序同 8.2.2.3.1 微波消解方法。

2）对较为容易消解的金属材料和电子元器件，可以直接采用常规酸湿法消解等进行样品处理，处理方式见 8.2.2.3.1。

（2）ICP-OES 检测

1）标准曲线法：该方法适用于聚合物类、电子元器件、陶瓷及玻璃以及部分金属类（无基体效应的样品）。

用标准物质分别逐级配制含铅、镉的系列标准工作溶液，以此系列标准工作溶液中待测元素的浓度和所测出的谱线强度制作标准工作曲线（必要时加入内标物），标准曲线应至少包含 4 种浓度的标准溶液。随同试剂做空白试验。如果消解液中铅、镉浓度超出工作曲线最高浓度值，则应该对消解液进行适当稀释后再测定。

在 ICP-OES 的操作界面中将标准品信息及样品信息（称样重量、定容体积等）依次输入，按照编辑好的方法依次进样。根据工作曲线和消解液的谱线强度值，仪器自动给出消解液中待测元素的浓度值。

2）基体匹配法：本方法适用于金属样品（基体复杂和无法分离基体

334

以及待测元素含量较高时，如铬含量较高的不锈钢等）。

用标准物质分别逐级配制含铅、镉的系列标准工作溶液，且该标准工作溶液含对应主要的基体元素（该信息可预先从 EDXRF 筛选实验中获得），以此系列标准工作溶液中待测元素的浓度和所测出的谱线强度制作标准工作曲线。标准曲线应至少包含 4 种浓度的标准溶液。随同试剂做空白试验。如果消解液中铅、镉浓度超出工作曲线最高浓度值，则应该对消解液进行适当稀释后再测定。

在 ICP-OES 的操作界面中将标准品信息及样品信息（称样重量、定容体积等）依次输入，按照编辑好的方法依次进样。根据工作曲线和消解液的谱线强度值，仪器自动给出消解液中待测元素的浓度值。

由于样品中杂质元素的干扰，可能会使检测结果中各条谱线算出的结果不尽相同，如何选区谱线将在很大程度上决定检测结果的正确性。例如不锈钢中的镉含量，镉的谱线中 214.439nm 以及 226.502nm 受到的影响都很大，相对而言 228.802nm 受到影响很小，应选择 228.802nm 的数据作为最终数据；测量铝合金中铅的含量，铅的四条谱线分别为 217.000nm、220.353nm、261.417nm、283.305nm，其中 261.417nm 受到的干扰最小，应选择该条谱线的数据。

其他常见的谱线选取具体可以参见 GB/T 26125—2011 中的附表 F.1。

4. 测定样品中六价铬的含量

（1）样品的制备

测试前，样品表面不能有任何污染物、指纹或其他外来污点。如果表面涂有薄油，测试前须在室温下（不超过 35℃）用清洁剂、软布或适合的溶剂去除。样品不能在高于 35℃ 条件下强制干燥。因碱金属易引起铬酸盐涂层脱落，故不能用碱性溶剂处理样品。若样品表面含有聚合物涂层，可用细砂纸（如 800# 碳化硅砂纸）轻轻摩擦除去，还可以选用其他更有效的方法去除表面涂层。注意不能将样品表面的铬酸盐涂层也一起摩擦掉。

（2）样品的检测

1）斑点法

配制显色溶液：将0.4g 1，5-二苯碳酰二肼（分析纯）溶解于20mL丙酮和20 mL乙醇组成的混合溶液中，溶解后加入20mL 75%的正磷酸溶液和20mL的水。溶液应在使用前8h配置。对于体积较小的部件，可以直接放在底边为白色的表面皿中，用配好的溶液滴1～5滴，如果出现紫红色，则是镀层中含有六价铬。如未出现，可以用800#的细砂纸轻打磨，再滴显色溶液，若仍未显色，则不含有六价铬。

2）沸水法

取经过洁净的样品，镀层面积在（50±5）m²，浸没于装有煮沸的50mL水的烧杯中，表面皿盖住烧杯。煮沸10min后，移走样品冷却至室温，加入1mL 75%正磷酸溶液。将一半的水（25mL）移至另外一个烧杯中。两个烧杯中一个加入斑点法中所配置的显色溶液1mL，另外一个不加入作为空白比对。加入显色剂的溶液若显紫红色，则证明样品中含有六价铬。

若无法判断颜色，可以在50mL水中加入1mg/kg的标准溶液，加入2mL显色溶液及1mL 75%正磷酸溶液，形成标准溶液，用样品溶液的颜色与该标准溶液颜色做比较，必要时使用紫外可见分光光度计（见图8-2-7）进行比较。

图8-2-7　紫外分光光度计

（3）聚合物及电子件中的六价铬含量测定

将聚合物样品或者电子元器件粉碎至100%可以通过250微米的筛网

粉末。称取该样品 2.5g，放入一个干净的消解容器中。用量筒量取含有 0.28 mol/L 的碳酸钠和 0.5mol/L 的氢氧化钠的水溶液，将待测样品置于该溶液中，在该溶液中加入 pH 值等于 7 的 1.0mol/L 的磷酸盐缓冲液 0.5mL，并加入 400mg 的氯化镁。混匀并溶解后在 90℃~95℃ 的条件下消解 3 小时。溶液冷却至室温后，用 0.45 微米的滤膜进行过滤，而后用水定容至 100mL。

取 95mL 的过滤液，用 10% 的硫酸调节 pH 至 2.0±0.5。加入 5mg/mL 的 1，5-二苯碳酰二肼的丙酮溶液 2mL 显色，而后定容至 100mL。

配置浓度为 0、0.1、0.5、1、5 mg/L 的标准溶液，同上流程进行显色。

使用紫外分光光度计进行标线绘制及样品测定，由待测溶液中六价铬浓度计算出聚合物或者电子件中的六价铬浓度。

5. GC-MS 测定聚合物中的多溴联苯、多溴二苯醚

对于聚合物及部分电子器件类样品，多溴联苯及多溴二苯醚可能作为阻燃剂加入其中。两类阻燃剂的检测可以采用甲苯作为提取溶剂经索氏抽提，提取液经过净化、浓缩处理，用气相色谱-质谱仪（GC-MS，见图 8-2-8）进行分析。

图 8-2-8　气质联用仪 GC-MS

（1）样品的准备

将样品机械粉碎，称取（0.1~0.5）g 样品，精确到 0.0001g，用纤维素套管（或类似器具）包裹，然后将其放至安装好的索氏提取装置（见图

8-2-9）中，加入 60 mL 甲苯，抽提 2h 以上，每秒流速 1~2 滴。将提取液用层析柱或其他类似方法进行净化，最后将过滤液定容到一定体积。

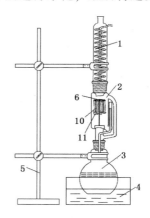

图 8-2-9　索氏提取装置

（2）进样

分别移取 1 mL 样品溶液及 20 微升内标物转移至 GC-MS 进样瓶中，设定 GC-MS 参数，进样。

对于不同的设备，应使用不同的耗材。其中 DB5-HT 柱子为最常使用的色谱柱。下面是常见的 GC-MS 的设置。

① 色谱柱温度：100℃（3min）5℃/min 320℃（10min）。

② 进样口温度：320℃。

③ 色谱-质谱接口温度：320℃。

④ 离子源温度：300℃。

⑤载气：氦气，纯度≥99.999%；流速，1.5mL/min。

⑥进样量：1uL。

⑦ 进样方式：不分流进样，1.0min 后开阀。

⑧ 电离方式：EI。

⑨ 质量扫描范围：（100~1000）amu。

⑩电离能量：70eV。

⑪电子倍增器放大倍数：$3.0×10^5$。

（3）数据分析

可以先进样品溶液后，先进行定性分析判断内标物谱峰是否出现。若内标物谱峰出现，而其余特征峰没有出现，则可以初步判定样品中不含有目标检测物质。

若目标检测特征峰出现，则应将准备好的标准溶液（至少5个浓度梯队的等间距的标准溶液）绘制标准曲线，而后再次进样。标准曲线的线性回归拟合的相对标准偏差（RSD）应小于等于15%。

依据样品的曲线以及样品的响应值，设备软件可以自动算出进样溶液中多溴联苯和多溴二苯醚的浓度。得到溶液的浓度后，依据溶液总体积及样品重量，即可反推出固体样品中多溴联苯及多溴二苯醚的含量。

需要说明的是，由于十溴二苯醚曾经广泛使用（常见使用量占样品质量分数在10%~12%），而目前有些聚合物样品中又使用了回料，导致目前部分样品中的十溴二苯醚超标。故在检测中应着重注意十溴二苯醚（特征谱图见图8-2-10）。

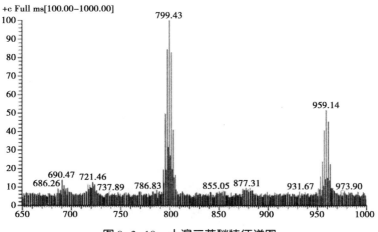

图8-2-10　十溴二苯醚特征谱图

第三节　检测案例分析

1. 对有害气体的防护要求

案例 1: 氧分析仪测得本底值为 0 ppm，空气净化器（见图 8-3-1）开启 24h 后，实测数据为 0.01ppm，最终检测结果为 0.01ppm，符合标准要求。

图 8-3-1　空气净化器

案例 2: 臭氧分析仪测得臭氧房本底值为 0ppm。按照说明书开启消毒柜（见图 8-3-2），其一个周期为 100min，整个检测周期为 110min，在这 110min 中，臭氧浓度测得的平均值为 0.02ppm，换算成体积浓度为 0.039 mg/cm^3，符合标准要求。

图 8-3-2　消毒柜

2. 对有害物质的物质的防护要求

案例1：电源线外皮中铅含量超标

在对一段电源线进行 RoHS 检测。首先将电源线进行拆分，拆分成 6 种均质材料（见图 8-3-3）。对这 6 种均质材料进行 XRF 扫描。扫描结果发现，黑色电源线外皮中铅含量为 5321mg/kg，需要用 ICP-OES 做进一步确认。

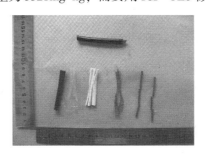

图 8-3-3　6 种物质材料

将电源线外皮机械破碎之后，用微波消解仪器消解，形成透明溶液，定容 100mL 后，用 ICP-OES 进行检测。ICP-OES 标准曲线如 8-3-4 所示。

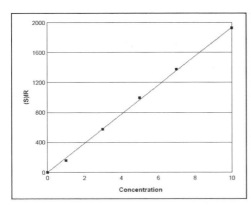

Element Name:		Pb	
Element Wavelength:		Pb 216.999 nm	
Concentration Units:		ppm	
Date of Calibration:		2019/6/26　16:24:09	
Date of Fit:		2019/6/26　16:24:09	
Type of Fit:		Linear	
Correlation:		0.9993	
A0 (Offset):		0.4879	
A1 (Gain):		193.5	
A2 (Curvature):		0.0000	
n (Exponent):		1.000	
Reslope		QC Normalize	
Slope:	1.000	Slope factor:	1.000
Y Int:	0.0000	Offset:	0.0000

Standard Name	Stated	Found	Diff	% Diff	(S)IR	Stddev	Emphasis
空白	0.0000	0.0001496	0.0001496	0.0000	0.5169	0.5008	1
校准标准-1	1.000	0.8189	-0.1811	-18.11	159.0	14.85	1
校准标准-2	3.000	2.978	-0.02169	-0.7231	576.9	2.071	1
校准标准-3	5.000	5.142	0.1420	2.840	995.6	0.8264	1
校准标准-4	7.000	7.100	0.09958	1.423	1,374	7.759	1
校准标准-5	10.00	9.961	-0.03879	-0.3879	1,928	7.132	1

图 8-3-4　ICP-OES 标准曲线

由于在 PVC 中 2203（220.353nm）这条谱线，其吸收强度最大，选取这条谱线。最终检测浓度为 6875ppm。该数值超过 1000ppm 的限值，产品不合格。检测结果如图 8-3-5 所示。

元素	Pb1822	Pb2169	Pb2203	Pb2614	Pb2833
单位	ppm	ppm	ppm	ppm	ppm
平均值	6662.	6148.	6875.	5276.	6676.
标准偏差	24.	25.	11.	12.	34.
%RSD	.3539	.4113	.1605	.2206	.5039
#1	6661.	6158.	6870.	5283.	6669.
#2	6640.	6167.	6888.	5283.	6646.
#3	6687.	6119.	6867.	5263.	6712.

图 8-3-5　ICP-OES 结果输出

案例 2：镀层中六价铬含量超标

样品（见图 8-3-6）表面镀层为五彩颜色，为高风险产品。经过 800 目砂纸轻轻打磨后，点测，颜色变为轻微紫红色，但变色不明显。后经沸水检测法检测，溶液呈淡紫红色，判断为阳性，不符合 GB/T 26572—2011 的要求。

图 8-3-6　样品

案例 3：PP 材料中十溴二苯醚的测定

PP 材料色母如图 8-3-7 所示。

图 8-3-7　PP 色母

按照十溴二苯醚的检测方法，拟制标线，如图 8-3-8 所示：

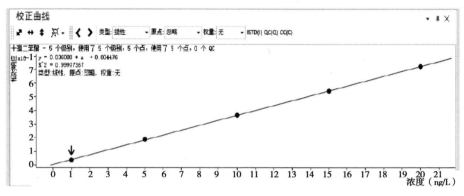

图 8-3-8　检测标准线

称取 0.5g 样品进行冷凝回流并定容至 100 mL。进样后发现色谱柱产生一较明显峰（见图 8-3-9）。

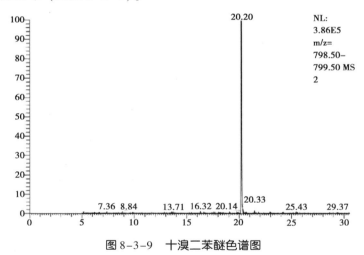

图 8-3-9　十溴二苯醚色谱图

其对应的特征离子见图 8-3-10。

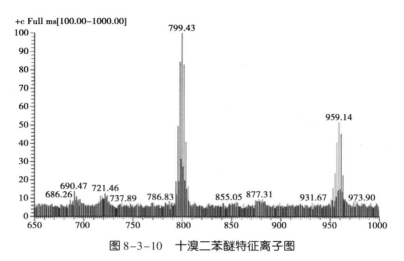

图 8-3-10　十溴二苯醚特征离子图

经过软件处理后，该谱峰在标准曲线上读数为18ppm。经过测算，样品中十溴二苯醚的含量 = 18μg/mL × 100mL ／0.5g = 3600ppm，超过了1000ppm的限值。

第九章

对软件功能安全危险的防护要求

第一节　软件功能安全的评估适用范围

一、软件评估对象

家电产品中的电子电路/软件控制器不同于其他消费电子产品（如电视、手机等）中的电子电路/软件控制器，消费电子产品中的电子电路/软件控制器即使完全失效也不会对使用者及周围环境造成危险，而家电中的电子电路/软件控制器，有些用于整机非正常条件下的保护功能，例如控制温度过高、电机启停、压力控制以及点火装置等，这些控制器的可靠性直接关乎所控制器具对使用者和环境的安全，一旦失效，将导致火灾、机械危险甚至爆炸等严重后果。并且，这些控制器相比传统的机电式控制器更易受环境温度、湿度、电压和电磁场等的影响，其失效的方式多种多样，难以预见。因此，相比对传统机电式家电评估，对这些智能家电无法通过设置简单的故障条件来判断其符合性，必须对其进行软件评估。

家电产品电子电路/软件控制器中的嵌入式软件必须通过硬件来起作用，对家电产品中软件的评估实际上是对整个电路控制系统的评估，包括硬件和软件两个方面，在进行软件评估的过程中，首先要评估电路的功能和可靠性是否符合相关标准要求，再确认软件及其运行环境的可靠性，是一个从宏观到微观的过程。

1. 标准要求

标准 GB 4706.1—2005《家用和类似用途电器的安全第 1 部分：通用要求》第 3 章定义如下：

3.9.2 电子电路 electronic circuit
至少装有一个电子元件的电路。

3.9.3 保护电子电路 protective electronic circuit

防止非正常运行状态下出现危险的电子电路。

注：电路中的部分也可以起到功能作用。

3.9.4 B 级软件 software class B

含有代码的软件，用于防止器具由于非软件故障而引起的危险。

3.9.5 C 级软件 software class C

含有代码的软件，用于防止没有其他保护装置时出现的危险。

第 22 章要求如下：

22.46 在保护电子电路中使用的软件，应为 B 级或 C 级软件。

注 1：在器具存在其他故障的情况下 B 级软件失灵，或者 C 级软件失灵，可能导致危险性功能失效、电击、火灾、机械式或其他危险的发生。

注 2：如果软件程序修改，且修改影响到了保护电子电路的试验结果，则评估与相关试验应重新进行。

2. 理解要点

家电安全软件评估的评估对象是家电产品中使用的"电气/电子/可编程电子系统（E/E/PES）"，如图 9-1-1 所示。家电安全标准里面称之为含有软件的保护性电子电路（PEC with software），这些系统用于控制或防止家电产品出现不符合标准要求的危险。首先，E/E/PES 或 PEC 不等于可编程电子元件（如 MCU），而是包括可编程电子元件（作为处理单元）、各种传感器和检测电路（作为输入单元）、各种执行器件（作为输出单元）三大部分的完整系统，因而家电安全软件评估，不仅仅是对可编程电子元件的评估，而是对整个系统的评估；其次，任何软件功能的实现都基于相应的硬件环境，因而家电安全软件评估，不仅仅是对"软件"的评估，而是综合评估 E/E/PES 的硬件、软件、接口的结构和特性；再次，家电产品功能包括安全相关功能和非安全功能两个方面，家电安全软件评估仅对安全相关部分进行评估，涉及相关硬件、软件和接口，因而区分这两部分功能非常必要。

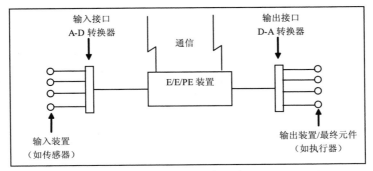

图 9-1-1　电气/电子/可编程电子流程（E/E/PES）

标准 GB 4706.1—2005 ［等同于 IEC 60335-1：2004（Ed4.1）］的第 22.46 条规定，保护性电子电路中使用的软件，应为 B 级或 C 级软件，是否符合，通过附录 R 来评估；根据第 3 章定义，B 级软件是用于防止其他故障条件（非软件故障）导致的器具危险，C 级软件是用于防止没有使用其他保护装置时出现的危险（可以理解为功能软件故障导致器具不安全）。标准 IEC 60335-1：2010（Ed 5.0）中取消了 B 级软件和 C 级软件的定义，取而代之的是"一般故障/错误条件"和"特定故障/错误条件"，这两类故障/错误条件及对应的处理措施分别由表 R.1 和 R.2 来规定。IEC 60335-1：2010 第 22.46 条规定，通常情况下，用于保证器具符合标准要求的可编程保护性电子电路中的软件，应包含处理表 R.1 列出的故障/错误条件的措施；对于特殊的结构或特定的危险，要求软件包含处理表 R.2 列出的故障/错误条件的措施，这种情况下会在产品特殊标准要求中明确。尽管 IEC 60335-1：2010 的附录 R 和 GB 4706.1—2005 的附录 R 在行文上差别较大，二者在"控制软件故障/错误的措施"等技术要求上是一致的，IEC 60335-1：2010 的附录 R 的技术要求更为清晰明了，便于操作；并且 IEC 60335-1：2010 的附录 R 增加了"避免软件故障/错误的措施"技术要求，相比 GB 4706.1—2005 的附录 R，要求更加全面。因此，本教材主要根据 IEC 60335-1：2010（Ed5.0）的附录 R 的要求来展开，介绍家电软件评估要求和方法。

二、软件评估适用性分析

一般情况下，家电产品的软件评估的适用性分析依据 GB 4706.1—2005 的附录 Q 电子电路评估试验程序进行。首先需要对电子控制器进行功能分析，确定控制器哪些功能是一般性的功能（非安全相关功能），哪些功能是和安全防护相关的功能，对电子控制器的功能分析基于产品相关文档，包括产品原理图、电路图、软件规格说明等；之后基于家电安全标准要求和功能分析，对器具进行相关试验，进一步确定电子控制的哪些部分属于保护性电子电路，这些保护性电子电路分别用于防护哪些危险，以及对保护性电子电路如何进行下一步的测试。测试的一般顺序可以参见 GB 4706.1—2005 的附录 Q。19.11.3 试验的顺序应是先对保护性电子电路施加 19.11.2 的故障条件，然后重复该保护性电子电路所保护的 19.X（包括 19.10X）的试验。

尽管我们可以通过上述两个步骤来判断某个电子控制器是否适用于软件评估，实际上，软件评估是产品与生俱来的要求，制造商在产品生命周期的早期阶段（设计阶段）就已经决定了实现安全防护的方式。因此，我们可以通过对产品功能规格书和相关图纸的检查即可初步判断是否需要进行软件评估。与常规型式试验不同，制造商在软件评估过程中扮演着重要的角色，制造商应在其产品功能规格书中明确定义一般功能、保护功能以及实现的方式，并将这些文档提供给评估人员审核。

1. 标准要求

依据 GB 4706.1—2005 的附录 Q：

附录 Q

（资料性附录）

电子电路评估试验程序

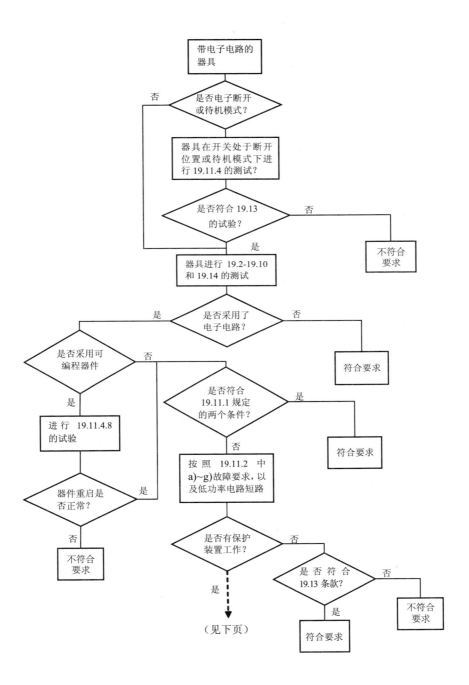

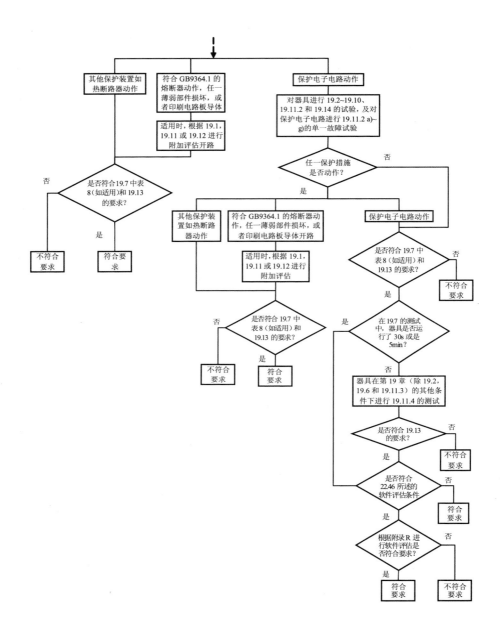

2. 理解要点

在 GB 4706.1—2005 标准中，软件措施仅在保护性电子电路中有要求，根据定义 3.9.3，保护性电子电路是防止非正常工作状态下防止出现危险的电子电路。

考虑到 19 章的试验是针对非正常工作条件的，故仅需分析该章试验期间动作的电子电路，但是我们应该注意到，即使有特定的电子元件硬件故障试验（19.11.1 和 19.11.2），所有 19 章的条款仍然适用于相关试验中动作的电子电路。

有必要区分 19.11.2 的试验和其他 19 章的试验。当 19 章某个子条款（包括第二部分标准的 19.10X）要求失效正常工作条件下的控制器时，意味着该控制器应被短路或整体置于不工作状态（见 19.1 的注 5）。当我们分析某个电子控制器时，应注意到短路控制器和 19.11.2 规定的短路控制器中的电子元件是不同的。

在 GB 4706.1—2005 标准中，允许某个电子控制器既具有功能性部分又具有保护性电子电路部分（见 3.9.3 的注），因此需要识别哪些部分属于保护性电子电路。

为建立一个系统性评估过程，应通过故障模拟来分析器具在控制器相关失效情况下的行为状态来评估是否可以达到 19 章的每项要求。如果某个功能性电子控制器（或电子控制器的某个部分）参与了控制过程，那么我们需要考虑并分析该控制器所有可能会影响标准符合性的输入或输出。

需要注意，通常 19 章的试验是在器具正常工作条件下进行的，不是在"关机"或"待机"状态下进行，即便关机或待机状态也同样由正常工作时的控制器控制。仅 19.11.4 的试验应在"关机"或"待机"状态下进行，除非某些产品特殊标准中有额外要求。另外，当器具具有电子断开时，无论其是否带有机电开关，也应进行 19.11.4 的试验。

如果每项标准要求的符合性依赖于某个电子电路或其部分，那么这个电子电路或这部分被认为是针对该条试验的保护性电子电路，并且该保护性电子电路要经受后续的试验和评估。

保护性电子电路的硬件故障试验是由 19.11.3 涵盖的，19.11.3 要求重复 19.X 的试验并且对 PEC 的电子元件施加一个 19.11.2 的要求的故障条件。考虑到保护性电子电路是在器具的某个非正常运行条件出现后动作的，可以预见保护性电子电路的失效应在其动作之前发生。因此，19.11.3 试验的顺序应是先对保护性电子电路施加 19.11.2 的故障条件，然后重复该保护性电子电路所保护的 19.X 的试验。另外需要注意的是，19.11.3 符合性的判断标准是 19.13，而不是相应 19.X 的特殊的判定标准。

上述的分析并不意味着保护性电子电路本身必须为一个独立的电子控制器，或是必须为电子控制器的特定部分，因为软件也可以被用作 PEC。如果功能性控制器的实效是由单独的软件来识别的，并且该软件能使器具进入安全模式，那么这个软件本身就是一个保护性电子电路。

另外，软件可能会被用于监测可能的保护性电子电路失效。这种情况下，根据 19.11.3 的要求，应对保护性电子电路的电子元件先施加 19.11.2 的故障条件，然后再施加该保护性电子电路所保护的 19.X 的故障条件，但是如果软件检测到保护性电子电路失效而使器具处于不工作状态，那么将不可能再进行 19.X 的故障试验，除非两个故障试验（19.11.2 的故障和 19.X 的故障）同时施加，但在实践中不太可能同时发生两个故障。虽然对于防止保护性电子电路失效的软件的防护措施没有特别要求，但应根据 19.11.2 对保护性电子电路不同失效条件进行分析，并且保护保护性电子电路的软件应该为 B 级。

关于 EMP，19.11.4 的试验应该在 19.X 的试验过程中当保护性电子电路动作后进行，而不是在 19.11.3 的试验过程中保护性电子电路失效后进行。

基于这些需要注意的事项，我们应该在测试报告中对控制器有关产品符合性功能给出清晰的描述。

第二节　软件功能安全的评估标准要求

一、标准体系

家用电器软件评估要求在 IEC 60335-1：2004 的附录 R 中首次提出，而我国现行家电产品国标 GB 4706.1—2005 等同采用 IEC 60335-1：2004 标准，根据附录 R 要求，家用电器软件评估需要引用并修改 IEC 60730-1 附录 H 的部分条款进行考核，具体内容主要包括三个方面：

（1）IEC 60730-1 中的定义 H.2.16 到 H.2.20 适用，包括与使用软件的控制器结构相关的定义、与使用软件的控制器中避免错误相关的定义、与使用软件的控制器的故障/错误控制技术相关的定义、与使用软件的控制器的贮存测试相关的定义和软件术语的定义。

（2）用 IEC 60335-1：2004 的 19.13 符合性判定条件替代 IEC 60730-1 表 H.7.2 中 17、25、26 和 27 的判定条件；用 IEC 60335-1：2004 的 19.11.2 电子电路故障试验替代 IEC 60730-1 附录 H.27 电子电路故障试验。

（3）IEC 60730-1 中 H.11.12 条款除 H.11.12.6 和 H.11.12.6.1 不适用外，其他内容做适当修改后均适用；主要涉及"故障/错误"检测时间判断条件和符合性判断条件，均以 IEC 60335-1：2004 的 19.13 的符合性为判定条件。

除了上述标准外，进行软件评估还必须考虑家电产品的特殊要求，如 GB 4706.X（IEC 60335-2-X），这些标准对器具应防护的危险可能增加了要求，在进行软件评估的功能安全分析和测试时需要综合考虑家电安全通用要求和特殊要求。

为了更好地应用上述标准进行软件评估，还要参考电气/电子/可编程电子安全相关系统的功能安全标准，这些标准主要包括 GB/T 20438.1 ~ GB/T 20438.7（IEC 61508-1 ~ IEC 61508-7）系列标准。图 9-2-1 为目前家电功能安全软件评估所依据的标准结构及相互关系。

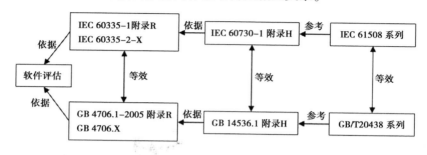

图 9-2-1　家电软件评估的标准体系

由于 IEC 60335-1：2004 和 IEC 60730-1 分别来自整机产品和电子控制器产品两套标准体系，并不具备严谨的条款要求对应性，简单地引用和修改并不能使家电整机的软件评估要求具备较强的可执行性。因此，在 IEC 家用电器最新标准 IEC 60335-1：2010 中，对于软件评估的要求不再引用 IEC 60730-1 的附录 H 条款，而是结合了家电整机和 IEC 60730-1 要求，独立编写了一套附录 R 的条款。与 IEC 60335-1：2004 相比，IEC 60335-1：2010 的附录 R 对故障/错误的控制措施划分为一般性故障/错误和特殊性故障/错误进行考核；同时还首次提出故障/错误的避免措施，对故障/错误控制措施的有效性和稳定性提出了具体的要求。

二、术语与定义

IEC 60730-1 的附录 H 中与使用软件的控制器中避免错误相关的定义如下：

H.2.17.1 dynamic analysis 动态分析

把输入到控制器的信号模拟化，并检查电路结点处的逻辑信号是否具有正确的值和定时的一种分析方法。

H. 2. 17. 2 failure rate calculation 故障率统计

对于某一给定类型的故障在单位时间内的理论统计值。

注1：例如，每小时故障数或每一操作周期的故障数。

H. 2. 17. 3 hardware analysis 硬件分析

在规定的偏差和额定值范围内，考核控制器的布线和元件是否具有正确功能的一个评价过程。

H. 2. 17. 4 hardware simulation 硬件模拟

通过利用计算机模型考核线路功能和元件偏差的一种分析方法。

H. 2. 17. 5 inspection 检查

由除设计者或编程者外的个人或小组，为了鉴别可能出现的错误而详细地考核硬件或软件的规范、设计或代码的一个评价过程。

注1：与预审相反，设计者或编程者在评价期间处于被动的位置。

H. 2. 17. 6 operational test 操作试验

控制器在其预期的操作条件（如周期率、温度、电压）的极端情况下操作，以发现在设计或结构上的错误的一个评价过程。

H. 2. 17. 7 static analysis 静态分析

H. 2. 17. 7. 1 static analysis – hardware 静态分析–硬件

系统地评估硬件模型的一个评价过程。

H. 2. 17. 7. 2 static analysis – software 静态分析–软件

一个无须执行程序而系统地评估软件程序的评价过程。

注1：一般评价可能是计算机辅助的，而且通常包括如程序逻辑、数据通道、界面和变量等的分析。

H. 2. 17. 8 systematic test 系统测试

通过引入所选择的测试数据来评估一个系统或软件程序是否能正确执行的一种分析方法。

注1：例子可参考黑盒测试和白盒测试。

H. 2. 17. 8. 1 black box test 黑盒测试

将功能规范上的测试数据引入功能单元，以评价其是否正确操作的一个系统测试。

H.2.17.8.2 white box test 白盒测试

把以软件规范为基础的测试数据引入程序，以评价程序的子部分是否正确的一个系统测试。

注1：例如，可以选择数据去执行尽可能多的指令，尽可能多的分支指令，尽可能多的子程序等。

H.2.17.9 walk-through 预审

为了鉴别可能出现的错误，由设计者或编程者引导项目评价组成员，全面评价由该设计者或编程者开发的硬件设计、软件设计和/或软件代码的一个评价过程。

注1：与检查相反，设计者或编程者在本审查中是处于主动的位置。

H.2.17.10 software fault/error detection time 软件故障/错误发现时间

从由规定的控制器响应的软件启动到故障/错误发生之间的时间周期。

H.2.18 definitions relating to fault/error control techniques for controls using software 与使用软件的控制器的故障/错误控制技术相关的定义

H.2.18.1 bus redundancy 总线冗余

故障/差错控制技术，其中通过冗余总线结构提供完整的冗余数据和/或地址。

H.2.18.1.1 full bus redundancy 全总线冗余

由冗余的总线结构提供全冗余数据和/或地址的一种故障/错误控制技术。

H.2.18.1.2 multi-bit bus parity 多位总线的奇偶性

总线扩展二位或更多位，并用这些扩展位发现错误的一种故障/错误控制技术。

H.2.18.1.3 single bit bus parity 一位总线奇偶性

总线扩展一位，并用这一扩展位发现错误的一种故障/错误控制技术。

H.2.18.2 code safety 代码安全

通过利用数据冗余和/或传输冗余，提供防止输入和输出信息中偶然

的和/或系统的错误的保护故障/错误控制技术（见 H.2.18.2.1 和
H.2.18.2.2）。

H.2.18.2.1 data redundancy 数据冗余

产生冗余数据贮存的一种代码安全形式。

H.2.18.2.2 transfer redundancy 传输冗余

数据被至少连续传输二次然后被比较的一种代码安全形式。

注1：这种技术将辨别出偶发错误。

H.2.18.3 comparator 比较器

在双通道结构中用作故障/错误控制的一种器件。

注1：此器件比较来自二个通道的数据，并且在发现二个通道的数据
有差异的时候初始化一种声明的响应。

H.2.18.4 d.c. fault mode d.c. 故障模式

包含有信号线间短路的一种粘着性故障形式。

注1：因为在受试的器件中存在很多可能的短路，通常只考虑有关信
号线间的短路。确定一个逻辑信号水平，该信号水平在信号线试图送到相
反水平的情况中占优势。

H.2.18.5 equivalence class test 等价类测试

预定用于确定是否对指令进行了正确的译码和执行的一种系统测试。
该测试数据源自 CPU 指令规范。

注1：该测试数据源自 CPU 指令规范。

注2：相似的指令组合在一起，而且输入数据被分成特定的数据区段
(等价类)。一个组内的每个指令至少处理一组测试数据，以便完整的指令
组处理完整的测试数据组。测试数据可由下述形成：

——有效范围内的数据

——无效范围内的数据

——边界上的数据

——极端值和它们的组合

用不同的寻址模式运行组内的测试，以便完整的组执行所有寻址

模式。

H. 2. 18. 6 error recognizing means 错误识别装置

为识别系统内部错误而提供的独立装置。

注1：例如监测装置、比较器和代码发生器。

H. 2. 18. 7 hamming distance 汉明距离

体现代码发现和纠正错误的能力的一种统计度量方法。

注1：二个代码字的汉明距离等于二个代码字中位差的数。

注2：可参阅 H. Holscher 和 J. Rader，"安全技术中的微机"，Verlag TUV Bayern. TUV Rheinland（ISBN 3-88585-315-9）。

H. 2. 18. 8 input comparison 输入比较

用于比较专门在规定的偏差范围内的输入的一种故障/错误控制技术。

H. 2. 18. 9 internal error detection 内部错误侦测

整合了用于侦测或纠正错误的特殊电路的一种故障/错误控制技术。

H. 2. 18. 10 programme sequence 程序顺序

H. 2. 18. 10. 1 frequency monitoring 频率监测

把时钟频率与一个独立的固定频率相比较的一种故障/错误控制技术。

注1：与电源频率比较是一个例子。

H. 2. 18. 10. 2 logical monitoring of the programme sequence 程序顺序的逻辑监测

监测程序顺序的逻辑执行的一种故障/错误控制技术。

注1：程序本身使用计数子程序或选择的数据以及使用独立的监测器件都是相应的例子。

H. 2. 18. 10. 3 time-slot and logical monitoring 时隙和逻辑监测

是 H. 2. 18. 10. 2 和 H. 2. 18. 10. 4 的联合。

H. 2. 18. 10. 4 time-slot monitoring of the programme sequence 程序顺序的时隙监测

周期地触发基于独立时钟基准的计时装置而用于监测程序功能和顺序的一种故障/错误控制技术。

注1："看门狗"定时器是一个例子。

H.2.18.11 multiple parallel outputs 多路平行输出

为操作错误侦测或独立比较因子提供独立输出的一种故障/错误控制技术。

H.2.18.12 output verification 输出验证

把输出与独立的输入进行比较的一种故障/错误控制技术。

注1：这种技术与有缺陷的输出的错误可能有也可能没有联系。可能把错误与故障的输出联系起来或可能不联系起来。

H.2.18.13 plausibility check 似真检查

对程序执行、输入或输出进行检查以确认是否有不能容许的程序顺序、计时或数据的一种故障/错误控制技术。

注1：在完成一定数量的循环或检查被零除后，引入一个额外的中断，是一个例子。

H.2.18.14 protocol test 协议测试

在计算机各组成部件之间进行数据传递以侦测内部通信协议错误的一种故障/错误控制技术。

H.2.18.15 reciprocal comparison 倒置比较

用于双通道（同一的）结构中的、在二个处理单元之间进行倒置数据交换时作比较的一种故障/错误控制技术。

注1：倒置是指相似数据的交换。

H.2.18.16 redundant data generation 冗余数据的产生

提供两个或更多个独立装置，例如代码发生器，去执行相同的任务。

H.2.18.17 redundant monitoring 冗余监测

提供两个或更多个诸如看门狗和比较器之类的独立的装置执行同一任务。

H.2.18.18 scheduled transmission 预定的传输

一种通讯过程，在此过程中特定的发送器只被允许在一个预先设定的时间点或时间段发送信息，除此之外接收器将按通信出错处理。

H. 2. 18. 19 software diversity 软件差异性

软件的全部或部分以不同的软件代码的形式被装入二次的一种故障/错误控制技术。

注1：例如，软件代码的不同形式可由不同的程序员、不同的语言或不同的编译流程产生，并且可保存在不同的硬件通道内或在一个通道内不同贮存器区域。

H. 2. 18. 20 stuck-at fault mode 粘着性故障模式

呈现开路或不变的信号水平的故障模式。

注1：通常称为"粘开（stuck open）"、"互连的短路（stuck at 1）"或"互连的断路（stuck at 0）"。

H. 2. 18. 21 tested monitoring 受试监测

所提供的诸如"看门狗"和比较器等在启动时或在操作期间周期性地被测试的独立装置。

H. 2. 18. 22 testing pattern 测试模式

用于周期性地测试控制器的输入装置、输出装置和介面的一种故障/错误控制技术。

注1：将测试模式引入单元并将结果与期望值进行比较。使用相互独立的测试模式引入和结果评价。试验模式的建立应不致于影响控制器的正确操作

H. 2. 19 definitions relating to memory tests for controls using software 与使用软件的控制器的贮存测试相关的定义

H. 2. 19. 1 abraham test 阿伯拉翰测试

可变存储器模式测试的一种特殊形式，在这种形式中所有存储器单元之间的榜定和耦合错误都被标明。

注1：执行整个贮存测试所要求的操作次数约30n，其中n是贮存器中单元的数目。在操作周期内可通过将存储器分区并在不同的时间段测试每一个分区以使测试透明化。

注2：阿伯拉翰 J. A；塞德 S. M. ，"微机的测试程序的故障区域（Fault

coverage of thst program for a microprocessor)", Proceedings of IEEE Test Conference 1979, PP18-22。

H. 2. 19. 2 GALPAT memory test GALPAT 贮存测试

对已统一写入的贮存单元某一区段中的某一单元进行反向写入,然后检查受试的剩余的贮存单元的一种故障/错误控制技术。

注1:每一次对该区段中剩余的单元之一进行读操作之后,也检查并读被反向写入的单元。对受试的所有存贮单元都要重复这个过程。然后按上述步骤在相同的存贮范围内执行第二次测试,但不向测试单元上反向写入。

注2:把存贮器划分成几个区,并且在不同的时间段内测试每个区,这样可以在操作循环期间使用穿透式测试(见穿透式 GALPAT 测试)。

H. 2. 19. 2. 1 transparent GALPAT test 穿透式 GALPAT 测试

形成代表待试贮存器范围内容的第一特征字,并且贮存这个字的 GALPAT 贮存测试。

注1:对待试单元反向写入并且按上述步骤进行测试。然而,不需要检查每个剩余的单元而是形成第二特征字,并与第一特征字进行比较。然后,通过把以前反向的数值反向写入到测试单元,并按上述进行第二次试验。

注2:本技术识别所有静态位错误以及贮存单元间介面中的错误。

H. 2. 19. 3 checksum 检查和

H. 2. 19. 3. 1 modified checksum 修改的检查和

产生并贮存代表贮存器中全部字内容的一个单字的一种故障/错误控制技术。

注1:在自检期间,从相同的算法中形成一个检查和,并与被贮存的检查和比较。

注2:本技术识别所有奇错误和某些偶错误。

H. 2. 19. 3. 2 multiple checksum 多重检查和

产生并贮存代表待测贮存区域内容的一个独立字的一种故障/错误控

制技术。

注1：在自检期间，从相同的算法中形成一个检查和，并与被贮存的检查和比较。

注2：本技术识别所有奇错误和某些偶错误。

H. 2. 19. 4 cyclic redundancy check（CRC）循环冗余检查

H. 2. 19. 4. 1 CRC－single word 单字的循环冗余检查

产生代表贮存器内容的一个单字的一种故障/错误控制技术。

注1：在自检期间，使用相同的算法产生另外一个特征字与贮存的字相比较。

注2：本技术可识别所有一位和大部分多位的错误。

H. 2. 19. 4. 2 CRC－double word 双字的循环冗余检查

产生代表贮存器内容的至少两个字的一种故障/错误控制技术。

注1：在自检期间，使用相同的算法产生相同数量的特征字与贮存的字相比较。

注2：本技术比单字的循环冗余检查更准确地识别一位和多位的错误。

H. 2. 19. 5 redundant memory with comparison 带有比较的冗余贮存器

把存贮器中有关安全的内容按不同格式在分离的区域贮存二次，以便可以比较二者的错误控制的一种结构。

H. 2. 19. 6 static memory test 静态贮存器测试

预定只检测静态错误的一种故障/错误控制技术。

H. 2. 19. 6. 1 checkerboard memory test 方格贮存器测试

将"0"和"1"的方格模式写入被试贮存器区域，并且成对地检测单元的一种静态贮存器测试。

注1：每对之中第一个单元的地址是可变的，而第二个单元的地址是从第一地址倒移一位得到的。在第一次检测中，可变地址首先被加1到贮存器地址空间的末端，然后减1到原来的值。按相反的方格模式重复本测试。

H. 2. 19. 6. 2 marching memory test 进程贮存器测试

如正常操作一样，把数据写入被试贮存器区域的一种静态贮存器测试。

注1：然后按上升次序测试每个单元，并对内容进行倒位。然后按下降次序重复测试和倒位。在第一次对所有被试贮存单元进行倒位后重复本过程。

H. 2. 19. 7 walkpat memory test 走块式贮存器测试

如正常操作一样，把标准数据模式写入被试贮存器区域的一种故障/错误控制技术。

注1：对第一个单元进行倒位，并检查剩余的贮存器区域。然后把第一单元再次倒位而且检查贮存器。对所有的被试贮存器单元重复本过程。对被试贮存器的所有单元进行倒位，且按上述过程进行第二次测试。

注2：本技术识别所有静态位错误以及在贮存器单元间介面中的错误。

H. 2. 19. 8 word protection 字保护

H. 2. 19. 8. 1 word protection with multi-bit redundancy 带有多位冗余的字保护

被试贮存器区域中的每一字产生冗余位数并贮存的一种故障/错误控制技术。

注1：当读每一字时，进行奇偶性检验。

注2：识别所有的一位和二位错误以及某些三位或多位错误的汉明码是一个例子。

H. 2. 19. 8. 2 word protection with single bit redundancy 带有一位冗余的字保护

把一位加到被试贮存器区域的每一字，并且贮存的一种故障/错误控制技术，产生的奇偶性或者为奇数或者为偶数。

注1：当读每一字时，进行奇偶性校验。

注2：本技术识别所有的奇数位错误。

H. 2. 20 definitions of software terminology – general 软件术语的定义-总则

H. 2. 20. 1 common mode error 共模错误

双通道或其他冗余结构中的错误，每个通道或结构都同时地并以相同方式受到影响。

H. 2. 20. 2 common cause error 常见原因错误

由单个事件引起的不同项目的错误，其中这些错误不是彼此的后果。

注 1：常见原因错误不应与常见错误混淆。

H. 2. 20. 3 failure modes and effects analysis（FMEA） 故障模式和效果分析

识别和考核每一个硬件部件的故障模式的一种分析技术。

H. 2. 20. 4 independent 独立性

不受控制器数据流的不利影响，也不受其他控制器功能故障或共模效应的影响。

H. 2. 20. 5 invariable memory 不可变贮存器

在处理器系统内的含有在程序执行期间不预定用于改变的数据的贮存器范围。

注 1：不可变贮存器可能包括在程序执行期间数据不改变的随机贮存器（RAM）结构。

H. 2. 20. 6 variable memory 可变存储器

在处理器系统内的含有在程序执行期间预定用于改变的数据的贮存器范围。

三、标准要求

IEC 60335-1：2010 的附录 R 相比 GB 4706.1—2005 附录 R 是一个补充和完善，通过采取有效的控制措施可以在一定程度上保证家电中使用的可编程控制器安全功能，而对故障/错误的避免和防止措施则是保证控制措施有效、可靠、完整的需要。IEC 60335-1：2010 的附录 R 从控制和避免两个方面来对家电 PEC 中的软件进行确认，保证安全功能软件的正确和可靠，进而保证家电产品的安全水平。因此，本教材依据 IEC 60335-1：2010 的附录 R，介绍家用电器软件评估的标准条款要求。

1. 附录 R 的适用条件

对于带有要求软件含有相应措施来控制表 R.1 或表 R.2 指定的故障/错误的功能的可编程电子电路应按照本附录的要求进行验证。

注：为了便于应用，本附录将 IEC 60730-1 中的表 H.11.12.7 分成两部分，其中表 R.1 用于一般故障/错误条件，表 R.2 用于特定故障/错误条件。

理解要点：此处的可编程电子电路可以理解为保护性电子电路，表 R.1 和表 R.2 是由 IEC 60730-1 的表 H.11.12.7 拆分而来的，表 R.1 适用于一般故障/错误情况，表 R.2 适用于特定的故障/错误情况。除非家电第二部分标准（IEC 60335-2-X）明确要求适用表 R.2，否则表 R.1 适用；

2. 使用软件的可编程电子电路（R.1）

对于带有要求软件含有相应措施来控制表 R.1 或表 R.2 指定的故障/错误的功能的可编程电子电路，其结构不应使软件影响本部分要求的符合性。

依据本附录要求，通过检查和试验以及通过检查本附录要求的文档，检查其符合性。

理解要点：通过表 R.1 和表 R.2 的要求可以看出，软件评估主要是考核软件运行环境、软件结构设计、接口和运行特性等方面，而且大部分故障都是软件运行环境的故障，相比家电产品的故障，这些故障是和可编程电子器件密切相关的，并且是微观的，无法直接通过肉眼判断的，这些故障的模拟也很难直接进行，必须借助于软件开发工具，因此要求制造企业提供符合要求的相关文档，软件评估必须基于这些文档进行。与检查和测试相关的定义见本节第二部分。

3. 结构要求（R.2）

（1）总则（R.2.1）

对于带有要求软件含有相应措施来控制表 R.1 或表 R.2 指定的故障/错误的功能的可编程电子电路，应采取措施控制及避免软件的安全相关数据和程序段中出现的软件故障/错误。

通过 R2.2 ~ R3.3.3 的检查和试验，检查其符合性。

理解要点：

1）安全相关数据主要指安全相关信号的采集、存储、运算处理、输出各个过程的数据，一般和 CPU、寄存器、总线、数据存储器（RAM）相关。

2）安全相关区段主要是指用来处理安全相关数据、执行安全操作的代码的集合及其序列，一般和 CPU、总线、程序存储器（ROM）相关。

3）结合表 R.1 和表 R.2，我们可以确定需要软件控制的故障/错误出现的部件和环境，包括中央处理器（其中又包括寄存器、指令译码器、程序计数器、地址解码器及寻址单元、内部总线）、中断处理机构、时钟（内部和/或外部的）、存储器（包括数据存储器 RAM、程序存储器 ROM、地址解码器及寻址机构）、数据总线和地址总线、通信链路、输入/输出（数字 I/O、模拟 I/O）、监测装置和比较器、定制芯片（如 ASIC、GAL 等）；这些方面都有可能产生错误，都需要去控制和防止出错。

R.2.1.1 要求使用软件措施控制表 R.2 所列故障/错误条件的可编程电子电路应具有下述结构之一：

——具有周期性自检和监测功能的单通道（见 IEC 60730-1 H.2.16.7）；

——具有比较功能的双通道（相同的）（见 IEC 60730-1 H.2.16.3）；

——具有比较功能的双通道（不同的）（见 IEC 60730-1 H.2.16.2）。

注1：双通道结构之间的比较方法有：

·使用比较器比较（见 IEC 60730-1 H.2.18.3），或

·相互比较（见 IEC 60730-1 H.2.18.15）。

要求使用软件措施控制表 R.1 所列故障/错误条件的可编程电子电路应具有下述结构之一：

——具有功能测试的单通道（见 IEC 60730-1，H.2.16.5）；

——具有周期性自检功能的单通道（见 IEC 60730-1，H.2.16.6）；

——不具备比较功能的双通道（见 IEC 60730-1，H. 2. 16. 1）。

注 2：用于控制表 R. 2 所列故障/错误条件的软件结构，也适用于要求使用软件措施来控制表 R. 1 所列故障/错误条件的可编程电子电路。

通过 R. 3. 2. 2 中的软件结构检查和试验检查其符合性。

（2）控制故障/错误的方法（R. 2. 2）

R. 2. 2. 1 当通过相同组件的两个区域提供冗余存储比较时，数据应以不用的形式存储在两个区域内（见 软件多样性，IEC 60730 - 1 H. 2. 18. 19）。

通过检查源代码，检查其符合性。

理解要点：

1）对于同一组件（单通道结构），要求以不同形式存储主要是防止由于数据以外的故障/错误（如数据总线故障、数据寄存器故障等）导致无法通过比较发现错误。

2）以不同形式存储，可以在一个区域存储数据的原码，在另外一个区域存储数据的反码，在比较时通过异或操作确定是否一致，这样做可有效地避免单通道总线由于滞位故障或 DC 故障而导致无法发现两个数据其一或者均发生了改变的故障。

3）对于程序关键的常量以及一些变量均可采用这种方式。

R. 2. 2. 2 要求使用软件方法控制表 R. 2 所列故障/错误条件的可编程电子电路，如果使用具有比较功能的双通道结构，则其应具有附加的故障/错误识别措施（如周期性功能测试、周期性自测试或独立监测）来检测比较功能未发现的故障/错误。

通过检查源代码，检查其符合性。

理解要点：

1）不能通过比较发现故障/错误的情况，主要指执行比较的装置或单元发生故障或没有执行，因此需要使用周期性自检和监测来确认其功能是否正常；

2）一般来讲，如果不考虑比较装置本身发生故障的情况，完全的双通道结构是不存在通过比较无法发现故障的情况的；对于整个系统为非完全的双通道结构，例如两个通道共用了输入或输出通道，那么输入或输出通道的故障/错误无法通过比较发现，则应对输入或输出通道进行周期性的功能测试或周期自检等来检查通道是否正常。

R.2.2.3 对于带有要求软件含有相应措施来控制表 R.1 或表 R.2 指定的故障/错误的功能的可编程电子电路，应提供识别并控制在传输到外部安全相关数据通道中的错误的措施。这些措施应考虑到数据错误、寻址错误、传输时序错误、协议序列错误等。

通过检查源代码，检查其符合性。

理解要点：

1）本条款适用于控制器存在安全相关的外部通信，并且需根据通信方式来确认上述四个方面（数据、寻址、传输时序和协议序列）是否均需要控制错误；

2）安全相关的数据通信一般发生在两个微控制器间、或微控制器与外部存储器、定制芯片间；

3）外部通信出错的情况有很多种，有些是暂态的，有些是稳态的，例如短暂的电磁干扰可造成暂态故障，而通信线路的损坏则会造成永久的故障状态，因此用于处理这些故障/错误的措施也要考虑处理暂态和稳态故障。

R.2.2.4 对于带有要求软件含有相应措施来控制表 R.1 或表 R.2 指定的故障/错误的功能的可编程电子电路，应采用表 R.1 或表 R.2 中列举的适当的措施来处理安全相关区段或数据中的故障/错误。

通过检查源代码，检查其符合性。

附表：

表 R. 1^e　一般故障/错误条件

组件^a	故障/错误	可接受的措施^b	定义见 IEC 60730−1
1 中央处理单元 （CPU）			
1.1 寄存器	滞位	功能测试， 或下述之一的周期性自检： ——静态存储器测试，或 ——带有一位冗余的字保护	H. 2. 16. 5 H. 2. 16. 6 H. 2. 19. 6 H. 2. 19. 8. 2
1.2 空			
1.3 程序计数器	滞位	功能测试，或 周期自检，或 独立时隙监测，或 程序顺序的逻辑监测	H. 2. 16. 5 H. 2. 16. 6 H. 2. 18. 10. 4 H. 2. 18. 10. 2
2 中断处理和执行	无中断或太频繁中断	功能测试或 时隙监测	H. 2. 16. 5 H. 2. 18. 10. 4
3 时钟	错误频率 （对于石英同步时钟只限于谐波/次谐波）	频率监测或 时隙监测	H. 2. 18. 10. 1 H. 2. 18. 10. 4
4 存储器			
4.1 不可变存储器	所有的一位故障	周期性修正校验和，或 多重校验和，或 带有一位冗余的字保护	H. 2. 19. 3. 1 H. 2. 19. 3. 2 H. 2. 19. 8.
4.2 可变存储器	DC 故障	周期性静态存储器测试，或 带有一位冗余的字保护	H. 2. 19. 6 H. 2. 19. 8. 2
4.3 寻址（与可变和不可变存储器相关）	滞位	带有包括地址的一位冗余的字保护	H. 2. 19. 8. 2
5 内部数据路径	滞位	带有一位冗余的字保护	H. 2. 19. 8. 2
5.1 空			
5.2 寻址	错误地址	带有包括地址的一位冗余的字保护	H. 2. 19. 8. 2

续　表

组件[a]	故障/错误	可接受的措施[b]	定义见 IEC 60730-1
6 外部通信	汉明距离3	带有多位冗余的字保护，或， CRC-单字，或 传输冗余，或 协议测试	H.2.19.8.1 H.2.19.4.1 H.2.18.2.2 H.2.18.14
6.1 空			
6.2 空			
6.3 定时器	错误的时间点	时隙监测，或 预定的传输 时隙和逻辑监测，或 由下述之一进行冗余通信通道的比较: ——相互比较 ——独立硬件比较器	H.2.18.10.4 H.2.18.18 H.2.18.10.3 H.2.18.15 H.2.18.3
	错误序列	逻辑监测，或 时隙监测，或 预定的传输	H.2.18.10.2 H.2.18.10.4 H.2.18.18
7　输入/输出外围	19.11.2 规定的故障	似真性检查	H.2.18.13
7.1 空			
7.2　模拟 I/O 接口			
7.2.1　A/D 和 D/A 转换器	19.11.2 规定的故障	似真性检查	H.2.18.13
7.2.2 模拟多路复用器	错误寻址	似真性检查	H.2.18.13
8 VOID			
9 定制专用芯片[d]，如 ASIC, GAL, 门阵列	静态和动态功能规范外的任何输出	周期性自检	H.2.16.6

续　表

组件[a]	故障/错误	可接受的措施[b]	定义见 IEC 60730-1

注：滞位故障类型是指描述开路或信号电平不变的故障类型。DC 故障类型是指信号线间短路的滞位故障类型。

[a] 为了故障/错误评估，某些组件被划分为相关的子功能模块。

[b] 对表中的每个子功能，表 R.2 的措施可控制软件故障/错误。

[c] 对一种子功能给定多于一种的措施，这些措施是可供选择的。

[d] 由制造商根据需要划分子功能。

[e] 依据 R.1~R.2.2.9 的要求，表 R.1 适用。

表 R.2[e]　特殊故障/错误条件

组件[a]	故障/错误	可接受的方法[b c]	定义见 IEC 60730-1
1 中央处理单元（CPU） 1.1 寄存器	DC 故障	由下述之一进行冗余 CPU 的比较： ——相互比较	H.2.18.15
		——独立硬件比较器，或	H.2.18.3
		内部错误发现，或	H.2.18.9
		带有比较的冗余存储器，或	H.2.19.5
		使用下述之一的周期自检	
		——走块式存储器测试	H.2.19.7
		——阿伯拉翰测试	H.2.19.1
		——穿透式 GALPAT 测试；或	H.2.19.2.1
		带有多位冗余的字保护，或	H.2.19.8.1
		静态存储器测试和带有一位冗余的字保护	H.2.19.6 H.2.19.8.2
1.2 指令、译码与执行	错误译码和执行	由下述之一进行冗余 CPU 的比较： ——相互比较	H.2.18.15
		——独立硬件比较器，或	H.2.18.3
		内部错误发现，或	H.2.18.9
		使用等价性等级测试的周期自检	H.2.18.5

组件[a]	故障/错误	可接受的方法[b c]	定义见 IEC 60730-1
1.3 程序计数器	DC 故障	使用下述任一方法的周期性自检和监测：	H.2.16.7
		——独立时隙和逻辑监测	H.2.18.10.3
		——内部错误发现，或	H.2.18.9
		由下述之一进行冗余功能性通道的比较：	
		——相互比较	H.2.18.15
		——独立硬件比较器	H.2.18.3
1.4 寻址	DC 故障	由下述之一进行冗余 CPU 的比较：	
		——相互比较	H.2.18.15
		——独立硬件比较器，或	H.2.18.3
		内部错误发现；或	H.2.18.9
		周期自检使用	H.2.16.7
		——地址线使用测试模式	H.2.18.22
		——全总线冗余	H.2.18.1.1
		——包括地址的多位总线奇偶	H.2.18.1.2
1.5 数据路径指令译码	DC 故障和执行	由下述之一进行冗余 CPU 的比较：	
		——相互比较，或	H.2.18.15
		——独立硬件比较器，或	H.2.18.3
		——内部错误发现，或	H.2.18.9
		——使用测试模式的周期自检，或	H.2.16.7
		——数据冗余，或	H.2.18.2.1
		——多位总线奇偶校验	H.2.18.1.2
2 中断处理和执行	无中断或与不同源有关的太频繁中断	由下述之一进行冗余功能通道的比较：	
		——相互比较；	H.2.18.15
		——独立硬件比较器，或	H.2.18.3
		——独立时隙和逻辑监测	H.2.18.10.3

组件[a]	故障/错误	可接受的方法[b c]	定义见 IEC 60730-1
3 时钟	错误频率 (对于石英 同步时钟只 限于谐波/ 次谐波)	频率监测，或	H. 2. 18. 10. 1
		时隙监测，或	H. 2. 18. 10. 4
		由下述之一进行冗余功能性通道的 比较：	
		——相互比较，或	H. 2. 18. 15
		——独立硬件比较器	H. 2. 18. 3
4 存储器			
4.1 不可变存 储器	所有信息错误 的 99.6% 覆 盖率	由下述之一进行冗余 CPU 的比较：	
		——相互比较，或	H. 2. 18. 15
		——独立硬件比较器，或	H. 2. 18. 3
		带有比较的冗余存储器，或	H. 2. 19. 5
		周期循环冗余校验：	
		——单字	H. 2. 19. 4. 1
		——双字，或	H. 2. 19. 4. 2
		有多位冗余的字保护	H. 2. 19. 8. 1
4.2 可变存 储器	DC 故障和 动态耦合	由下述之一进行冗余 CPU 的比较：	
		——相互比较，或	H. 2. 18. 15
		——独立硬件比较器，或	H. 2. 18. 3
		带有比较的冗余存储器，或	H. 2. 19. 5
		用下述之一的周期自检：	
		——走块式存储器测试；	H. 2. 19. 7
		——阿伯拉翰测试；	H. 2. 19. 1
		——穿透式 GALPAT 测试；或	H. 2. 19. 2. 1
		带有多位冗余的字保护	H. 2. 19. 8. 1

组件[a]	故障/错误	可接受的方法[b c]	定义见 IEC 60730-1
4.3　寻　址 （与可变和不可变存储器相关）	DC 故障	由下述之一进行冗余 CPU 的比较： ——相互比较，或 ——独立硬件比较器，或 全总线冗余 测试模式，或 周期性循环冗余校验： ——单字 ——双字，或 带有包括地址的多位冗余的字保护	H. 2. 18. 15 H. 2. 18. 3 H. 2. 18. 1. 1 H. 2. 18. 22 H. 2. 19. 4. 1 H. 2. 19. 4. 2 H. 2. 19. 8. 1
5 内部数据通道			
5.1 数据	DC 故障	由下述之一进行冗余 CPU 的比较： ——相互比较，或 ——独立硬件比较器，或 带有包括地址的多位冗余的字保护，或 数据冗余，或 测试模式，或 协议测试	H. 2. 18. 15 H. 2. 18. 3 H. 2. 19. 8. 1 H. 2. 18. 2. 1 H. 2. 18. 22 H. 2. 18. 14
5.2 寻址	错误地址和多重寻址	由下述之一进行冗余 CPU 的比较： ——相互比较， ——独立硬件比较器，或 带有包括地址的多位冗余的字保护，或 全总线冗余，或 包括地址的测试模式	H. 2. 18. 15 H. 2. 18. 3 H. 2. 19. 8. 1 H. 2. 18. 1. 1 H. 2. 18. 22

组件[a]	故障/错误	可接受的方法[b c]	定义见 IEC 60730-1
6 外部通信			
6.1 数据	汉明距离 4	CRC-双字，或	H. 2. 19. 4. 2
		数据冗余，或	
		由下述之一进行冗余功能性通道的比较	H. 2. 18. 2. 1
		——相互比较	H. 2. 18. 15
		——独立硬件比较器	H. 2. 18. 3
6.2 寻址	错误地址	带有包括地址的多位冗余字保护，或	H. 2. 19. 8. 1
		包含地址的 CRC 单字，或	H. 2. 19. 4. 1
		传输冗余，或	H. 2. 18. 2. 2
		协议测试	H. 2. 18. 14
	错误和多重寻址	包括地址的 CRC-双字，或	H. 2. 19. 4. 2
		数据和地址的全总线冗余，或	H. 2. 18. 1. 1
		由下述之一进行冗余功能性通道的比较：	
		——相互比较	H. 2. 18. 15
		——独立硬件比较器	H. 2. 18. 3
6.3 定时器	错误的时间点	时隙监测，或	H. 2. 18. 10. 4
		预定的传输	H. 2. 18. 18
7 输入/输出外围			
7.1 数字 I/O 接口	19. 11. 2 规定的故障	由下述之一进行冗余 CPU 的比较	
		——相互比较，	H. 2. 18. 15
		——独立硬件比较器，或	H. 2. 18. 3
		输入比较，或	H. 2. 18. 8
		多路并行输出，或	H. 2. 18. 11
		输出验证，或	H. 2. 18. 12
		测试模式，或	H. 2. 18. 22
		代码安全	H. 2. 18. 2

组件[a]	故障/错误	可接受的方法[b][c]	定义见 IEC 60730-1
7.2 模拟 I/O 接口	19.11.2 规定的故障		
7.2.1A/D 和 D/A 转换器	19.11.2 规定的故障	由下述之一进行冗余 CPU 的比较： ——相互比较， ——独立硬件比较器，或 输入比较，或 多路并行输出，或 输出验证，或 测试模式	H.2.18.15 H.2.18.3 H.2.18.8 H.2.18.11 H.2.18.12 H.2.18.22
7.2.2 模拟多路复用器	错误寻址	由下述之一进行冗余 CPU 的比较： ——相互比较， ——独立硬件比较器，或 输入比较，或 测试模式	H.2.18.15 H.2.18.3 H.2.18.8 H.2.18.22
8 监测器件和比较器	静态和动态功能规范外的任何输出	受试监测，或 冗余监测和比较，或 错误识别装置	H.2.18.21 H.2.18.17 H.2.18.6
9 定制专用芯片[d]，如 ASIC，GAL，门阵列	静态和动态功能规范外的任何输出	周期自检和监测，或 带有比较的双通道（不同的），或 错误识别装置	H.2.16.7 H.2.16.2 H.2.18.6

注：DC 故障类型是指信号线间短路的滞位故障类型。

[a] 为了故障/错误评估，某些组件被分为其子功能。

[b] 对表中的每个子功能，软件措施可处理表 R.1 的故障/错误。

[c] 对一种子功能给定多于一种的措施，这些措施是可供选择的。

[d] 由制造商根据需要划分子功能。

[e] 仅当其他部分标准要求时，依据 R.1—R.2.2.9 的要求，表 R.2 适用。

理解要点：

1）软件开发人员可从表 R.1 或表 R.2 中选择合适的措施来处理相关故障/错误；

2）针对的故障，主要是软件运行环境中硬件可能出现的故障，包括：

①数字故障：滞位故障（stuck-at fault）和直接耦合故障（DC fault）；

②顺序故障：寻址错误和顺序错误；

③时间故障：频率错误和时序错误；

④模拟故障：A/D 或 D/A 数据错误。

R.2.2.5 对于带有要求软件含有相应措施来控制表 R.1 或表 R.2 指定的故障/错误的功能的可编程电子电路，对故障/错误的识别应在影响 19 章的符合性之前进行。

通过检查和测试源代码，检查其符合性。

注：对于软件要求使用双通道结构控制表 R.2 所列故障/错误条件的可编程电子电路，其双通道功能的丢失被认为是错误。

理解要点：

1）故障/错误的发现和响应要先于危害发生。最长时限为从故障施加到危害发生的时间，假设从传感器失效到器具过热（超过限值）或着火的时间是 180s，那么软件对于该故障/错误的发现时间从故障施加到检测到故障停止加热的时间最长不能超过 180s；

2）对于不同的故障/错误的发现和响应时间会有所不同，对于家电产品来讲，很难对某类故障规定具体的响应时间，因此，规定软件发现错误及响应的时间能保证危害不发生即可；

3）对于特定的控制器，其故障/错误发现和响应时间最长不能导致 19 章危害的发生，并且对特定的故障/错误控制措施，其实际响应时间应符合所声明的响应时间。

R.2.2.6 软件应与工作顺序的相关部分及相关的硬件功能相关联。

通过检查源代码来检查其符合性。

R.2.2.7 如果使用标签来指示存储器位置，则标签应是唯一的。

通过检查源代码来检查其符合性。

R.2.2.8 软件应防止用户更改安全相关程序段和数据。

通过检查源代码来检查其符合性。

R.2.2.9 软件及由其控制的安全相关的硬件应在影响 19 章符合性之前被初始化及终止运行。

通过对源代码的测试来检查其符合性。

理解要点：

1）与 R.2.2.5 的要求相对应，本条要求控制器实际测试的响应时间、动作情况可保证器具符合标准要求。

4. 避免错误的方法（R.3）

（1）总则（R.3.1）

对于带有要求软件含有相应措施来控制表 R.1 或表 R.2 指定的故障/错误的功能的可编程电子电路，应使用下述方法避免软件中的系统故障。

软件中用于控制表 R.2 列举的故障/错误条件的措施完全可用于控制表 R.1 列举的故障/错误条件。

注：本要求的内容摘录自 IEC 61508-3，并使其适用于本部分的需要。

理解要点：

1）附录 R 对于软件故障/错误的要求是"控制和避免"，包括两个方面；R.2 主要讲的是对表 R.1 和表 R.2 中所列举故障/错误的"控制"措施，强调的是针对什么样的故障/错误，可以采用什么样的措施；而 R.3 讲的是采用什么方法可以使得符合 R.2 要求的控制措施避免发生系统故障，强调如何防止发生错误，重点是要提供资料分析和证明软件可以实现安全性需求，证明软件采用的措施是否合理可靠；

2）并不意味着提供了下述资料就能避免出错，要通过对下述资料的审查，确保 R.2 的措施存在并且可靠，实现可评价、可测试、可追述等要求。

（2）规格书（R.3.2）

R.3.2.1 软件安全要求

软件的安全需求规格说明应包括：

——对每个安全相关功能的实现方式的描述，包括响应时间：

·与应用相关的功能，包括和这些功能相关的需要控制的软件故障；

·与检测、报警和管理软件或硬件故障相关的功能；

——软件和硬件间接口的描述；

——安全相关功能和非安全相关功能间接口的描述；

——所有用来将源代码生成目标代码的编译器的描述，包括编译器的诸如函数库在内的任何开关选项设置的细节、存储器类型、优化、SRAM详细配置、时钟频率、芯片详细信息等；

——用来将目标代码连接成可执行程序的连接器的描述。

通过按照 R.3.2.2.2 的方法检查文档来确认符合性。

注：满足这些要求的技术/方法的示例见表 R.3。

附表：

表 R.3　半形式化方法

技术/方法	参考资料
半形式化方法	
逻辑/功能框图	
流程图	IEC 61508-7，B.2.3.2
有限状态机/状态转换图	IEC 61508-7，C.6.1
判决/真值表	

理解要点：

1）采用半形式化方法对软件安全需求进行描述，提供充足的资料证明控制故障/错误的措施的合理和可靠性；推荐使用 UML 对安全需求、安全功能等进行描述。

2）逻辑/功能框图（见图9-2-2），表示某一系统工作原理的一种简图。其中，整个系统或部分系统连同其功能关系均用称为功能框的符号或图形以及连线和字符表示。

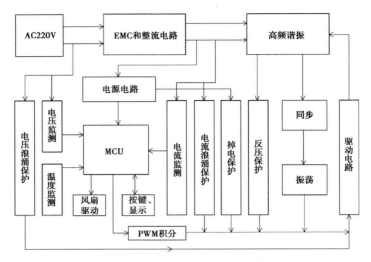

图9-2-2　系统功能框图（电磁炉）

3）顺序图（时序图），顺序图是将交互关系表示为一个二维图。纵轴是时间轴，时间沿竖线向下延伸。横轴代表在协作中各独立对象/功能。当对象存在时，生命线用一条虚线表示（竖直方向），当对象的过程处于激活状态时，生命线是一个双道线（竖直方向），如图9-2-3所示。

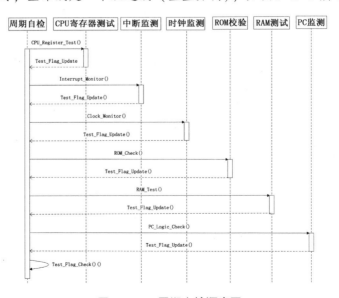

图9-2-3　周期自检顺序图

4）有限状态机（finite‒state machine，FSM）。又称有限状态自动机，简称状态机，是表示有限个状态以及在这些状态之间的转移和动作等行为的数学模型。有限状态机可以用状态图（见图9‒2‒4）或状态转移表（见表9‒2‒1）来描述。

图9‒2‒4　状态图

表9‒2‒1　状态转移表

当前状态 条件	状态 A	状态 B	状态 C
条件 X	……	……	状态 A
条件 Y	……	状态 C	……
条件 Z	状态 B	……	……

典型的状态图由初始态、终态、状态、转换、事件等几部分组成。

5）决策表/真值表，表征逻辑事件输入和输出之间全部可能状态的表格。两个条件 A 和 B 的逻辑与和逻辑或的真值表（0 表示 false，1 表示 ture），如表9‒2‒2 所示：

表9-2-2　真值表

A	B	A∧B	A∨B
0	0	0	0
1	0	0	1
0	1	0	1
1	1	1	1

R. 3. 2. 2　软件结构

R. 3. 2. 2. 1　软件结构规格应包含下述几个方面：

——用于控制故障/错误的技术和措施（参考 R. 2. 2）；

——硬件和软件间的相互作用；

——模块划分和与安全功能相关模块的确定；

——模块间的层次结构和调用结构（控制流）；

——中断处理；

——数据流和数据访问约束；

——数据的存储和结构；

——程序和数据的时间依赖关系。

通过按照 R. 3. 2. 2. 2 的方法检查文档来确认符合性。

注：满足这些要求的技术/方法的示例见表9-2-3。

表9-2-3　软件结构规范

技术/方法	参考资料
故障探测和诊断	IEC 61508-7，C. 3. 1
·半形式化方法 ·逻辑/功能框图 ·流程图 ·有限状态机/状态转换图 ·数据流图	IEC 61508-7，B. 2. 3. 2 IEC 61508-7，C. 2. 2

理解要点：

数据流图（Data Flow Diagram）：简称 DFD，它从数据传递和加工角度，以图形方式来表达系统的逻辑功能、数据在系统内部的逻辑流向和逻辑变换过程，是结构化系统分析方法的主要表达工具及用于表示软件模型的一种图示方法。如图 9-2-5 所示。

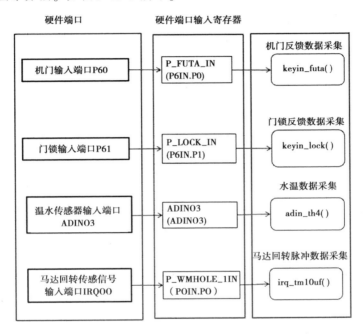

图 9-2-5　数据流图

R.3.2.2.2 通过对软件结构规格说明书的静态分析来评估是否符合软件安全需求规格说明书的要求。

注：静态分析方法的示例为：

· 控制流分析（IEC 61508-7，C.5.9）；

· 数据流分析（IEC 61508-7，C.5.10）；

· 预审和设计评审（IEC 61508-7，C.5.16）。

R.3.2.3 模块设计和编码

R.3.2.3.1 基于结构设计，软件应适当划分模块。软件模块的设计和编码应源于软件结构和要求。

通过 R.3.2.3.3 的检查及对文档的检查来确认符合性。

注 1：允许使用计算机辅助设计工具。

注 2：建议采用防御性编程（IEC 61508-7，C.2.5）（例如范围检查，除 0 检查，似真检查）。

注 3：模块设计应列出：

· 功能；

· 与其他模块的接口；

· 数据。

注 4 ：用来满足这些要求的技术/方法的示例可以在表 9-2-4 中找到。

表 9-2-4　模块设计规范

技术/方法	参考资料
限制软件模块的大小	IEC 61508-7，C.2.9
消息隐藏/封装	IEC 61508-7，C.2.8
子程序段和函数仅有唯一的入口和出口	IEC 61508-7，C.2.9
良好定义的接口	IEC 61508-7，C.2.9
半形式化方法： · 逻辑/功能框图 · 顺序图（时序图） · 有限状态机/状态转换图 · 数据流图	IEC 61508-7，B.2.3.2 IEC 61508-7，C.2.2

理解要点：

1）模块化程序设计即模块化设计，首先用主程序、子程序、子过程等框架把软件的主要结构和流程描述出来，并定义和调试好各个框架之间的输入、输出链接关系。模块化的目的是为了降低程序复杂度，使程序设计、调试和维护等操作简单化。

2）要求安全相关功能与非安全相关功能要彼此独立。

3）模块之间要求低耦合，通过接口进行消息传递；模块内部要求高聚合，进行良好封装。

4）限制模块大小的方法是当模块太大时，因考虑将其划分为一些子功能模块，增加程序的可读性和可维护性。

R.3.2.3.2 软件代码应结构化。

通过 R.3.2.3.3 的检查及对文档的检查来确认符合性。

注1：可通过下述原则降低软件结构复杂度：

·尽量减少软件模块的调用路径，尽量保证输入和输出参数简单；

·避免复杂的分支，尤其要避免高级语言中使用无条件跳转语句（GOTO）；

·如果可能，使循环约束和分支条件同输入量相关联；

·避免使用复杂的计算结果作为分支或循环的判定条件。

注2：用来满足这些要求的技术/方法的示例可以在表 9-2-5 中找到。

表9-2-5　设计和编码标准

技术/方法	参考信息
使用编码标准（见注）	IEC 61508-7, C.2.6.2
禁止使用动态对象和变量（见注）	IEC 61508-7, C.2.6.3
限制中断的使用	IEC 61508-7, C.2.6.5
限制指针的使用	IEC 61508-7, C.2.6.6
限制使用递归	IEC 61508-7, C.2.6.7
高级语言中禁止使用无条件跳转语句	IEC 61508-7, C.2.6.2

注：如果能保证有足够的内存单元，并且编译器能为所有动态对象或变量在运行前分配相应的存储单元，或在运行中实时检查是否正确分配了存储单元，这种情况下可以使用动态对象或变量。

理解要点：

1）使用编码标准是保证软件结构化的基础，通过建立代码编写规范，有助于提高程序的可靠性、可读性、可修改性、可维护性、一致性，有助于保证程序代码的质量，有助于提高程序的可继承性，使开发人员之间的工作成果可以共享；

2）每个企业可以根据自身需要自行建立编码标准，一般包括以下几个方面：

a）源程序文件的管理

——组织：根据类或模块来划分程序文件，公共定义一般放在头文件中（.h）。

——命名：制定严格的命名规范，可采用表达文件主要功能的英文或其组合来命名，例如传感器检测程序可以用 sensor_ check. c，sensor_ check. h 来命名。

——文件内容：每个程序文件由标题、内容和附加说明三部分组成。标题是文件最前面的注释说明，主要包括程序名、作者、版本信息、简要说明等，必要时应有更详尽的说明；内容基本上按预处理语句、类型定义、变量定义、函数原型、函数实现的顺序；附加说明是文件末尾的补充说明，如参考资料等，若内容不多也可放在标题部分的最后。

b）编辑风格，良好的风格有助于增强代码的可读性

一般按照 IDE 的设置即可，也可以通过 IDE 提供的选项自定义，主要包括以下方面：

——缩进；

——空格、空行；

——对齐；

——注释；

——代码长度。

c）符号命名（包括变量、函数、标号、模块名等）

一般可采用匈牙利命名规范、骆驼命名规范（camel）、帕斯卡命名规范（pascal）、下划线命名法等，当然也可以自定义命名规范，关键是编写代码时要严格遵守，切勿随意命名。

——匈牙利命名规范：标识符的名字以一个或者多个小写字母开头作为前缀；前缀之后的是首字母大写的一个单词或多个单词组合，该单词要指明变量的用途。例如 c_ tempHigh 或 cTempHigh 表示高温常量。

——骆驼命名规范：混合使用大小写字母来构成变量和函数的名字，

第一个字母一定小写，后面单词首字母大写，其余小写。例如，tempHigh
表示高温。

——帕斯卡命名规范：与骆驼命名法类似，只不过骆驼命名法是首字
母小写，而帕斯卡命名法是首字母大写。例如，TempHigh 表示高温。

——下划线命名法：函数名中的每一个逻辑断点都有一个下划线来标
记。例如 temp_ high 表示高温。

3）尽管中断在实时控制、故障处理、CPU 与外设间的数据传送等过
程中不可或缺，但应严格控制中断的使用，能不用则不用，要尽量避免嵌
套中断或多嵌套中断；中断的次数和时机也要加以控制和监测，防止无中
断或频繁中断，破坏程序正常执行顺序，影响正常功能。

4）之所以限制指针的使用，是因为指针的灵活特性，如果使用不当，
很容易造成错误。

5）递归算法解题相对常用的算法如普通循环等，运行效率较低。因
此，应该尽量避免使用递归，除非没有更好的算法或者递归更为适合的时
候。在递归调用的过程当中系统为每一层的返回点、局部量等开辟了栈来
存储。递归次数过多容易造成栈溢出等。

6）在结构化程序设计中一般不主张使用 goto 语句，以免造成程序流
程的混乱，使理解和调试程序都产生困难。

R.3.2.3.3 通过静态分析来评估软件代码是否符合软件模块规范的要
求；通过静态分析来评估软件模块是否符合结构规范的要求。

（3）软件确认（R.3.3.3）

应根据软件安全需求规格书的要求对软件进行确认。

注 1：确认是通过检查及提供客观证据用以表明某一特定用途的特别
要求得以满足的过程。比如软件确认是指通过检查和提供客观证据来证明
软件安全要求得以实现的过程。

通过模拟下述条件来确认：

——正常操作期间的输入信号；

——预期的条件；

——导致系统动作的不希望的条件；

测试用例，测试数据和测试结果均应被记录下来。

注2：满足这些技术/方法的示例可在表9-2-6中找到。

表9-2-6 软件安全确认

技术/方法	参考信息
功能和黑盒测试： ——边界值分析 ——过程模拟	IEC 61508-7，B.5.1，B.5.2 IEC 61508-7，C.5.4 IEC 61508-7，C.5.18
模拟，建模： ——有限状态机 ——性能建模	IEC 61508-7，B.2.3.2 IEC 61508-7，C.5.20

注3：测试是主要的软件确认方法，建模可用来辅助软件确认活动。

理解要点：

1）软件确认的依据是软件安全需求规格书，而软件安全需求规格书是根据相关安全标准（如GB 4706.1—2005），结合系统自身特点制定的；软件安全需求规格书在前面6.4.2有具体的要求。

2）边界值分析：可用于发现参数极限值或边界值处的软件错误。具体做法是将程序输入范围划分成若干组（等价类划分），然后使测试涵盖这些类的边界值和极限值。通常，输入范围的边界直接对应于输出范围的边界，因此可通过检查输出来对输入进行检查。

3）过程模拟：为测试目的而建立一个系统，用于模拟被测系统的行为，而不对被测系统的功能及其与外界接口做任何修改。这种模拟可以是硬件的或者是软件的，或是二者的组合。模拟需提供：

——输入，等同于实际被测系统的输入；

——输出，与实际被测系统的输出相符合；

——干扰，实际被测系统需要克服的。

4）性能建模：为保证系统的工作能力足以满足规定的要求而进行分析，通过对比被测系统设计与提出的指标要求来评价其性能。例如对特定故障/错误的响应时间、每个软件模块的运行时间等。

第三节　软件功能安全的评估流程

家用电器的软件评估流程大致可以分为：电子电路功能分析、准备样品和资料、评估与整改以及出具评估结论四个方面，在整个评估过程需要制造商和实验室之间不断的配合才能完成，具体流程可参见图9-3-1：

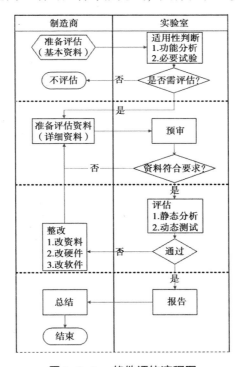

图9-3-1　软件评估流程图

一、电子电路功能分析

确定控制器哪些功能是一般性的功能（非安全相关功能），哪些功能是和安全防护相关的功能。

对电子控制器的功能分析基于产品相关文档，包括产品原理图、电路图、软件规格说明等。

功能分析的输出结果是确定哪些电路是保护性电子电路，要对产品进行哪些必要的试验，预期的试验结果等。

首先进行功能分析的好处是可以判定一个产品是否需要进行相关试验、是否需要进一步进行测试、是否需要软件评估，甚至可以判断现有结构是否符合标准要求。

下面通过举例简单介绍如何对电子控制器进行功能分析：

图9-3-2所述器具为一个电热器具，如果其运行不受控可能会导致过热及着火危险。电热元件由一个微处理器控制，该控制器带有两个传感器（PT100 和 NTC）和三个作为输出的控制电热元件通断的电子开关（T1，T2 和 T3）。由 "NTC+μC+T1" 组成的控制器充当正常工作期间动作的功能性控制器。由 "PT100+μC+T2/T3" 组成的控制器作为冗余的限温器，他们由独立的软件控制（在软件结构和数据处理方面与功能性软件独立），当温度达到预先定义的最大值时将切断电热元件。为了简化例子，仅进行19.4 和 19.11.2 条款的分析。

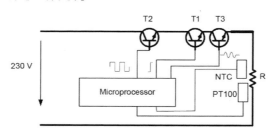

图 9-3-2　电热器具

表 9-3-1　19 章非正常工作条件

工作特征	是/否	工作条件
是否有电子电路控制器具的工作？	是	正常工作由温控器控制加热元件
有无"关机"或"待机"位置？	无	—
器具意外运行是否会导致危险性功能失效？	不适用	—

表9-3-2 19章非正常工作功能分析

子条款	工作条件描述	测试结果描述	PEC 描述	EMP 19.11.4	22.46 要求的软件级别	19.11.3 PEC	最终结果
19.2	未检查	—	—	N/A	—	—	—
19.3	未检查	—	—	—	—	—	—
19.4	短路温控器（NTC 固定阻值(1)）	控制器动作（Δt℃），无着火及变形	PT100 + μC + T2/T3，软件比较 NTC 信号和 PT100 信号	是	B 级软件，读取 PT100 信号的软件，比较信号差异的软件，驱动 T2/T3 的软件	短路 T2/T3	T3/T2 切断电热元件
19.4	短路温控器（NTC 固定阻值)	控制器动作（Δt℃），无着火及变形	PT100 + μC + T2/T3，软件比较 NTC 信号和 PT100 信号	是	B 级软件，读取 PT100 信号的软件，比较信号差异的软件，驱动 T2/T3 的软件	短路/开路 PT100(2)	读取 PT100 信号的软件发现短路/开路错误，切断电热元件的电源
19.5	未检查	—	—	—	—	—	—
19.6	不适用	—	—	N/A	—	—	—
19.7	不适用	—	—	—	—	—	—
19.8	不适用	—	—	—	—	—	—
19.9	不适用	—	—	—	—	—	—
19.10	不适用	—	—	—	—	—	—
19.11.2	短路 T1	控制器动作（Δt℃），无着火及变形	PT100 + μC + T2/T3，软件比较 NTC 信号和 PT100 信号	是	B 级软件，读取 PT100 信号的软件，比较信号差异的软件，驱动 T2/T3 的软件	短路 T2/T3	T3/T2 切断电热元件
19.11.2	短路 T2/T3	控制器正常断开	即使功能性控制器失效，PT100 + μC + T2/T3 也会在温度达到 Δt℃ 时动作	是	B 级软件，PT100 信号的软件，驱动 T2/T3 的软件	短路 T3/T2.	T1 断开电热元件
19.11.2	短路/开路 PT100(2)	读取 PT100 信号的软件发现短路/开路错误，切断电热元件的电源	读取 PT100 信号的软件	是	B 级软件，读取 PT100 信号的软件	短路 T3/T2	T2/T3 将切断电热元件

子条款	工作条件描述	测试结果描述	PEC 描述	EMP 19.11.4	22.46 要求的软件级别	19.11.3 PEC	最终结果
19.11.4.8	未检查	—	—	—	—	—	—
19.10X	未检查	—	—	—	—	—	—

注1：认为将 NTC 以固定阻值方式失效是模拟温控器失效而使器具处于不受控状态的较好的方式（见 DSH725A）；

注2：根据 19.11.2 标准要求，对微控制器的施加其他硬件故障可由短路 T2 或 PT100 来覆盖，因为结果是相同的。

通过器具功能描述可以判定，图9-3-2所示器具的电子线路从功能上可以划分为两部分，即温控器"NTC+μC+T1"，为非安全相关功能；限温器"PT100+μC+T2/T3"，为安全相关功能，"PT100+μC+T2"可以定义为 PEC1，"PT100+μC+T3"可以定义为 PEC2。

通过表9-3-1和表9-3-2的组合故障分析，尤其是对 PEC 进行19.11.3的双重故障分析，可以进一步确定，本示例中包含两个含有软件的 PEC，这两个 PEC 中的软件要求为 B 级软件。示例中器具除了要通过 GB 4706.1—2005 第19章的所有试验外，需要额外地进行软件评估确认，保证 PEC 中使用的 B 级软件符合标准要求。另外，如图9-3-2所示的器具，如果三个电子开关 T1、T2 和 T3 中如果只有两个，是无法通过 GB 4706.1—2005 的19.11.3的双重故障试验的，即硬件结构不合格，软件评估也无从谈起了。

二、资料预审

家电产品功能安全软件评估的对象是整个电子/电气/可编程控制系统（E/E/PES），既包括硬件电路，也包括软件，并且涉及软硬件的接口，因此需要提供这三方面的文档才能评估，这些文档是软件控制器系统文件化的体现形式，使其具体化、便于理解，从而可被评估。除此之外，微控制器等芯片的手册、软件、辅助测试工具等也是必要的条件。

（1）进行软件评估需要制造商准备下述文档

（a）工作原理/安全需求规格说明文档，包括下述内容：

——对每个安全相关功能的实现方式的描述，包括响应时间；

——与安全程序相关的功能，包括和这些功能相关的需要控制的软件故障；

——与检测、报警和管理软件或硬件故障相关的功能；

——软件和硬件间接口的描述；

——安全相关功能和非安全相关功能间接口的描述；

——所有用来将源代码生成目标代码的编译器的描述，包括编译器的诸如函数库在内的任何开关选项设置的细节、存储器类型、优化、SRAM详细配置、时钟频率、芯片详细信息等；

——用来将目标代码连接成可执行程序的连接器的描述。

（b）硬件和软件结构说明文档，包括下述内容：

——硬件和软件间的相互作用；

——模块划分和与安全功能相关模块的确定；

——模块间的层次结构和调用结构（控制流）；

——中断处理；

——数据流和数据访问约束；

——数据的存储结构；

——序列和数据的时间依赖关系；

——软件代码结构。

（c）模块设计和编程说明文档，包括下述内容：

——功能；

——和其他模块的接口；

——数据。

（d）相关部件的手册或数据单，包括微控制器、ASIC 等。

（e）评估相关的辅助性说明文档。

（f）制造商软硬件相关测试记录。

（2）制造商准备的文档应符合下述要求

（a）文档应包括下述几个方面的信息：

——系统（方案、工程）定义；

——工作原理；

——功能需求和系统架构；

——详细设计；

——系统（方案、工程）实现；

——系统（方案、工程）测试和集成；

——集成测试和确认；

——系统确认和验证；

——运行和维护。

（b）文档应使用形式化或半形式化描述方法，借助软件工程领域模型描述语言（如 UML），力求文档规范、清晰、统一。

相关技术/方法包括：

——半形式化方法；

——原理图；

——逻辑/功能框图；

——顺序图（时序图）；

——有限状态机/状态转换图；

——决策表/真值表；

——数据流图；

——用例图；

——模块图/类图；

——活动图；

——协作图。

（3）对文档的审核应达到下述要求

（a）相关文档应清晰、明确并如实反映系统的原理和结构以及安全相关细节，以便可以进行软件评估相关检查；

（b）相关文档应保证在系统整个生命周期内都是可追溯的，并且可作为评审制造商软件和其开发过程的客观依据；

（c）保证所有文档的唯一性和进行版本控制。

如果制造商不能提供上述要求的资料或是不规范，则无法进入正式的评估过程，需要重新完善资料。

下面通过一款洗衣机产品举例来说明电子电路功能分析和资料预审过程：

企业初步提供如图9-3-3所示资料，

- 1.1电路原理图
- 1.3关键元器件清单
- 2.1软件需求规格书
- 2.2程序流程图
- 2.3数据流图
- 2.4时序图-扫描时序
- 3.1系统结构图
- 3.2硬件和软件接口规范-端口定义
- 4.1 MCU使用说明书
- 4.3 NEO Installation Manual
- 4.4 EX Installation Manual
- 6 仿真器 仿真板
- 附件1 洗衣机产品软件评估信息资料表
- 管脚定义
- 软件评估资料及设备清单-1

图9-3-3　软件评估预审资料

通过资料中电路原理图和软硬件结构规范的分析，可以判断该洗衣机为电磁门锁结构，有两路门状态信号和一路门锁驱动电路，如图9-3-4和图9-3-5所示：

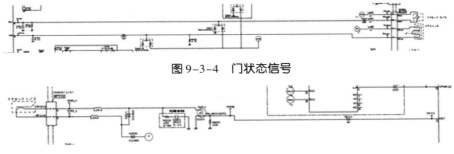

图9-3-4　门状态信号

图9-3-5　门锁驱动电路

根据电子电路分析双重故障的标准要求，可能是输入电路上两个故障，也可能是输出电路两个故障或输入输出电路各一个故障。取最不利情况，针对上图分析只有一路门锁驱动电路的情况，就需要企业提供更详细的电磁门锁驱动结构资料，来判断其标准复合性。

在完成电子电路功能分析之后，需要对企业提供的软件部分文档资料进行评审，企业初步提供的软件需求规格书目录如图9-3-6所示。

```
1. 功能：主要功能由下列各项目构成
  1.1 操作·表示
    1.1.1  面板按键操作 ——————————
    1.1.2  动作的开始  ——————————
    1.1.3  动作中    ——————————
    1.1.4  动作中的暂停 ——————————
    1.1.5  动作终了   ——————————
    1.1.6  电源继电器  ——————————

  1.2 时序
    1.2.1  干燥温度调节机能 ——————————
    1.2.2  水温调节功能  ——————————
    1.2.3  马达控制机能  ——————————
    1.2.4  门锁控制机能  ——————————
    1.2.5  强制空冷机能  ——————————

  1.3 异常检知
    1.3.1  异常检知-1 ——————————
    1.3.2  异常检知-2 ——————————

2. 安全相关软件控制
  2.1 门锁处理单元 ——————————
```

图9-3-6 软件需求规格书目录

从图9-3-6中可以看出，企业所提供的软件需求规格书中大部分内容为功能相关软件部分，安全相关软件部分只有门锁处理单元，具体内容如图9-3-7所示：

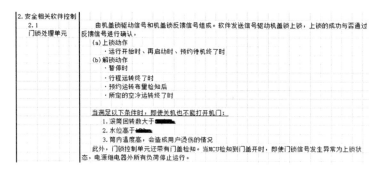

图9-3-7　安全相关软件控制

从图9-3-7中可以看出，企业提供的安全相关软件需求规格描述中只有门锁安全功能，而对于在执行该安全功能过程中，GB 4706.1标准附录R中列出的寄存器、程序计数器、时钟、终端、存储器等模块的控制故障/错误的可接受措施，规格说明书中并没有体现，因此需要企业补充相关内容。

通过上述实例分析可以看出，电子电路功能分析既需要具备电子电路专业能力的工程师分析出电路结构，又需要熟悉家电安全标准的工程师结合电路结构分析双重故障的标准符合性，只有从电路设计上符合了要求，才能接着考虑软件评估。

在资料预审过程中，主要是对企业提供的资料准确性进行筛查，由于家电软件评估是根据家电安全标准考核家电控制系统软硬件整体可靠性，而非常规的软件测评，所以企业提供的软件相关资料往往不够充分，需要测试工程师与制造商充分沟通。

三、评估与整改

当制造商按照本节第二部分的规定提供了相关的文档资料后，便可以进入正式的评估阶段。

评估阶段需要借助软件开发测试的集成开发环境和工具来检查软件并需要通过向控制器注入故障来验证软件的执行结果。

评估阶段的主要工作包括：

（1）详细检查制造商提供的相关文档，结合相关图表，判断系统结构是否符合 IEC 60335-1：2010 附录 R 中 R.2.1.1 的要求；

（2）详细检查制造商提供的相关文档，结合相关图表，判断处理相关故障/错误的措施是否属于 IEC 60335-1：2010 附录 R 中表 R.1 和表 R.2 中列举的可接受的措施或组合，或是能够提供相当安全水平的其他措施；

（3）检查安全相关代码，判断其是否与文档描述的内容相一致、是否实现了上述结构上的要求、是否可接受；

（4）借助相关测试仪表、工具或软件，通过模拟故障、施加故障并运行软件，记录软件运行结果（响应），记录对软件相关故障/错误的响应时间；

（5）记录整个评估过程的各项配置条件及相关问题，反馈给制造商完善或整改。

软件评估的过程主要就是基于文档，使用静态分析结合动态测试、白盒测试结合黑盒测试方法对软件控制器系统的可靠性进行系统、全面的评价。

下面通过一款洗衣机产品举例来说明评估与整改过程：

（1）系统结构文档检查

根据企业提供的软件设计文档，可以看到安全相关软件的系统框图（见图 9-3-8）。

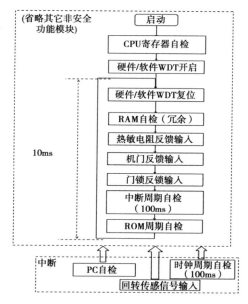

图 9-3-8　安全相关软件系统框图

从图 9-3-8 可以看出，MCU 的程序计数器自检，时钟自检，中断自检，RAM 和 ROM 自检都是周期进行的，而寄存器是上电做了一次测试，这时就需要结合企业提供的软件规格说明书，查看安全相关功能涉及哪些寄存器，这些寄存器所采用的自检方法是功能测试还是周期自检。

（2）措施代码文档检查

根据企业提供的措施代码描述文档，判断每一组件故障/错误对应的措施代码有效性，一方面要判断该措施所使用的算法是否有效，另一方面还要判断该措施在周期调用过程中是否合理。以图 9-3-9 ROM 自检流程图为例：

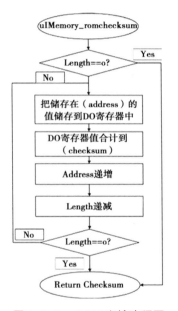

图 9-3-9　ROM 自检流程图

通过该流程图分析，该自检过程是对 ROM 某一存储空间进行的一次 checksum 自检过程，但是该过程不是完成的 ROM 自检过程，没有体现 ROM 共有多少单元，划分成多少部分检测，每次检测多少单元，每次检测的时间是多少，总时间是多少，这样就无法确认 ROM 地址全部遍历所需的时间，该时间也可能是最大故障/错误发现时间，会直接影响到整机的安全标准符合性。

（3）安全相关代码检查

安全相关代码，一般企业有两种方式提供：一种是企业将完整的代码或者安全相关代码片段提供给检测机构，另一种是检测机构派员到企业现场查看安全相关代码，并做必要的记录。上述两种方式均可检查安全相关代码的有效性，且不会影响最后 MD5 码的生成，可以保证认证结果的一致性，所以都可以接受。

以企业提供的寄存器功能测试措施代码为例：

```
CPU_ SFR_ TEST:
    BANK   0              ; RAM 0 页
    WDTC                  ; 清看门狗
    DISI                  ; 关中断
    ; * * * * * * * * * * * *
SFR_ 1:    ; 将 R3 寄存器输入到 RAM 4 的 30H 保存
    BANK   4
    MOV    A, R3
    MOV    30H, A
```

中间部分为检验 CPU 寄存器的读写功能 0X55 0XAA

```
CPU_ 1:                   ; 校验 R0
    BANK   0              ; 切换到 RAM 页面 0
    MOV    A, @055H       ; 将 055H 赋给 A
    MOV    R0, A          ; 将 A 送到 R0 寄存器
    MOV    A, R0          ; 读 R0 寄存器值到 A 寄存器
    SUB A, @055H          ; 将 A 与 055H 比较
    JBS    Z              ; 相等继续
    JMP CPU_ ERR_ SET     ; 不等，跳到 CPU 校验出错
    MOV    A, @0AAH       ; 将 0AAH 赋给 A
```

```
MOV   R0, A          ; 将 A 送到 R0 寄存器
MOV   A, R0          ; 读 R0 寄存器值到 A 寄存器
SUB A, @0AAH         ; 将 A 与 0AAH 比较
JBS   Z              ; 相等继续
JMP CPU_ ERR_ SET    ; 不等, 跳到 CPU 校验出错
```

从上述代码中可以看到, 由于寄存器测试属于破坏性试验, 首先需要禁止中断, 并将寄存器中原有的值存储到 RAM 4 的堆栈中。然后对寄存器 R0 分别进行 0×55 和 0×AA 的写与读操作, 并比较读出的值和写入的值是否相同, 如果均相同则继续检查其他寄存器, 如果不相同则跳转到报错程序。

如果企业提供的措施代码中没有禁止中断或者将寄存器原有值存储到堆栈中的操作, 则认为该措施运行时会有风险; 如果对寄存器的读写操作采用的是 0×00 和 0×FF, 则不能检测出寄存器 DC 故障 (相邻两位粘滞)。此外, 为便于企业的程序编写和测试人员, 以及检测机构的评估人员对于措施代码的理解, 还是鼓励企业对措施代码进行必要的注释。

(4) 辅助验证

利用企业提供的仿真器和集成开发环境, 可以通过设置断点单步执行程序的方式, 模拟 MCU 内部的故障, 并且还可以利用外部信号源模拟通讯和 I/O 口输入输出故障。下面举例说明利用仿真器和集成开发环境模拟寄存器故障的情况, 来验证相应的控制故障/错误措施代码是否有效:

本过程是在程序写入 0×55 后, 再读出时, 改变读出的数据, 模拟寄存器某一位的滞位, 使之变为 0×56, 措施代码检测到该故障后应跳转至关机程序。

首先, 向寄存器 A 中写 0×55, A 寄存器中显示 0×55。如图 9-3-10 左下角 A 寄存器数值所示:

图 9-3-10　寄存器 A 写入 0×55

　　程序下一步将比对写入的值是否为 0×55，在程序读取写入寄存器的数值之前，认为将该寄存器的数值修改为 0×56，如图 9-3-11 左下角 A 寄存器数值所示：

图 9-3-11　寄存器 A 修改为 0×56

　　寄存器 A 中数据发生了改变：0×55→0×56。程序检测到此错误后运行至跳转错误指令 EERO 处，等待跳转，如图 9-3-12 所示：

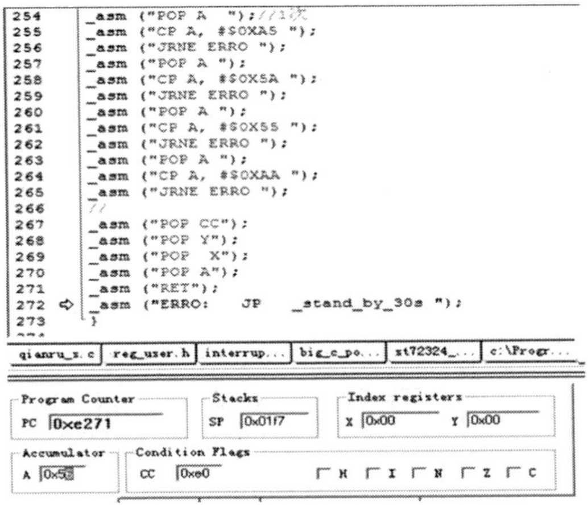

```
254    _asm ("POP A ");//1次
255    _asm ("CP A, #$0XA5 ");
256    _asm ("JRNE ERRO ");
257    _asm ("POP A ");
258    _asm ("CP A, #$0X5A ");
259    _asm ("JRNE ERRO ");
260    _asm ("POP A ");
261    _asm ("CP A, #$0X55 ");
262    _asm ("JRNE ERRO ");
263    _asm ("POP A ");
264    _asm ("CP A, #$0XAA ");
265    _asm ("JRNE ERRO ");
266    //
267    _asm ("POP CC");
268    _asm ("POP Y");
269    _asm ("POP X");
270    _asm ("POP A");
271    _asm ("RET");
272 ⇨  _asm ("ERRO:    JP    _stand_by_30s ");
273    }
```

qianru_s.c | reg_user.h | interrup... | big_c_po... | zt72324_... | c:\Progr...

Program Counter   Stacks   Index registers
PC 0xe271   SP 0x01f7   X 0x00   Y 0x00

Accumulator   Condition Flags
A 0x5?   CC 0xe0   ☐ H ☐ I ☐ N ☐ Z ☐ C

图 9-3-12   等待跳转

最终程序跳转至关机子程序前。进入关机子程序，关机子程序调用关闭加热子程序后系统进入关机，如图9-3-13所示。

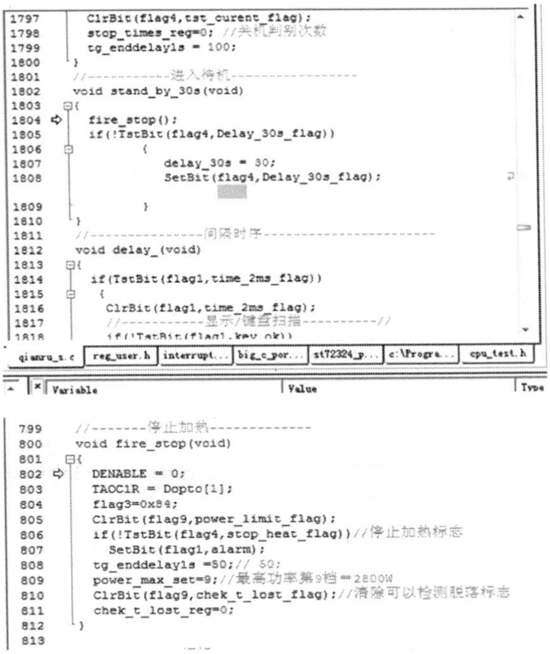

```
1797    ClrBit(flag4,tst_curent_flag);
1798    stop_times_reg=0; //关机到别次数
1799    tg_enddelay1s = 100;
1800
1801    //-------------进入待机-------------
1802    void stand_by_30s(void)
1803    {
1804 ⇨  fire_stop();
1805    if(!TstBit(flag4,Delay_30s_flag))
1806      {
1807        delay_30s = 30;
1808        SetBit(flag4,Delay_30s_flag);
1809      }
1810
1811    //-------------间隔时序-------------
1812    void delay_(void)
1813    {
1814    if(TstBit(flag1,time_2ms_flag))
1815      {
1816      ClrBit(flag1,time_2ms_flag);
1817      //--------显示7键盘扫描--------//
1818      if(!TstBit(flag1,key_ok))
```

qianru_s.c | reg_user.h | interrupt... | big_c_por... | zt72324_p... | c:\Progra... | cpu_test.h

Variable | Value | Type

```
799    //-------停止加热-------------
800    void fire_stop(void)
801    {
802 ⇨  DENABLE = 0;
803    TAOC1R = Dopto[1];
804    flag3=0x84;
805    ClrBit(flag9,power_limit_flag);
806    if(!TstBit(flag4,stop_heat_flag)) //停止加热标志
807      SetBit(flag1,alarm);
808    tg_enddelay1s =50;// 50;
809    power_max_set=9; //最高功率第9档=2800W
810    ClrBit(flag9,chek_t_lost_flag); //清除可以检测脱落标志
811    chek_t_lost_reg=0;
812    }
813
```

图 9-3-13   停止加热并关机

（5）问题整改

通过对上述四步的检查，可以通过文档和代码的静态分析判定此安全控制系统的软件结构是否正确，控制故障/错误的的措施是否可接受，最大故障/错误发现时间是否合理，控制故障/错误的的措施代码是否有效，还可以通过模拟故障的动态验证来对判定结果进行有效的补充，对于其中发现的问题，检测机构会反馈给企业进行整改，整改完成后再由检测机构进行有针对性的评估，通过双方反复多次的整改与评估，最终形成完整的检测报告。

四、结论

当完成上述软件评估流程并按照标准条款出具检测报告后，检测机构还需要保留软件评估的测试记录，其中应有电子电路分析、控制故障/错误措施和避免错误措施具体的测试用例，期望结果，实际测试结果。所有安全相关功能应在正常和非正常条件下进行测试，并且考虑相关故障模式和负载条件。

五、软件评估设备和人员要求

软件评估不同于常规安全或性能测试，除了常规安全测试仪器设备外，还包括芯片开发工具，集成开发环境软件，其他辅助软件、工具等。

——计算机；

——芯片开发工具：仿真器、烧录器；

——集成开发环境：编辑器、编译器、连接器、调试器；

——安全测试设备，EMC 测试设备；

——示波器、信号发生器等；

——其他辅助软件工具或设备。

此外，家电软件评估需要三方面的专业人员：

——系统工程师，这类人员既要熟悉家电产品及家电产品标准要求、熟悉故障条件设置，又要熟悉软件控制器的软件和硬件结构及故障设置；

——硬件工程师，这类人员熟悉硬件电路及故障模拟；

——软件工程师，这类人员熟悉软件编程及软件故障设置。

第四节　检测案例分析

案例 1

某款带有金属铠装加热元件的豆浆机，电热元件由一个微处理器控制，该控制器带有两个传感器（PT100 和 NTC）和三个作为输出的控制电热元件通断的电子开关（Q1，Q2 和 Q3）。由 "NTC+MCU+Q1" 组成的控制器充当正常工作期间动作的功能性控制器。由 "PT100+MCU+Q2/Q3" 组成的控制器作为冗余的限温器，他们由独立的软件控制（在软件结构和数据处理方面与功能性软件独立），当温度达到预先定义的最大值时将切断电热元件。如图 9-4-1 所示，其电子电路结构不满足 19.5 条款。图 9-4-1 所示豆浆机的电热元件仅在一端有保护措施，另一端没有任何保护措施，不能满足标准要求，如按照图 9-4-2 整改，在电热元件两端分别有一组功能性温控器和保护性限温器，则可以满足 19.5 要求，如果保护性电子线路最终通过 MCU 进行动作，则需要进行软件评估。

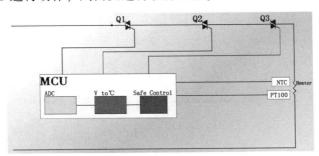

图 9-4-1　某豆浆机电子电路结构

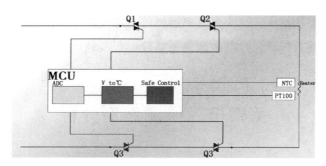

图 9-4-2　整改后的电路结构

案例 2

某款滚筒洗衣机的门锁驱动电路如图 9-4-3 所示，其中门锁开关的通断信号会通过 IC 模块的判断来控制主电机电路上的可控硅通断，比如洗衣机门锁打开，会有一个低电平的信号传给 IC 模块，IC 模块会根据该信号向主电机电路上的可控硅发出断开信号，可控硅断开后电机会断电停止，从而满足了 GB 4706.24—2008 的 20.105 要求。如果该门锁为电磁门锁，一组开关和可控硅装置无法满足 19.11.3 和 20.105 双重故障要求，在结构设计上有缺陷，需要进行两组开关和可控硅的冗余设计，才能满足双重故障要求，且在此情况下还需要进行软件评估。如果该门锁为 PTC 门锁，由于 PTC 门锁一旦上电就会产生形变，即使断电也不会立刻恢复，而是需要几分钟后才能复原，在此过程中如果主电机电路上的可控硅能够在 IC 模块的判断下切断，则在门锁若干分钟打开后，电机早已停止工作，这种情况下 PTC 门锁属于可靠的硬件保护，继而满足标准要求且不用进行软件评估。

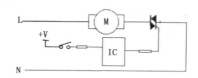

图 9-4-3　某款洗衣机门锁驱动电路图

案例 3

如下是某款洗衣机门锁电路的软件评估测试记录：

测试内容：寄存器（表 H. 11. 12. 7 中 1.1）

（1）项目：门锁输入反馈寄存器。

测试计划：门锁输入反馈为异常的情况下（持续为高或持续为低）

程序处理：反馈一直为高，开机会进行解锁操作，如果连续 5 回无法进行解锁，报知 H27，各个负荷 OFF；

反馈一直为低，程序认为门没有上锁，报知 U12，各个负荷 OFF。

测试结果：持续为高　报知 H27（门锁异常）

持续为低　报知 U12（门开异常）

结果如图 9-4-4 所示。

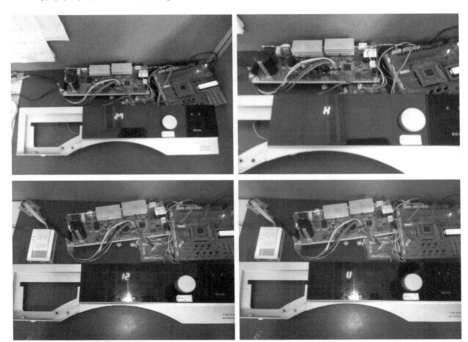

图 9-4-4　某洗衣机门锁电路软件测试结果

如上门锁输入寄存器 stuck at 故障检测不正确。寄存器 stuck at 故障是指寄存器的某一位始终处于高电平（1）或者低电平（0），无法实现 0～1

或者 1~0 的翻转。检测该故障的控制措施，应该是模拟寄存器中的某一位出现 stuck at 故障，措施代码是否可以发现并最终让器具处于安全状态。上述试验是在模拟门锁反馈信号的状态，而非寄存器中某一位的状态，故无法有效地测试控制措施是否有效。